清雅酒体美学

赵建军 著

AESTHETICS
OF CHINESE
QINGYA
BAIJIU

中国轻工业出版社

图书在版编目（CIP）数据

清雅酒体美学 / 赵建军著. -- 北京：中国轻工业出版社，2025.7. -- ISBN 978-7-5184-5365-8
Ⅰ. TS971.22
中国国家版本馆CIP数据核字第2024G9Y140号

责任编辑：狄宇航

策划编辑：江　娟　　　责任终审：劳国强　　　封面设计：董　雪
版式设计：锋尚设计　　　责任校对：朱　慧　朱燕春　　　责任监印：张　可

出版发行：中国轻工业出版社（北京鲁谷东街5号，邮编：100040）

印　　刷：鸿博昊天科技有限公司

经　　销：各地新华书店

版　　次：2025年7月第1版第1次印刷

开　　本：710×1000　1/16　印张：17.25

字　　数：296千字

书　　号：ISBN 978-7-5184-5365-8　定价：128.00元

邮购电话：010-85119873

发行电话：010-85119832　010-85119912

网　　址：http://www.chlip.com.cn

Email：club@chlip.com.cn

版权所有　侵权必究

如发现图书残缺请与我社邮购联系调换

242201K7X101HBW

人面像（岩画）

苏轼重九词　董其昌

王维五言绝句　董其昌

《青花海水龙纹瓶》清·雍正
故宫博物院藏

《白釉镂花碗》清·康熙
故宫博物院藏

《九龙图》南宋陈容绘
美国波士顿美术馆藏

《雍正十二月行乐图轴·四月流觞》绢本设色 故宫博物院藏

《桃花源图》明仇英绘
美国波士顿美术馆藏

庐山高图轴·沈周

《真赏斋图》明·文徵明

序

　　白酒历经千年传承与发展，早已不仅仅是一种饮品，更是一种生活方式、一种情感寄托、一种美学表达，承载了国人精神的、心理的诉求，成为中华文化的基本要素。从文化的意义上来说，白酒是物质文化与精神文化的结合体。正如本书（《清雅酒体美学》）的作者赵建军教授所言："中国的酒审美与酒美学，根源于中国文化的存在本质。"

　　纵观白酒发展的全局，无论是文化迭代、工艺突破、产品升级，还是当下白酒行业的"美学萌芽"，其本质都是白酒的消费由低到高，满足不同场景，不断地进化与升级的过程。然而，迄今为止，尚未见有系统的白酒美学理论成果。中国知网、万方数据库上，关于白酒美学的学术文章寥寥无几，与近年来方兴未艾的白酒美学营销形成鲜明的落差。

　　当然，没有系统的白酒美学理论成果，并不等于否定白酒美学的存在，也不等于否认历史上酒文化中蕴含的酒美学。而且，在如今有关酒文化的专题研讨，或者以酒审美为主题的营销活动中，也有不少涉及酒美学意蕴讨论的文字内容，其内容和范围之广，学科观察视角之多，并不亚于其他的生活审美现象。但由于这些关于酒审美和酒美学的认知与表达，大多与其他问题结合在一起，还不能算纯粹的酒美学的学术研究。

　　因此，当我们翻开赵建军教授《清雅酒体美学》这本专著，仿佛开启了一扇深入理解白酒美学的新大门，进入一场穿越时空、品味酒美学的奇妙之旅。本书正面切入以酒实体本身及酒审美、酒美学内容为对象的研究，以发掘酒生产和酒的品饮、体验，包括酒的推广与影响过程中所展现的酒审美和酒美学学理，并细致入微地解读了清雅酒体的独特美学魅力。探讨如何在酒的物质性生产、生活的基础上，放射出色彩绚烂的精神灯盏、思想美韵，完成对酒审美与酒美学理蕴的系统阐发。这是中国白酒美学系列工程的一项重要成果，也是白酒清雅美学研究的首部学术专著，填补了白酒酒体美学学术研究的空白，开创了中国白酒酒体美学研究的先河，为后来的研究者，以及中国其他风格白酒的美学研究提供了样本，发挥了引领和启迪的作用。

在如今丰富多彩的白酒市场中，消费者对于品质和品位的追求越来越高。《清雅酒体美学》为我们白酒生产提供了宝贵的美学理论指导，让我们更加深刻地认识到，只有不断追求卓越品质，注重酒体的美学价值，才能满足消费者日益增长的需求。

清雅，是一种境界，一种对生活品质的不懈追求。陈太吉酒庄（广东石湾酒厂集团前身）酿造的白酒，早在一百多年前，就以"内外兼修"的东方智慧，彰显了清雅纯净的美学风格。作为陈太吉酒庄的第七代传人，我一直大力倡导中国白酒的清雅风格，积极宣传和努力践行中国白酒的清雅文化。2022年1月，"江南大学石湾清雅型酒研究院"在广东佛山揭牌成立，并由我担任首任院长；同年9月，我在素有中国酿酒业"黄埔军校"之称的江南大学，以《中国清雅，世界趋势》为题登台演讲，被业界誉为"清雅文化"布道活动和中国白酒清雅文化复兴的重要行动。

风云际会，机缘巧合。在这本书中，赵建军教授以其深厚的文学素养和独特的审美视角，将清雅之美融入白酒的每一个细节之中：从原料的选择到酿造工艺的传承与创新，再到酒体的品鉴与欣赏，无不弥漫着清雅的馨香。这与我一直以来所倡导的清雅美学不谋而合。我相信，只有将美学与品质完美结合，才能打造出真正让消费者心动的白酒产品。

同时，这本书也为白酒文化的传播与推广做出了重要贡献。它以充分的论据和丰富的案例以及严谨的语言，向读者展示了白酒背后的历史文化、人文精神和美学价值。在这个快节奏的时代，我们需要这样的书籍，让更多的人了解白酒文化，感受白酒之美，从而推动白酒行业的持续发展。

作为白酒生产行业的一员，我深感荣幸能够为这本书作序。我相信，《清雅酒体美学》将成为白酒爱好者、研究者以及生产者不可或缺的学术专著。它将引领我们走进一个充满诗意与美感的白酒世界，让我们在品味清雅酒体的同时，也能感悟到生活的美好与真谛。

最后，衷心感谢赵建军教授为我们带来这本精彩绝伦的著作，对赵建军教授为清雅风格中国白酒的美学研究所做的贡献表示致敬！期待更多的人能够通过这本书，领略到清雅酒体美学的魅力，为中国白酒文化的繁荣与发展，为早日实现"中国白酒，世界分享"的目标而献计献策，共襄义举。

范绍辉

2024年7月3日

目 录

| 第一章 |

酒审美与酒美学 / 001

一、酒审美与酒美学内涵析义 / 003
二、酒美学的界定 / 017
三、酒美学的重要概念 / 030

| 第二章 |

酒体美学的通解 / 054

一、液态实体 / 057
二、原料的物质性 / 061
三、阴阳酒性的酝酿 / 069
四、美味的强烈感受性 / 077

| 第三章 |

清雅酒体美学的意涵界定 / 084

一、酒体韵味的美学性 / 085
二、清雅酒体美学的逻辑指向 / 089

三、清雅酒体美学成立的合理性　/ 095

| 第四章 |

清雅酒体的存在方式　/ 098

一、酒韵逻辑基质及其美学呈现　/ 099
二、中外酒美学清雅韵流势　/ 123
三、清雅酒韵的文化分阶与标高　/ 138
四、清雅酒体的美学境界　/ 156

| 第五章 |

陈太吉酒的清雅尊享　/ 169

一、酒庄文化与美学个性　/ 171
二、玉冰烧的清雅品质与风格　/ 189

| 第六章 |

文化、艺术的清雅逸趣　/ 228

一、大雾岗——生态活性的醒库　/ 229

二、佛山的清雅语境 / 240

三、岭南酒食良缘 / 245

| 第七章 |

清雅酒体的未来 / 258

一、清雅酒体的现实优势及趋势 / 259

二、幽醇流韵沁四方 / 262

主要参考文献 / 268

后记 / 273

第一章

酒审美与酒美学

原始生活的动植物崇拜，通过召唤神奇力量激发生命激情，这种萌醒于人类童年时期的精神意志，在农耕时代变得丰富细腻起来，成为酒酿和酒饮生活动机的前奏，使酒体生成为颇具活力的氤氲化物……人类对酒的审美始于主体情志的感兴激活，诗乐歌舞与饮酒相偕而乐，东方酒美学在中国遂展开悠远而美丽的远行。

中国酒酿[①]是中国，也是世界历史最为悠久、文化底蕴最为丰厚的一种生产形式。在世界农业文明大都随着现代化的发展，发生原始作业方式和认知观念改变、变异乃至消失的当今，中国酒酿依然持存自身的传统。这种传承包括由历史积淀的生产和文化原理，以及与人类发生的千丝万缕的联系，而将人的生命、生存感受和体验也纳入酒的生产设计、酝酿、存储和使用环节，使酒的生产程序和生命活性肌理也承载人的社会化认知和体验，愈发体现文化力量的根深叶茂和不断绽放新机的无限潜能。谈到审美和美学，在紧系人的生存和生命体验的意义上，并非因西方鲍姆嘉登（Alexander Gottieb Baumgarten）创立Aesthetics学科，以及19世纪后半叶现象学流行，才成为现当代兴盛的文化形态。就其现实存在而言，中国古代文化和构成这种文化土壤的社会生产、生活实践，一直都活跃、升腾着审美、美学的光华，在酒文化及种种与酒相涉的生命、生活内容中，审美与美学异常生动和丰富地存在着。因此，研究文化机体内鲜活的酒审美和酒美学，不啻是切入中国酒文化由传统到现代的根脉，并扩及枝干和叶簇的重要途径之一。

对酒的审美，可简称为酒审美，它与酒美学都可在学术意义上成为两种不同的文化形态。总而言之，酒审美即酒酿和酒饮的审美态度与行为，反映人们对酒的生产与应用的审美认知方式。酒美学指触及深层酒文化的学术形态，涵摄酒实体、酒文化现象的美学本质、特征和规律，是关于酒的系统美学认知和相关理论。在人类历史上，酒审美起源甚早，大概酒一产生酒审美就有了，相较而言，酒美学的形成要依托学术、文化的相当程度的发展。迄今为止，尚未见有系统的酒美学理论成果，没有并不等于否定曾有、否定历史曾经绵延的酒美学蕴含，况且在如今有关酒文化的专题研讨中，多有涉及酒美学意蕴讨论的文字，如关于尼采对酒神内涵的讨论，关于孔子对"酒不及乱"观念的分析讨论，关于对魏晋风度与酒之关系的讨论，关于对《金瓶梅》《红楼梦》中有关酒的描写分析等。西方人对葡萄酒酿审美的形式品鉴问题、俄罗斯和北欧国家对烈性酒的生存依赖性

[①] 本文所用酒酿概念，如无特别说明，非指通常的米酒之酒酿，而是指作为学术对象之酒的酿造及相关内容。

的认识等，都有广泛的触及，其内容、范围之广，学科视角之多，并不亚于其他的生活审美现象。但严格地说，这些关于酒审美和酒美学的认知与表达，大多与其他问题纠缠在一起，还不能算纯粹的酒审美或酒美学研究。为此，本书将正面切入以酒实体本身及酒审美、酒美学内容为对象的研究，以发掘酒生产和酒的品饮、体验，也包括酒的推广与影响过程中，所展现的酒审美和酒美学学理，探讨人们如何在酒的物质性生产、生活的基础上，放射出色彩绚烂的精神、思想姿韵，以对酒的审美感性和美学理性所发生的驱动、调剂、规约人类文明发展节奏的意义，从其客观的历史化演绎进程，给予深入的观照，完成对酒审美与酒美学理蕴的系统阐发。

一、酒审美与酒美学内涵析义

审美是人类文化的基础活动，美学是融感性与理性于一体，最具文化综合性，与人的生存、命运最具有机性整体关联的学科。酒审美与酒美学是怎样一种文化生成？中西酒文化起源有何不同？以及酒审美与酒美学的内涵、特征为何？对酒美学如何界定？酒美学具有哪些重要的概念和范畴……下面就这些基本问题，着重从文化发生、发展与逻辑建立角度，逐一展开研究和讨论。

（一）酒审美与酒美学之文化起源

酒审美和酒美学属于深层次的文化，在大的文化系统或范畴之内被规定和阐释，随文化的发展而拥有历史与传统。在世界文化中，酒审美和酒美学的存在是普遍的，不同国家、地区、民族有不同的酒审美与酒美学实践和理蕴，显现方式各所不同；相互之间存在互通，更多的是不同，从根本上说，这种不同源自各自文化起源和发展的路线不同。

中国的酒审美与酒美学，根源于中国文化的存在本质。中国文化的本质，属于一种人文性、历史性很强的文化，这个总体的性质，早在远古时期中国人"仰观俯察"之际就被奠定了。那么，如何理解这种人文性和历史性？如何理解酒起源与文化起源的联系？让我们从考察甲骨文的文字构成说起。在甲骨文中，

"文"写作🧍①。《说文解字》说:"🧍,错画也,象交文,凡文之属,皆从文。"②意思是,"文"好比斑驳错杂的字画,充满纵横交叠的形式意味。《说文解字》是东汉学者许慎写的。在更早以前,商末周初出现的较系统的《周易》卦象中,"文"的形式感被阴阳卦爻符号所体现,后来成书于汉代的《周易》之《象》辞,借《贲》卦的卦象对"人文"一词做了解释。其辞曰:"䷕,刚柔交错,天文也。文明以止,人文也。观乎天文,以察时变。观乎人文,以化成天下。"③䷕卦象形容"山下有火",上"艮"下"离"。艮为石、为星,"日月星辰高丽于天""在天成象",是为"天文"④。天文阴阳交叠、刚柔交错,瑰丽无比。以"离"为火,譬喻"文明"。"文明以止",是说人要以社会制度、文化、教育的"文"装备自己,文明即人的存在形式。《贲》卦卦象用原始思维方式,演绎了宇宙间天地人的存在、组成状况,上有天文,下有地文,人文居中,属重中之重。与"文"相对的是天、地、人的质朴理蕴,它们通过"文(形式)"焕发、呈现出来。质与文一样重要,观文知质。观察天文,可知时序;观览人文,可知社会人情、风俗变化;观察地文,可知山川草木、地理物候。《贲》卦主张"止于文明",意在强调社会制度、文化和教化对人的重要。人无"文"则还处于野蛮时代,人不被"文"所化,则无以成为人。因此,"人文以化成天下"。在这里,"化"作为动词,表达了人接受教化,扭转、改造乾坤,使宇宙间一切创造之物合于阴阳之道的至理。甲骨文字"化"写作🙃,状如倒人,犹如人背向而立。《说文解字》释曰:"ㄣ,变也。从倒人"⑤。《甲骨文字诂林》:"契文'化'正从'人'从'ㄣ',乃会意兼形声字"⑥,在表达"改变""变化"之意时,"化"更多指涉"形式",由此"人文"与"人化"的意思重合,根本意蕴构成为"文化"。简言之,即人因"文"而化,"文"因"人"而成其所化。"文"使人由质朴笨拙而灵慧聪敏,

---

① 于省吾主编:《甲骨文字诂林》,中华书局1999年重印本,第23页。
② 许慎:《说文解字》,中华书局1963年版,第185页。
③ 高亨:《周易大传今注》,清华大学出版社2004年版,第244页。
④ 李道平:《周易集解纂疏》,中华书局1994年版,第246页。
⑤ 许慎著,班吉庆、王剑、王华宝校点:《说文解字校订本》,凤凰出版社2004年版,第231页。
⑥ 于省吾主编:《甲骨文字诂林》,中华书局1999年重印本,第150页。

原本以朴拙无华的状态显现，现在变得刚柔交叠、华丽生动。归之于文化，则文化使人类成长、进步，刚柔兼备，人的品质、性格、情操得到了"止于至善"的培育、改造和提升。综上所述，可知最初中国文化起源时的设定，是始于阴性、始于柔和的，不是刚硬的，只是在文化的运动、变化过程中，阴阳并作，焕发积极向上的生力，才阴阳交叠，以阴养阳、以阳化阴成为文化的主旋律。而阴阳摩荡的过程，则蕴含了阴阳互动，相互转化，以至起伏跌宕、勃勃不息的生机与规律，充分具现了文化运行的趋势和生命存在的法则。酒文化的起源根源于文化，含蕴中国文化的人文之道与法则，体现生命与文化的根本原理。酒作为宇宙、自然与人类社会的精酿之作，以其自身特殊的存在方式，表现着中国人文、文化的核心思想和内在逻辑。同时，也通过酒的生产与享用，从古至今，与现实和文化中的思想、话语形成贯通，让外在的社会显示成为自身的潜在系统。因此，酒审美与酒美学是酒文化酝酿的结晶，它以审美感性与理性的交融统一，表达中国文化的人文底蕴和趋势，属于深度历史、社会文明价值的存在形态。

西方酒审美和酒美学的起源与发展，走了一条与中国不同的路线。Knowledge和Culture两个词语的语源，均与酒文化紧密关联。Knowledge，是动词Know的名词化，表达"知识""学问""学识"。Know即对知识、技能的认知，认知Knowledge的能力为Reason，即理性，表现为抽象、分析能力。Reason，由Rea和Son缀成，原意指现实的理性化。理性化认知体现为Reason发现对象的性质、特征，再由语言赋予名称，纳入Logic范式，最终形成包含分析、判断、综合的，与先天理性建模统一的结构形态。这种知识建构具有普遍性，指向各个存在领域，在进一步的分门别类后，就细化为学问或学科知识系统。公元前11世纪至公元前8世纪为古希腊的神话时代，逻辑（Logic）尚不完备，便通过零散和感性的话语想象，建立起依托神性的知识"谱系"。神的超自然力、超人品性涵盖其所管辖的生活、精神领域。全能之神天帝宙斯、农业女神德墨忒尔、战争与智慧女神雅典娜、狩猎女神阿尔忒弥斯、战神阿瑞斯、爱神阿佛洛狄忒、火神赫菲斯托斯等，都掌管着和他们名称相关的领域，都属于世界逻辑建构的一部分，因为想象落实在神话故事上，从而逻辑建构最终凝固于名称和叙述话语之中。诸神之子中，宙斯与人间美女塞墨勒所生之子狄奥尼索斯，是葡萄酒酒神，他也是其他种植业的神祇，能布施快乐与慈爱，传达永生的意义。公元前8世纪至公元前5世纪,古希腊进入哲学时代,理性化思维逐渐完善起来,哲人的深邃思考融入知识系统,到柏拉图时期,对酒的讨论融汇在对深奥哲理的探究当中。尤其是,柏拉图的学生亚里士多德,他通过建立包括自然、社会各领域的学科知识体系,让酒的概念在各个学科中得到一定的渗透。如在《形而上学》《物理学》《诗学》《尼各马科伦理学》等著作中,"酒"一词经常出现,尽管相对于其他问题,酒多半属于稍带涉及,但有时也进行集中的讨论,如在讨论酒的性质的形成原因时,就分析出两种构成元素——水与火,认为是它们之间的对立成就酒的本质和特性。柏拉图和亚里士多德对酒的认知,显示了哲学思考的敏锐,把酒作为深刻哲学问题的典型现象来对待,但这种思考不具备文化的整体性,与西方文化的整体逻辑构不成整体的关联。如果说,他们与西方文化的Logic也存在一致的地方,那便是强调了关于酒的知识和认知的抽象性,忽略了人的感觉、感受对酒的生成的重要性,就是说,他们把酒与人,酒与生活人为地分隔开认识,让酒成为知识对象、饮品对象,但对于酒的酿造本身及其对生活、文化的影响,却没有在学科体系中深入、细致地反映出来。为此,把酒视为知识对象,乃西方酒文化认知最早的起源。这种认知方式,并不见得比神话认知能更深入地揭示酒的文化寓意,反而是,在把酒知解为一种物理性存在时,能从酒的动态性化学反应方面增加一些猜测的成分,但对酒起源的人文性和文化性,很难做出深刻的揭示,从而导致西方酒文化先天地预置了一种"形而上"的酒审美、酒美学观。在这种美学观中,因强调物性而忽略了人性,因强调知识的形式赋予而忽略了人的价值赋予,而且,对于酒的物理、化学酝酿与生产、社会文化、文明的精神性关联和本质,也缺乏触及本质的深刻揭示,而后者,即酒与社会的精神性、文化性关

葡萄酒酒神狄奥尼索斯

联，恰恰是酒的生命本质、文化本质不可或缺的关键性力量和要素。

　　西方关于酒的古老认知延续到中世纪发生转折，Culture一词出现了，该词聚焦了一种对酒重新认知的眼光。中世纪的Culture一词，系Anglo-French语系从拉丁文*Cultura*转写而来，词的前缀"cult"，本义为耕作、耕耘、种植，引申为培养、文明和教化。在这种认知中，酒是某种崇高精神品质的象征，饮酒属于人能获得某种高级文化的标记，显示不凡的精神教养。随着中世纪封建庄园的扩大，葡萄酒获得集中生产，成为贵族阶层夸耀身份等第的消费对象。于是，在这种社会氛围中，酒承载Culture的功能，被用来表达所谓社会文明和高级精神品位，久之演化为传统。从酒作为知识对象，到酒作为文化标识、象征，可以说是一次重大的认识跨越，标志了西方酒文化由知识形态向纯文化形态的转换，但不无遗憾的是，酒作为文化的象征或标记，并没有涵摄酒审美与酒美学的内在理蕴，它不过是以另一种浮在文化表面的形态，传达了类同于霍布斯以人的本质为人格，人格为Mask（面具），从而酒不过是社会和人的外在"属性""标记"的认知而已。但这种思维认识方式，在后继的资本主义发展时期，得到了各个阶层广泛的接受，并在资本主义殖民扩张驱动下，被推广到美洲、澳洲等地区。之后，西方现代性和后现代文化浪潮一波又一波涌起，酒文化的主导认识也日趋精细和深入：一方面，从酒科学视界完善酒知识认知与实践的体系；另一方面，酒成为政治、伦理、宗教、艺术、文学广泛涉及的对象内容，引发了关于社会、人生的深入思考。现代、后现代的酒文化，东西方已有深入的沟通交流，酒审美和酒美学的学术研究即便是系统铺开不够，然而相关研究已经开始面对，并且形成了若干重要的学术成果[1]。

---

[1] 按：外文著作如James I. Porter, *The invention of Dionysus: an essay on The birth of tragedy*, Stanford University Press 2000; Douglas Burnham and Ole Martin Skilleås, *The aesthetics of wine*, John Wiley & Sons, Inc 2012; Filip Doroszewski and Dariusz Karłowicz, *Dionysus and Politics: Constructing Authority in the Graeco-Roman World*, Routledge 2021。国内出版的译著如莎拉·贝克韦尔著，沈敏一译：《存在主义咖啡馆：自由、存在和杏子鸡尾酒》，北京联合出版社2017年。国内出版的著作、论文成果如徐新建：《醉与醒——中国酒文化研究》，陕西师范大学出版社2019年；王守国、卫绍生：《酒文化与艺术精神》，河南大学出版社2006年；胡洪琼：《汉字中的酒具》，人民出版社2018年；彭兆荣：《文学与仪式：酒神及其祭祀仪式的发生学原理》，陕西师范大学出版社2019年；贡华南：《酒的精神》，生活·读书·新知三联书店2024；赵建军：《古代中国"酒哲学"文脉钩沉》，《南国学术》2022年第1期和《生命活性：中国酒文化的逻辑本质》，《东方论坛》2021年第4期等。

（二）中西酒审美与酒美学的差异

酒文化起源、发展路线的不同，造就中西酒审美趋向和呈现方式形成差异。

首先，注重酒的客观特质与注重酒与人生命的融合一体，成为中西酒审美与酒美学最明显的区别。西方酒审美和酒美学，偏重客观性，注重自然界原料的采集和深加工，相对忽略人的心理、体验成分融入酒生产环节。以致其Culture性质的酒文化阐释，也偏重文化理性对客观性的认识。基于酒审美和酒美学的客观性而把酒作为审美和美学认知的对象，让酒审美主要通过对酒美的表象感知获得，至于对酒味的感受、认知，则总体上强调单纯、明净、直感，突出对甜味的偏爱，对烈性酒也有软饮料认知的特点，强调酒品绵爽，对酒体自身存在的丰富性及其自化特性则不无忽略。中国酒审美与酒美学，则因"人文化成"而强调酒体的自化生成，人通过饮酒品悟、感悟生命的韵律，人把自身的情绪、感受也带入，当酒液注入身心，似乎整个生命随之酒化而升华。它没有明显的主客二分意识，虽说在饮酒之先，对液体的流注之响、色泽、气味和香感，也有用视觉、听觉、嗅觉和舌面味蕾及口腔的一个品尝、辨识过程，但真正饮起来，则讲究大口衔杯，酒液不沾唇舌，直接瀑泻入喉。人与酒从人化其物到酒化于腹，整体连贯，并无明显的主客二分。

其次，酒审美和酒美学阐释所得之意蕴也存在很大不同。强调酒美之客体性，体现于审美和美学阐释，便是注重物质元素的原子、分子式构成，对香味成分用化学分子式表达，像物理粒子对撞机切割最小微粒那样，精准把握极微分子构成的存在。在古希腊时期，这种客观性阐释因科技手段尚依赖手工操作，阐释所得多得自理性对感受的分割把捉；工业革命以后，自然科学发展迅猛便借助科技手段来实现微细构成的捕获，其阐释成为对客观真理的一种实证。尽管科技手段对微细原子、分子的分割，也是在实验室里根据理性假定完成的，但这种假定的前提性往往被忽略了，人们宁愿相信科学分析的精准性、细腻性和趋近于零的无限探索性。然而，客观性向物质性一极的倾斜，在20世纪相对论和量子科学理论中发生了变化，它由极宏认知极微，或由极微反观极宏，把世界看成整体，无所谓绝对的客观性，客观性在一定情境、氛围下也可以转换为主观性，像原子、原子核、电子，再细到光子、波子，到潜物质，哪怕测不出来，也有不确定的物质在影响着"场"和精神，影响着社会和文化的变化。如此，对酒的美学阐释，在表达其社会性意义与价值时，就基于酒的物质元素的提炼，而通达某种精神上善的养成，进而对其在宏观意义上的作用和价值做出权衡，从最精优的葡萄酒、苹果酒世界工厂，到把精准、细微的酒体反向性寻求与古典和东方意境的吻合，西方酒审美与酒美学的阐释在客观性极限把握方面已经达到极限，并开始向主观和初始整体性Culture文化观转向。也就是说，西方的酒文化阐释，包括其极具感性意味的感官品鉴和酒生活、酒文化现象学品评，都是在人和酒实体及其工艺的分离中完成了的。我们无意贬低这样一种酒文化及其美学阐释类型，但就酒文化和酒美学的生成与发展而言，的确是中国的酒审美与酒美学阐释，要比世界其他地区更丰富和完整，更能深刻体现人类文明的思想与智慧。

最后，中西酒审美的饮众分流和社会酒审美评价意识也有很大的不同。文化发展到一定阶段必然产生分化，中西文化分化大约都发生在"轴心"时代，即公元前5世纪左右，问题不在于文化分流导致了知识创造的个体化，而在于对物质生产的知识和文化影响，因文化分化而导致饮众审美分流。西方伴随知识和文化哲学理念的形而上定位，强调知识、文化观念的否定与断裂形成错层趋势，酒的物质性被和知识、哲学理性牢牢捆绑起来，让酒审美沦为感性的、模糊的、引发人伤感或癫狂一类的存在。而事实上，从公元前5世纪到公元1世纪，精纯的葡萄酒、苹果酒制作产量极低，大部分葡萄酒、蜂蜜酒的质量也不是很高，反而是谷物啤酒、麦芽酒及粗制酒受到普遍欢迎，而受欢迎缘由又多是"富含碳水化合物和脂肪的食物必须用大量的液体才能吞咽，这是波兰人、德国人、荷兰人和英国人都因酗酒而闻名的原因之一，即使量很小，酒精含量低的麦芽酒，大量饮用也会造成嗜饮效应。"[①]这说明在西方相当长的时期，人们酗酒不是因为文化上把酒的等位拔高，而是因为饮食习惯及克服高寒等原因，加上蒸馏术大约在公元1世纪才被发现，就使酒酿生活长期与形而上知识、文化传统脱节，直到中世纪以前，饮众分流都没有从贵族和哲人的文化创造获得深入的审美受益，美学上的深刻认知鲜能提及。而后，中世纪饮众开始追随Culture酒审美体验，逐渐合流，先

---

① Reay Tannahill, *Food in history*, Three Rivers Press, 1988, P243.

是在法国，而后传到西班牙、葡萄牙和意大利，葡萄种植庄园大规模建立，酿酒蒸馏技术也越来越进步，大众饮酒酣醉成为时尚，不再受到世俗舆论和上流文化的讨伐，才进一步促成对优雅饮酒风度、情调的推崇，这实质上是饮众又一次分化的开始，而此时葡萄庄园也开始萎缩，资本主义扩张开始把眼光投向世界各地，使酒审美在前期已有一千余年与形而上知识体系脱节情形下，开始了一种有意识的文化趋同。对此，西方学者大体形成两种意见，一种认为以法国、意大利、葡萄牙等为代表的世界最优质的葡萄酒，在世界化的资本主义扩张中体现了人类文化的共同嗜好，优雅的饮酒情调，高贵的审美形式体验，饮酒举止的贵族风度等，是高水平文明与教养的体现；另一种认为，真正的酒审美，始终存在于社会底层，酒吧、街头、麦场、格斗场、舞会等洋溢着生活乐趣与生命激情的地方，正是饮酒的"醉"与"醒"时时交织，引发现代性蓬勃的先声。这两种主张，似乎后一种更显现文化权威人士的文明叛逆精神和预见力，以至19、20世纪以来，不论西方现代科技有多么发达，酿酒技术有多么先进，酒始终成为激情与力量的代名词，必然出现在最具张力的、似乎并不优雅的场合，以致它还常常因此被拿来与嗜吸毒品混谈，现实性地展示其酒审美的下坠已成为堕落式情感的伴随物。与此相对，依然坚守酒审美培育文化情操与品格的观点，则对酒品进行严格分类，将烈酒归为硬饮料（Alcohol Drinks），将植物果汁归软饮料（Soft Drinks），标出它们的科学成分，使酒品和可乐（Coke）、果汁（Juice）等面向不同年龄段的饮众，形成一个营养和酒精比例含量呈梯状的可饮链，供人们自选，对小孩子则制定不许其饮硬饮料的公共制度，以此来完善西方酒审美和酒美学的文化教化制度和体系。

西方文化分化和酒饮受众分而合、合而分的历史，有其可称道的一面，也有对酒审美和酒美学不够全面和深刻触及的一面。从好的方面说，知识、逻辑、科学、语言、技术等聚焦于酒美客观性特质，有助于酒品类和酒香风味特质的标准化、精细化发展，有助于充分开发酒酿技术工具和手段，提升酒酿文化的现代化文明水准；不足的一面，是科技化、社会化、标准化的酒审美与酒美学，即便对象性酒审美的形式感知、体验，也难免依存于主观理性的把握，而酒的酝酿过程本身并不能摄入文化有机性的整体考量，都要按照酒酿的程序要求操作，结果葡萄酒酿制得再精致，白兰地、威士忌等烈性酒的酒精度提炼得再高，也难以脱离开认知方式上的主客审美模式而很纯粹地进入酒体生命机理自动化酝酿模式,致使文化、知识最终成为外加于酒体的标签式贴敷。因此,西方酒美学很难真正、深刻地回归于酒美本体,在理论上,葡萄酒储藏的历史再悠久,也仅具历史年份标记的意义,并不具有酒实体随储藏年份悠久就能使酒体质量醇厚优化的意义。也许因此缘故,葡萄酒多适合短期内饮用,以更好品尝到酒液的新鲜滋味,或稍加存储,有益于分子物质的电子运动,促进能量的均匀传导和转化,但不能置放过久,在中世纪后期一般置放12星期之后饮用,若放太久则物质能量转入自耗,酒性酒味趋淡趋无,酒体当中不能溶解的物质发生沉淀,液体会趋向酸败。这就像果戈理《死魂灵》中写的,泼留希金将存放很久的半瓶葡萄酒拿出来给客人喝,结果酒的颜色已变,酒味全无。一旦脱离开酒本身的生命有机性,单纯就眼、耳、鼻、舌、口腔等感官对酒体表象形式展开审美把握,是不能真正得到酒美真蕴的密码的。或有人说,像白兰地、威士忌,乃至非烈性酒如德国黑啤,一样能使人酩酊大醉,其烈酒体性丝毫不亚于中国白酒,诚然如是,就酒精含量说,西方烈酒同样能酿制、提炼出酒精度数很高的酒,但这又能说明什么?若论酒精含量,最高的纯酒精,不是更容易醉人?关键在于酒醉并非酒精醉,酒醉是酒体生命有机性与人的生命有机性对撞、交锋,进而摩擦、共舞、拥抱的过程,西方酒美学忽略了这个过程,仅仅重视了酒体进入人的生命有机体的表现形式,重视了酒的感性形式对人的生命有机性的激活,对酒美学的解码不够到位,自然而然,造就了其总体文化无论多么讲究高雅和文明,多么注重底层世俗活力,最终依然是与酒审美、酒美学的真蕴隔着一层,不能登其堂奥。而中国文化的分化,是士人精英与普通百姓的酒审美与酒美学各臻其善,最终达成民族化酒审美与酒美学的融合。在中国历史上,士人文化代表文化主流,主要以诸子百家的文化探索为源头,汉代"罢黜百家,独尊儒术",令儒道文化成为主导,隋唐时期又融摄佛教文化,构成儒道释的统一、融合,成为中国文化发展的主脉。世俗文化以巫文化为渊源,一直活跃于民间,其思想将宇宙神秘意识、神仙思想、堪舆风水、巫术迷信等杂糅在一起。两种文化都形成了相应的酒审美和酒美学理念,实践风格和境界也都不同,士人追求伦理人格理想在酒饮时得到抒泄,故极其注重酒体内蕴与情志意趣的韵律表现达到一致,对酒审美的天、地、人诸相关因素甚为考究,努力尝试将高深的文化意识注入酒酿、酒饮和酒藏环节,影响酒器、酒环境的造

孔子

型设计和实际应用,并以自身倾心于醉和忘志于酒乡来推进酒审美与酒美学的文人化;普通百姓的生活经验以瞬间意识控导具体行为,存在情绪、情感、意念、意识等短暂化、不稳定的不足,巫文化的神秘意念和注重具体法术操演来实现精神意志、趋向推导的特点,在民间很有市场,因此,从远古起,中国的巫文化一直在民间不曾衰灭,在不稳定的战乱年代,在偏远的乡间僻壤,巫文化愈为炽盛。巫文化最鲜明的特点,就是它非常注重观察、感受自然迹象,非常重视以奇术验证吉兆,其背后的解释观念可能非常驳杂、落后,但现实表现却充分发挥了实体物性与人两个方面的审美感性力,让日常审美经验和奇迹审美经验都有得到呈现的可能。古代历朝统一时,士人文化和民间文化都受控于官方意识形态,走向某种统一,从而两方面的审美力量被组合在一起,时代战乱和改朝换代,屡经分合,逐渐造成饮众分流加剧趋势,像雄鹰展翅,两翼亦放亦收,摆动得幅度越大,收敛的倚合也越大,振翮之际,既各寄心志,又互通情趣,并且每当文人意志涣散,只要入于酒肆野庐,立刻血气充盈,精气神陡然袭满身心;民间则每当有文人深入,便如晨曦喷薄,必使百姓的酒审美志趣和理念产生飞跃式提升,这就是中国饮众、酒河既奔腾勃发，又将酒饮之事汇入家业、族业和民族大业的根本原因。

中西饮众分流的不同状况，直接导致酒审美的评价和社会性体认程度也不同。西方的酒审美评价建立在理性化观念的价值建模之下，对民间的饮酒基本持否定态度，即使现当代从酒审美现象出发，具有肯定其现实活力的一面，也依然有将之与驳杂丑恶乱象搅在一起之嫌。而中国的酒审美分流，由于价值定位于对动态性存在的推演与评估，实际则从肯定现实生命、生存的存在权力来评估酒的存在价值与效力，从而即便是前有大禹的"绝旨酒"通令，后仍有周公的《酒诰》和历代不定时的禁酒律令，形成思想制度上的一种总体控导。这种控导对现实生活的影响更多是导向性的，实际生活中酒兴依然如江河奔腾，始终赢得社会的普遍性认可或响应，其肯定程度甚至达到不以酒醉无以状其精妙之情状，哪怕人们也知道这样的解释不合政治法规，也非常态作为所可取，人们依然乐于沉溺于此中的酒趣逸事，以酒醉为最快意之事，从总体上衡量这样当然未必好，但酒饮的现实就是如此。由此一斑，可知中国文化对酒审美的社会性评价，总体呈宽容的、积极的态度，能够最大限度地将文化构成的深度理蕴结合于酒美学当中，使酒美学也成为传统文化最重要的有机组成内容。

（三）从酒审美到酒美学

中西文化的起源、发展，规定了中西酒审美与酒美学的发展轨迹。文化对酒的审美和美学阐释，规定并影响着人们对酒的实践操作和经验感知、感受方式，反过来，酒酿和酒饮实践也影响文化的表征形态与形式。

在日常生活中，人们更多时候从经验直观的角度，来观察酒，观察并理解饮酒行为的，但文化要超越经验直观，提出更深入的问题，便使酒的物质存在和与酒相关的活动，也具有了类似于文化本身的复杂色彩。那么，这个时候，我们是简化一切，直接说酒是人的智慧、经验、技能的产物，还是理性地考察：什么样的智慧、经验和技能创造了酒？后一种显然具有较浓的精神色彩。而当我们把人类与酒相关的问题做类化处理，像我们观望星星和月亮，就想到了人生的悲欢离合，感知春夏秋冬，便思及人何所来何处去这样的哲学问题等。对酒也一样，进行审美感受、体验和美学思考，让精神活动也具有经验活动的具体性和现实性，那么，酒审美和酒美学就如同酒生产和酒享用一样，同样能够表达人的生命存在，成为文化的存在，审美的、美学化的存在，成为能够呈现直观性、经验性的存在，让所有这一切存在都依照"美的规律"表达其自身，则这种研究可证明酒及酒文化自身的存在意义和价值。

在这些似乎不尽一致的存在方式中，酒审美与酒美学无疑属于文化的一部分，无论现实的、经验的，抑或认知的、心理性质的，都属于文化组成的重要内容。这些内容之所以重要，在于它们不只一定时段有，一定空间里有，而是遍布人类存在的各个时段和空间。并且，重要的还在于它们与人的生命、生存的深度联结，与人的生命、生存意义或直接或间接的深刻联系。经常说，一个人可能一辈子不饮酒，但没听说哪个人一辈子没见过别人饮酒，从来没有对酒或饮酒产生过感知印象的，若真有人说，那绝对很难令人置信的。酒审美和酒美学，就依照其文化本性存在着，表现着自身的本质、规律，同时也表征着历史和文明的发展。

那么，酒审美与酒美学的内在区别和联系为何？酒审美的现实经验活动，能否体现出酒美学的认知高度呢？

1. 酒审美不等于酒美学

酒审美是一种现实的感性的饮食审美实践活动，酒美学是审美认识的理论化和酒美学思想的认识体系。酒审美不等于酒美学，前者是活泼泼的生命行为，后者是对这种生命行为的意识提炼、总结，和从期待意愿出发采取的思想建设。前者是外在的、显现的，与酒的生产、经营、销售、享用的历史发展同步，敏锐地聚焦着酒创造与酒享用的物质和精神的信息，后者则对前者有一种反思、反省、判断、评估的构想、愿景，它也包含自身的感性存在因素，但不在现实中，而在人的心里、脑海中，通过神经中枢对身体细胞、血液和神经末梢的感知、反应，对酒在身体脉络的流渗展开精神化回忆、强化、分析和凸现的处理响应。简言之，酒美学存在于人的精神活动中，以鲜活、生动的精神形式完成对酒审美及其他以酒为对象的、与酒相关的存在和认识活动的思想产出。因此，在酒审美意义上，不论古今存在多大的差别，都要生产、经营和享用酒，通过感受酒给予现实生命以巨大的审美愉悦。但在如何具有和具有怎样的美学意义上，则存在较大的差别或跨度，一是古代及至晚近的时期，酒美学的精神活动和思想认知，大多散在于其他综合性的或牵涉到饮食与酒的文化、学术研究当中，而逾至近、现当代以来的美学、美育研究，则多明确、集中在以酒及酒审美为对象的活动来展开，从而使酒美学成果的现实呈现也成为可能。马克思说，人类有四种掌握世界的方式，即：理论的，如哲学或科学等；宗教的，如佛教和基督教等；实践—精神的，如日常实践意识、伦理意志观念等；艺术的或审美的，如艺术和感性审美活动等。酒审美属于第四种掌握世界的方式。单纯对酒审美理论化，形成学问，即酒美学；酒美学的思维、思想生产方式接近第一种之哲学，它跨越其他几种掌握方式，包含了对酒行为实践意识、酒礼（伦理）意识、酒文学艺术意识的研究，不过在涉及各个方面的酒意识时，它仍以对酒存在本身及其感性、理性之显现为中心内容，最终形成关于酒美意蕴、韵味的思想认知和精神智慧。

2. 酒审美与酒美学各显优势

酒审美的优势，表现在它是人的生存、生命存在的一种特殊形式，言其特殊，是酒非必需，即人不饮酒亦能活下去，但酒滋润了生活、刺激了生活，以柔和的方式使生存洋溢着乐趣和意趣，以撩动情怀的方式使生存充满意义。简言之，即酒使生命不断绽现奇迹，让慵懒的人勤奋，孤独的人不再寂寞，懦弱的人胆气陡增，厌世者留恋人间美好，败落者能重振雄风。酒之清润如水怡人，酒之热烈如火炙人，酒之芳香如花袭人，酒之朦胧如梦迷人，酒之平常如家中瓮瓯，酒之神圣如族训誓言……正是在人的感性生存中，酒进射出氤氲无限生机的潜能，让人觉得饮酒仿佛增添羽翼，可以"快乐"翱翔，像"神仙"般自在游弋，"梦幻"般体味天上人间；饮酒仿佛灵丹妙药发挥出神效，微醺悠悠，诗画意趣竞相萌发；小酌恬淡，神情机敏舌吐莲花；畅饮雄起，山河万里皆欲揽入胸怀；大醉淋漓，卧倒时眼前走马飞龙，举臂张目则叱咤风云。自古而今，酒审美显现了人类生活无量的神秘变数，对人具有难以抵御的诱惑力。在酒审美的感兴激悦中，蕴藏着人类文化的创造情趣、快乐体验和对自然、社会探索的认知冲动，人与酒融为一体，使世界因此焕然一新，产生生机勃勃的优势效应。而酒美学不是现实的、感性的存在，其优势体现在以系统化认识，明晰人与酒的本质关系，进而促成理想化的酒审美生活与现实。由于有了深刻的酒美学思考，不论它是内在于哲学、伦理、宗教或艺术、文学的存在形式中，体现为渗透其中的酒美学意识，还是表现为将美学认识应用于生产实践，让酒依照最合理的趋势不断提升品质，成为最适宜于人的饮食对象，都在思想逻辑上将酒的构成、功能和效用，通过美学的逻辑将酒从与其他存在物混存的状态中剥离出来，让酒成为人可以独立、集中、深入观照并理解的对象。这种理解无疑凸显了酒的价值，并且随着酒美学对酒与自然、酒与人、酒与文化关系的洞悉，不断纠正创造、享用、理解酒过程中的操作、认知偏误，打破为酒酿、酒饮人为设置的社会障碍，发掘酒能充分有益于人的价值功能，使酒的文化、哲学和美学认知，纳入人类文明体系和精神体系之中，就从根本上有力奠定了酒在人类社会中的特殊存在地位、意义和价值效用。

3. 从酒审美到酒美学

酒审美以个体鉴赏为主，通过娴熟、细腻地品饮，摸索感官品鉴的认识，但不论新手或行家，都想饮到最美的酒，因此他们都不会满足于浅尝辄止，而是力图发掘出酒的特殊品质，表达自己不同于众的美感享受和趣味。这时，酒审美就具有了一定的酒美学省思意味。譬如，酒味有什么特点？它能带来怎样的精神感觉？特定品类的酒适合与哪种饮食搭配人才有更饱满的愉悦感？等等。酒审美的深入体察、省思也掺杂想象的因素，譬如，烈酒往往促人联想到英雄气概，似乎英雄无所不能驾驭，何况酒乎？甜柔的美酒，就会联想月白风清、梅兰竹菊、君子美人之类。酒审美多在与人同饮时精神感觉极度兴奋，从而对酒品的风味、口味质量、色泽、酒花状、黏稠度、酒性力度和酒器、包装等也格外挑剔，倘得认同，视同邻朋，更甚者视同知己、自己，必甘醇尽享，难能释杯。而在这种至敏至细的品鉴、享受中，个体一己的感受和体悟是酒兴荡漾的峰点，即不管与众如何醉欢，终归于个体之快感、愉悦，而所谓美学省思也终归体现于饮酒者个体对酒之思。这时，主体自身的精神储备便发生作用，善于思味人生永恒问题者，能从酒中识别味外之味；擅长琢磨人生行为的规范和自律者，会从饮酒是否体现出礼仪、秩序，而对酒的伦理之美做出认知判断；而钟情于探索自然物理、社会变化的自然、社会科学家，则对酒的物质构成和饮酒的社会利弊特别关注，这些都由酒审美进入对酒的理论化掌握，其中把他们所擅长的理论与酒的美学性关联起来思考的，就达到了酒美学的省思层面。譬如，对酒的色彩，科学家能够形成客观的判断，倘若他将这种判断与大自然美丽的色彩相联结，并尝试研究出符合人

《竹林七贤图》唐·孙位

视觉愉悦的某种纯净色泽,如海洋蓝、琥珀黄、玛瑙红、翡翠绿、水晶白等,则这种研究就具有美学性。从酒审美到酒美学,是感性化的感觉、知觉状态,向理性化的反思、体悟、判断的转换,其中,精神整体拥有对酒直觉把握的能力,这种直觉既可能诉诸为审美感性,也可能表征为美学化直觉,后者与美学化理性具有同等认知高度。重要的是,酒美学不仅仅是对酒这一存在,可作为审美对象研究,它更倾向于把认知的视野与酒拉开对象化距离,既包括主客相对之审美,也包括主客一体之审美,在将酒与自然、社会、人、文化、现实、艺术等进行关联性反思中,对酒的美学本质与规律进行权衡和把握。从而酒美学具有更浓重的价值研究色彩,它既肯定酒的积极价值,也不忽略酒对人类可能产生的弊端,不过这些都不是孤立审视、省思做出的,而是在结构化的思考与创造过程中完成的,从而酒美学与研究真、善的科学、伦理学学科,具有十分紧密的逻辑联系。真善美统一,体现酒美学最高的价值理想,酒审美蕴含真善美的价值意涵和体验,则是酒美学崇高境界与理想的现实化与完美体现。

二、酒美学的界定

酒美学并非只对专家学者重要,对普通人来说,人们对酒的认识很多时候接受的是流行的定见,其中多存偏差和误解,何况还存在认识程度的高低问题。大多数时候,人们是在自己了解的有限知识限度内来鉴别酒,进而以肯定性态度来饮酒的。酒的知识并非抽象的认识。出生于五粮液酒的家乡——四川宜宾的哲学家唐君毅说:要获得良知,追求真理的知识"你必须先忘掉你的一切习见知识"①"真理的知识，犹如生丝，当浸润在充满意味的生活的水中时，自然条条清澈，婉转如画。但一朝生活的源水，与之相离，知识也将如生丝之胶结。你纵有能分析的思辨力，去耐心演绎，你也不能回复他在水中时，那样的清澈了。"②知识和良知源于分析和思辨力，将这种分析和思辨力"浸润在充满意味的生活的水中"，就是美学的智慧。人类的知识，先前都是以新颖的知见面目呈现的，后来变成人人皆知的习见沉淀下来，就是知识。知识分门别类，成为一套一套的知见，就是学问。学问和知识都不是智慧，但智慧需要拥有知识和学问。普通人不一定掌握系统的酒知识，但可以通过将自己的思考浸润于充满意味的生活，获得美学智慧的真知灼见。

下面对酒美学的内在逻辑、学理内涵，就其基本原理进行概括性阐释和界定。

（一）酒美学的本体

酒是什么？酒的美又在何处？酒美学逻辑起点应当从哪里开始？这样几个问题集合在一起，都是酒美学的"本体"问题。本体即真理的根源、依据。对酒美学的本体，可以从生态学追溯酒微生物菌群的起源；可以从文化学探赜酒的生命根性；可以从工艺学和酒酿创造学发掘酒本质的生成机制，以及其恒定如一使酒之所以成其为酒的品性与变易趋势。这些路径尽可不同，但目标可以归结为一个问题，即酒美学的本体是一种生命活性。酒的物质性、酒的美和酒的价值，都在于酒的生命活性的发生、成长、变易、转化、绵延、迸射和衍化。生命活性是一种特殊的能量，它可以从物质界无机物汲取元素，转化为有机性微生物，可以在自身生命能生成以后，通过自身的生命运动不断扩展自身的存在系统，辗转翻腾，由低级的、简单的形式向高级的、复杂的形式呈螺旋式递进增益，即便在凝成为可作为人饮用的酒实体对象也依然不停止自身的活性释放，转而在更高的生命有机体环境——人体内，依然展开其勃勃不息的生命运动。而纵然是已经将自身的生命活性贯通到生物界的极限，它依然以自身活性的氤氲蒸腾，向人类的生

---

① 唐君毅:《人生三书》，中国社会科学出版社2005年版，第54页。
② 唐君毅:《人生三书》，中国社会科学出版社2005年版，第20页。

命活动形式进行扩渗，进而在一种难言其妙的酒化之递进链的推进中，自然而然地将酒的生命活性的、高频度、纯质性、集束性能量激活、发散、转进、归拢，转现为一个涵容天地精蕴、物华韵质、生理基因、性情意志、行为操演、形式凝定、持续塑形的"大圆"。笔者曾对生命活性的由"物"到"能"，再到人的生命有机体内部的演绎这一段"半圆"的衍生、凝聚、爆化运动做过阐述：

> 酒文化的生命活性呈现，从酒力自身活性功能与机制的转化与完成而言，表现为不断摆脱物的物理机械性，和内在于这种否定过程的精神性运动、能量生成的趋势。这种别致的生成之所以可能，来自酒生命活性所培育、蕴含的生命原质和生命特性。酶的存在本质，体现生命基因的重组。发酵是微生物的生命运动形式。纯粹的酶属于潜在的生命形式，只有通过发酵才能发挥生命活性功能。因此，霉菌、细菌、病毒等，都因酶的催化作用而禀具生命活性，并活跃起来。酒的诞生，原本就是排除和战胜阻滞生命生长的毒性与危险性的结果，是一场生命战争的产物（原注：在生物化合反应中，发酵由于环境、因素的不同，会产生非正常氧化变异。这种非正常氧化变异会造成生命运动假象，仿佛它是生命活分子的健康运动，其实是自由基在吞噬良性分子能量，形成其伪装为正常分子一样的存在。类似情形，茶叶渥堆的非正常变异产生有害物质，酒的发酵也会发生非正常变异，产生有害物质）。酒由于秉具生命活性而与其他物质，包括一般饮食对象不同，就在于酒生命活性能够"以毒攻毒"，以其自身的活性能量，被人体吸收后产生更饱满有力的有机性能量，被更进一步渗化、融入生命体内部，引发更高级的、更具精神性的生命化合运动。在人的生命有机体内，酒活性成分增益了人的身心活力，充沛体能，激发智慧和精神活性连续运动，引发诸方面品质、因素协和一致，在尽情释放、挥洒中创造生命奇迹。①

---

① 赵建军：《生命活性：中国酒文化的逻辑本质》，《东方论坛》（青岛大学学报·社会科学版）2021年第4期，第119页。

生命活性（Life Activity），在酒酿科学中作为一个成熟的合法性术语，是物质运动生成的生物活性分子（Biologically Active Molecules），作为美学的本体概念，指依托于物质生命活性而产生的文化性、人文性生命"活性"价值能量和意义。

酒美学生命运动的后一段"半圆"，也持续前一段"半圆"的节奏、规律，在精神性生命活性为主导的扩张又凝聚、酝酿又挥发、生成又塑型的创造进程中，酒的价值以另一种感性勃发状态呈现出来。在这样一种似乎用美学理性、直觉规约的总体运动中，酒的意蕴和韵味也同样有其质（内容）与文（形式）的丰富表达，并在人类物质文明已达到将精神意趣和功能也能充分诉诸物化传媒手段时，让酒置于其中，作为最活跃的力量而存在，使酒之美的韵致和形式呈现愈发立体化，能空前承载人的生命存在的价值能量与趋势。

为此，酒美学不是"酒+美学"，而是对酒的全部生命感性（酝酿的、生成的、转化的）与存在感性（扩张的、变易的、转现的）的价值审视与评判，酒美学奠定的本体驱力，立足于创造性的、有益于人类文明发展的活性驱力之上，以此活性驱力规范酒审美选择，规范酒美学向酒体生成的酝酿，将酒美学思想及其情感、意志也在酒化的精神酝酿运动程式中予以迸射性释放，进而提升酒实体熟酿的品饮质量，以酒性之洋溢、激荡张扬酒魂精蕴的精神性弥漫与扩散。酒美学的内在尺度根据具体的创造情境，为酒实体的精神性转现赋予形式和边界。对于酒酿制历史古老悠久，又特别崇尚酒审美、酒文化的中国来说，倡导酒的生命美学、存在美学，可以发挥美学逻辑的强大激发、收摄、调配和平衡功能，推动人类物质和精神文明超越历史和当下，跨入更高的价值台阶。

（二）酒美学的定义

酒美学活性本体规定酒的生成、发展状况与趋势。酒美学可定义为对酒的生命感性、存在感性与发展感性之认识的理论系统。生命感性，指生命有机性，它具有酒的物化形式、精神化形式；存在感性，指酒的生命存在与运动，具有生成、成长与成熟的机理和规律；发展感性，指酒的物化了的或精神化了的存在所具有的向外向上扩张的动能与趋势。所有感性均具有其存在形式，或隐或显，均以形式之规律化运动和变易性、不定性的合理交叠，凸显酒美学的本质、特征和规律，揭示这种本质、特征和规律就是酒美学要面对的对象和内容。于是，在酒的生命感性中，我们能发现看不见的生命运动；在酒的存在感性中，我们能感受、体验到生命能量的积聚和释放；在酒的发展感性中，我们能凭借酒化之物或符号化载体，将酒的生命感性、存在感性与我们的生命感性、存在感性合而为一，在持续的精神性之酒化运动中，将酒的本质和规律，放大到精神的极限形式。达到这一步，再将凝结的认知与智慧，以切合酒的生命、存在与发展的直觉和理性，注入酒的感性生命的重酿过程。

酒美学的真理认知和发现，虽然最终呈现为理论化的成果，但其实是由酒美学指向的物质性存在和精神性现实所给予的。"美学的"作为一个定语，表明美学对现实的一种"嵌入"，即在酒酿的开始，就有人文性的"切入"，在酒生产与享用的每一环节，这种人文性切入与物化探求本质与规律的自动化生命机制，两者是不断交叠互动的。西方哲学家吉尔·德勒兹（Gilles Deleuze）把这种人的欲望、心理和直觉、理性的提炼返转为质料与形式统一的过程，形容为"欲望机制"的由潜在性向现实性的"反向施动"。澳大利亚学者雷克斯·巴特勒（Rex

生命存在的根系

Butler）认为，这两种"施动"体现了避免思想的单一重复和物质运动的稍纵即逝的差异，采取了先让思想反向潜在于客观存在和运动之中，然后让客观存在和运动再反向潜在于精神性运动呈现之中。哲学就是"一个是在事物的终端对现实物（The Actual）的潜在化，而另一个是在开端对现实物的潜在化。"①巴特勒也指出，德勒兹两端的连接线是"蜘蛛网"，是可以向上向下运动的某种思想意志，但他没有讨论思想潜在于现实化过程和现实潜在于思想过程的运动形式和美学特征，在我们看来，在总体定性的运动形式中，"反向施动"依然保持了思想与现实的交叠互动。对于中国酒美学来说，美学"嵌入"酒的酝酿现实，不是因为要针对"开端"的单一而采取让同一性沉底，更不是针对末端的物理性混沌让差异性思想潜入，其核心宗旨不是搜寻、发现和表现感性，而是在搜寻、发现和表现感性中塑造其形式，权衡其形式结构，反思其感性被形式化能量释放的效应，概括感性运动形式与其他物质、精神性形式的关联与互动，进而揭示酒的感性存在、感性生命展开的价值和真理。

因此，酒美学作为对酒生命存在的认知结晶——一种高级的智慧或理论形态，它形于理论化的语言，实为对酒实体及其扩展性衍体，包括物质性的与精神性的存在认知的穿越；它既紧系物理特质、机制而具有真理的客观性，又时时绽现思想、智慧对生命存在的反思；它是统摄能量、彰显主体肯定与否定志意的思想价值系统。这种思想价值系统之由中国酒生命存在所显现，乃一种循环往复、螺旋式推进的"大圆"，此"大圆"呈现阴阳摩荡、耦合转化之有机性驱力，有虚实隐显之象，发质文肌理之光，扬葳蕤蒸腾之气，敛精蕴神韵之理，吐五味适切之香，因而其始端与终端，或阳涨阴消，或阴实阳虚，转现为总体或偏于物质与精神之一极的状貌，至于其运程所现，则阴阳互抱，你中有我，我中有你，时时绽放出生命的新机，不断地聚焦、优化和呈现，使酒美学的理蕴愈是辗转返还，向可推衍的方向掘进，便愈是饱满充实，铸成可蕴有无限张力和风韵的强大生命价值体系。

---

① 雷克斯·巴特勒著，郑旭东译：《导读德勒兹与加塔利〈什么是哲学？〉》，重庆大学出版社2019年版，第6页。

（三）酒美学的内涵特征

酒美学的内涵，作为潜在性的思想、观念和价值体系，是以酒实体存在及其延展和人的精神可传输的媒介为依托的。现象和本质，当其属于认识对象时，它们是表里互依关系；当抽象理性并不孤立地从主体向对象发射，而是伴随着情感、意志等进入到存在——总体为物质性的或精神性的时，它们与存在具有了同一性。于是，酒美学的内涵表现为不是主体要表现自己，或想表现什么就能表现出什么，而是在完成角色转换，即让自身也仿佛"化妆"成存在队列的成员一样，让自身随着存在生命机制的自动化运动而完成呈现。这时美学内涵的隐与显，也随之变为存在肌理表现程度的不同，而大多数时候，酒美的本质、特征便通过运动系统的某一侧面浓墨重彩地实现表达。这犹如一棵树，从根系到枝干、叶簇，其生命有机性肌理外在地呈现理性的推断和直觉的捕捉，包括树木长得翁翁郁郁，与天空、大地、流云、飞鸟等衔连偕存，酒美学的思想网络，也获得了物质与精神意蕴糅合、分离、自挺、相搭、组合、变异等复杂情形。

由是，酒美学始终具有自成系统的封闭性和自足性，但又是敞开的，时时在自然中、社会中，包括实验室和草稿纸、书写、计算机模拟式运演等挂接的场域、系统。自身系统的诸元素堆积和基因更新，与经过人为加持的生产工艺和创造、销售、享用流程的重叠轮进，使酒美学的水平越来越高，其内涵的酒审美感知、体验，跃居现实创造与体验的前沿越来越时尚超前，携手而往的企业、推广团队越来越庞大，个性化的生产、经营者各显身手，拱出颇为喧闹的酒存在与解读氛围，致使酒美学往往面临愈发难以诠释来调众口的地步。这还不是最重要的，最大问题是由此种繁盛景象带来的酒生产、酒体验、酒文化、酒美学的现实性存在超越了其他存在的一般状况，以致人们对酒的理解不一。这种不一致与酒质的良莠不齐相对应，再辅之以饮食营养、道德约束和政策法规的适配，并不完全适合酒存在的所有个体，从而促成对酒存在也产生不解、误读和否定。为此，我们需要就酒美学现实的内涵、特征，做一概括性阐释。

1. 饮食定位的归属性漂移

酒为饮品，属于饮食范畴。中国饮食美学以食味为本体，形成侧重于烹饪之美，在水火鼎和中兼摄食材性味，进而完善地缘性、民族性的饮食美学体系。酒美学也归属于这个系统。然而，在最基本的物质构成与功能定位上，酒与一般饮食并不能等观，一是饮酒不是为了解渴，酒固然含水，但酒水是"含火的汁"，能"使灵魂和身体发热"[①]。身心发热后反而愈发想喝水，不为解渴而喝水，仿佛为了"灭火"降热而饮水。二是饮酒也不能充饥抵饿，诚然酒有能量，在人浑身乏力、神情疲倦之时，饮酒立刻能起到比吃几大碗饭还厉害的功效，心跳加速，血液沸腾，体能顷刻恢复，但这同样不属于充饥之饮，而是以酒力激活气血，起到灵丹妙药般的效用。由于酒不被视为一般的饮食之物，从而即使为饮，也自古而今被视为殊类，让酒从"饮食"范畴很自在地漂移出离，变得仿佛具有了超物质的精神能效，给人带来快乐、力量、安逸、舒畅、疏放、解忧之感。古希腊亚里士多德（Aristotle）宣称："所有的人，都要以某种方式享受佳肴、美酒和性爱"[②]，把美酒与美食并列，视性爱与美酒均为莫大享受。德国哲学家弗里德里希·威廉尼采（Friedrich Wilhelm Nietzsche）塑造了一个超人查拉斯图拉，借他的口说："我们需要喝酒——只有酒给我们以迅速的恢复和奋进的健康。"[③]20世纪的大哲学家马丁·海德格尔（Martin Heidegger）甚至将酒的神圣性放到诗与人类共存共在的"言说""绽现"意义上肯定，认为"酒神用葡萄及其果实同时保存了作为人和神的婚宴之所的大地和天空之间的本质性的共济并存。"[④]所有这些表明，酒对饮食的出离，仿佛就为证明自身具有美学之魂，因而它能入住于人的身心，让人为之着迷、颠倒，甘愿昏醉不醒，而这种从饮食漂移出来的气质、秉性，在中国颇为人们难耐生存繁重的劳役、无法躲避的祸乱、豪强劣绅的压迫、孤独病苦的折磨，留出了一个暂歇的净土。从商末周初年间起，老百姓在农业耕作绰有余裕时便开始普酿共饮，让苦涩的泪和百感交集又呛又辣的酒和在一起，在饮酒时又歌又舞，再加上呼号，借助酒兴表达对人生和世界的感慨，自然，也借酒表达了生活中的惬意与满足、幸福感。因此，酒是并非饮食所能涵盖的一

[①] 柏拉图著，谢文郁译：《蒂迈欧篇》，上海人民出版社2005年版，第42页。
[②] 亚里士多德著，苗力田译：《亚里士多德全集》（第七卷），中国人民大学出版社1993年版，第163页。
[③] 王岳川编，周国平等译：《尼采文集·查拉斯图拉卷》，青海人民出版社1995年版，第239页。
[④] 海德格尔著，孙周兴等译：《海德格尔选集》，生活·读书·新知三联书店1987年版，第415—416页。

种特殊饮物,它具有非同一般物质的能量构成,高浓度汇聚,"承载"有精神能量的体性和功能,是一种美学性异常集中且具有巨大可阐释价值的美学化对象存在。

2. 综合性诠释的身体美学解构

美学在西方被视为哲学的分支,在中国只是在20世纪初才由西方借来此学科名目。但这并不影响我们对中国一直拥有审美化和美学化的现实的自信,就是说,中国人的生活,是现象性的美学,中国的文化,是审美化和美学化程度极为显著的现象。正如"哲学不仅仅在哲学的领域中被发现,也同时在艺术和科学之中被发现。甚至,在某种程度上,哲学就是艺术、哲学、科学之间的关系自身"①,在中国文化中,也存在不同于西方哲学、科学和艺术传统的哲学、"科学"②、艺术等一样,中国的酒现象和酒文化,也有自己的酒哲学、酒"科学"、酒艺术、酒文学等存在。虽然我们不能说,中国文化在某种程度上就是中国的酒哲学、科学和艺术等,但不可否认,在中国的酒文化中,聚焦了关涉哲学、伦理、宗教、政治、艺术和文学等各个角度对酒的诠释,中国酒文化是蕴有综合性诠释的特殊文化形态。

而酒美学在酒文化中又属于特殊之特殊的文化形态,它具有集中且超强的解构力量。所谓解构(Deconstruction),是一种逆向性诠释意能,即在大文化系统内的一定语境中,酒美学诠释往往不顺应当下趋势,反而出人意料,反向性爆发,以自身话语的活泼、敏捷、锐利而获得殊常之效。而这种反向性的爆发,又因其充分体现身体美学的诠释功能,而占据了美学化的最敏感地带。在中国文化中,情志概念为主流意识形态的主导概念,对身体的机能、欲望、反射机制等基本持压抑倾向,儒家、道家、墨家等,甚至连兵家、法家等依仗狡智、权谋立势的文化流派,也对身体反应不屑一顾。于是,在文化史上,凡酒饮炽热之际,多

---

① 雷克斯·巴特勒著,郑旭东译:《导读德勒兹与加塔利〈什么是哲学?〉》,重庆大学出版社2019年版,第6页。
② "科学"加引号,是说明存在一种不同于西方科学逻辑和概念系统的中国式"科学"。仍然以"科学"名目名之,并非要往西方的科学逻辑和概念方向上靠,而恰恰是强调中国式"科学"也有自己的逻辑、概念,它自成系统,并且具有可与西方科学媲美的另一种注重整体有机性和生命机理的学理特征。

是主体文化遭遇冲击之时。身体的感觉超越眼睛、耳朵、鼻子的寻常视、听、嗅觉，以其由内醒动的欲望气息拱动情志改变方向，在口舌品抿之际，肠胃、心脏、大脑的神经节律随刹那间味蕾的触遇，瞬间产生一种向外抖擞自我的冲动。一旦如此，则儒家的夕惕若厉、谨小慎微、战战兢兢、如履薄冰等"克己""节制"话语，都如菱花蔫叶；道家的安朴守静、以柔克刚、迂回婉约、用拙后胜等"大智慧"话语，都如同流花落水，随酒意而行而止，不显自聪，不矫自诚；兵家的智谋设计，在酒酌的咣当磕碰中沦为意欲闪念乍现；墨家的量材取用、不为乐而知乐，显得蹇蹇局促，不堪一虑……各种学术、文化因为对身体作为生机根底的肯定不足，导致在倡导精神实现时容易走向偏颇，儒家文化易走向凝重保守，道家文化容易走向高蹈放逐，至于以其他偏重利害、实用的文化则更难使生命走向自由解放。虽然说，儒道文化作为中国文化的主导，也不全然否定身体的存在价值，但立意的基点不是从身体的真切感受需要出发的。儒家以身体发肤受之父母，从伦理上限定身体为仁义礼智信的责任义务，道家注重"为腹"，是从心斋、静虑着眼的，归真依然是精气神的凌虚超跋。唯独体现中国酒文化之酒美学，能够从身体的真切欲望、感受出发，将直接表达生命自我的存在作为"第一需要"，强调在豪饮释放中实现与已有精神观念的或偕或离。因而，中国酒美学之表现有别于一般的文化表达，它特别富有冲力，能够以酒兴的黏合力和扩放力，切合身体感受，同时注重心灵的愉悦，以极其独特而有深度的文化意涵，对酒化情志给予强有力的意蕴支撑！

相比之下，中国的艺术和文学对身体美学的表现，与一般意识形态化和观念化的文化形态大为不同，能够对身体美学的感性给予充沛的表现，但这不是因为文学亦受总体的文化趋势，包括占主导的意识形态文化控制着一定时代的艺术、文学价值趋向的缘故，而是因为艺术与文学天然属于近亲之缘，文学艺术产生时，酒兴亦盎然而作，诗舞乐酒在最古老的年代是四位一体的，这使得文学艺术的生命表现必"先发乎情"，然后制约于文化政策才"止乎礼义"。当然，酒美学亦如此，但在某种程度上，酒促动的身体美学比艺术、文学在逆向性意蕴表达方面走得还要偏远，有时甚至到了很狂放、乖谬的程度。有意思的是，往往在这个时候，人们又往往以酒后言行不能自控为之开脱，也客观上为酒醉行为，及其相关之佯醉、似醉、半醉乃至真醉，留出了可以放任而不两难的通道。抛开"酒

《清明上河图》宋·张择端

多失性、乱性"的极端情形，酒美学在生活中拥有更自由的表现空间，的确属于中国文化特有的情形。

酒美学之身体美学的意蕴解构，是中国文化有机整体不可或缺的"反向施动"锔补力量，由于身体从血液、心脏、脑神经的加速运动到情绪、情感、想象、直觉和理性的刹那释放，都呈现于众饮场合或独饮之感想，从而"精诚所至，金石为开""逢山开路，遇水架桥"，"人怂酒不怂""酒后吐真言""酒后所言不关己"等游戏性美学化情境豁然打开，使得触及人生、社会各个方面。一方面，往往释放出为思想家挖空心思、绞尽脑汁所不能及的真实底蕴；另一方面，对于"板结"的意识形态观念、僵化的情志状态，也能起到淋漓尽致的解构功效。

3. 酒价值的酒美学增值

酒从饮食中出离，也将自身的价值向超越饮食的方向提升。好比暑天吃西瓜和中秋节吃西瓜，后者西瓜的价值在饮食功能之外，还搭载了节庆"团圆美满"的意义,使西瓜在物质性价值上又增添了精神性的价值。酒的身体美学意蕴对一般文化"僵化""停滞""沉闷""单调"气氛、格局的冲击解构,是酒美学内在于文化中的特殊气质、秉性和自身独特美学内涵的体现。文化气蕴的博大和历史惯性冲力来自其所包容的各种各样文化形态的发力,酒美学所能调动的除了一般美学现象、饮食美学现象所具有的功能特征之外,尤为独特且深入地触及了身体美学的敏感领域,使酒的价值不仅因酒自身的构成、风味特点,具有标立"名品"的价值可能,因酒而调动、吸引各种文化、意识形态,对酒的广泛的社会生活关联加以诠释,凸显其所扮演的社会角色、地位和功能价值,而且酒价值还因为酒美学阐释得到不断增值。这种增值的过程,犹如一座座高峰耸立于历史和生活的大地,身体就是它的底座和机体,也是连接各座高峰的脉络。其运动的走向总体是向上的弧线,具体也存在起伏动荡。酒美学的身体美学在每一座高峰,都拥有它内藏的密器、手段和装置,而所有这一切因素都依托于酒庄得到充分安置和释放。酒庄犹如地方的城堡,它既与周围的田园、城市相毗邻,又自成其阵,将庄主的精神想象、酒体设计师的孤明独发、工艺师的稔熟操作、品酒师的身心感觉和感受,异常和谐地融合在一起,拱动酒美学彩虹的美妙升空。从而酒美学对酒价值的诠释,构成一种递进式前行的节奏,使酒价值获得不断增值。

　　酒价值增值得益于酒美学阐释的奥妙,在于美学话语的特殊性:它能粘连一切文化的、学术的、艺术和文学的,乃至科学技术的话语,且以美学感性的活泼跃动和内在的理性、直觉统摄力,将酒的生命、存在与发展的感性力量及其价值底蕴推向极致。虽然,过程中每一阶段的价值极限也是相对的,因为酒美学阐释本身就在关联性的境遇、语境中完成对酒的阐释,而关联的境遇和语境也必然对酒美学阐释提出限定,致使其不可能无限度向上。譬如,酒美学与政治、经济的学术关联,就受到政治气候和经济发展规律的影响与制约,同样酒美学与艺术、文学的学术关联,也受到艺术、文学思潮及其图像、话语创造方式的直接影响与刺激,不过这一切都因为酒美学阐释把酒价值作为靶标,而得到最终展示效果呈一种正态平衡性上升。酒美学阐释在其学术关联中,构筑自身的话语构成,这些话语的存在也直接显示了有价值的内涵域:

A. 物品→酒品、精品、珍品、藏品

B. 地缘→地质、酒醅、原料、水源、物候、乡俗

C. 工艺→设计、酿造、工具（载体）、蒸馏、调制

D. 意识→哲学、伦理、军事、审美、艺术、文学

E. 商品→价格、市场、包装、推广、品牌

F. 行为→品酌、畅饮、醉饮、观饮、念饮、饮后情状

G. 话语→酒话、行话（酒术语、酒令、行业话语、黑话、滑稽话语）、学术话语（文化、学科、技术之话语）、公共话语（酒谚语、俗语，政策、法令，时尚、潮流，状态、趋势）

……

酒话语随着时代的发展不断拓展自身的语汇，涵摄从自然到文化、文明，从物质到精神，从身体到心灵，从窖池到酒品陈列的场馆，从个人到群体，从家庭到各种形式的宴席、酒会、庆典，从慢品细酌到大碗酒、大坛酒的倾泻直饮……每一种现象，都在推移、堆叠的话语中得到描述和呈现，其内涵意蕴和韵味趣致也自在其中。被指定、被陈述、被符号化、被图像化、被幻象化，是酒美学也响应酒话语的波起浪涌，拥有向现实与未来、平静与激情、理想与梦境、真实与虚拟、解构与建构不断自主轮动、对拼、重组、转义的价值生成机制和阐释平台。通过酒美学话语限定价值内涵域，酒价值成为"拥有了酒的物性、工艺传统的价值积淀基础而拓展到人化的场域、领地的酒总体价值。在决之于后成的意义上，总体性的酒价值以文化的意识、情感、想象成分的参与，显示愈来愈多、愈来愈重要的位置、倾向和意义。"[①]酒美学对酒价值的阐释，实现了现实性与可能性结构的历史化过程，有力地将这种结构进程的限制因素——物质的，如原料；技术的，如工艺；观念的，如不解的或错误的认识；经济的，如通货膨胀、内外循环低迷；政治的，如禁酒令、限酒令等法规、政策或制度等，控制在酒话语阐释的"意义效应"[②]上，最大限度地调动酒美学感性潜能的可能性，释放其能量，对社

[①] 赵建军：《论酒价值产生方式及其实现》，《阜阳师范大学学报》2021年第4期，第146页。

[②] A.J.格雷马斯著，吴泓渺、冯学俊译：《论意义》，百花文艺出版社2005年版，第110页。

会和人类文明做出其应有的、适度的，同时也是健康的、对自身存在本质也给予最大肯定的价值效用。

三、酒美学的重要概念

如前所述，酒美学是对酒的生命存在与发展之感性予以系统阐释的学问，这种阐释针对了感性特质的具体表现过程，也针对了内在价值的发掘和诠释。也就是说，它将酒美学的本体以动态生成形式纳入自身的体系，这样一来，体现于中国酒美学的本体论，就不同于西方单一理性、图式或其他概念（如生命意志、力比多、原型、存在等）的预设，那种预设似乎本体成为绝对的本源，犹如江河之水都从水源点而来，后续的概念和命题思想都依托逻辑本体而展开，最终的体系无可避免成为一种封闭性的、静态性的形而上阐释。当然，现代西方美学的本体论也发生根本变革，现象学、符号学与阐释学糅合一体，使本体论避免了向后不断推移，直到无可退而至纯粹之理性判断，转而为现象性呈现的不断绽出，并且容纳了断裂性的并置与集合性的排除无限与源始的思想构图，使本体论具有了非常强大的阐释张力。但包括这种发展了的本体论，对于中国美学，特别是像酒美学这样的存在系统而言，依然存在不能切合与吻合的问题。因为中国酒美学系统始终是自在活泼、现实的现象学存在，所谓理论和概念的抽象演绎，无非是由这种系统所给予而将其用同样动态生成方式加以符号化转化而已。这样包括美学的理论话语及其应用性推演、描述，都属于酒美学系统的有机组成内容。基于这样的认识，我们可以对酒美学的概念结点——其现实性不如网络结点，其理论性表征也构成系列性进行必要的讨论。酒美学概念触及酒美学的元本体、存在本体和后续性生成本体，触及酒美学特质及其生成密码、功能、影响力等，每一概念的涵义都在酒美学中占据一定位置，彼此意义有别，又互相关联。诸多酒美学概念将酒美学的生命运动，完美地从宇宙、自然的原质发生，进展到人生的、社会的运动轨迹，并不显痕迹地将学术的、文化的、审美的、科学的人文意蕴，摄入与酒体并行的饮众的生理、心理满足与期待之中。因此，发掘并阐释酒美学的重要概念，必须从中国酒美学体系的存在特征和规律出发，注重如下重要的切入点：一是人文性。如前所述，人文即文化，人文之所化，涵盖了物质与精神存在都是

"人为"创造的深意①，切入酒蕴深层思想、价值肌理，揭示其价值生成的特殊所在。二是美学性。酒美学文化，与哲学、伦理学、宗教学等其他文化形态不同，依照人对美学的追求而创造出各种观念和理论。酒美学的美学性，属于自具的特质、本性，它以酒审美为基础并返归于酒审美。酒审美对酒物质的"人为""人文"特性，不仅饱含精神意蕴的灌注，尤其对酒物质的形式观察、感悟细腻、真切，是确保美学性凝视酒美学生命生成的关键。三是科学性。虽然酒美学通体注重文化、人文蕴含的发掘、阐释，注重生命意趣的弘扬，但中国古代和现代的酒工艺、酒技术自成传统，加上现代酒技术与酒酿科学融为一体，就必须兼顾酒美学的科学内蕴，将科学与人文的融通通过酒美学统一起来，不仅对科学家、酒工艺大师、工程师非凡创造力是一种深刻揭示，它也是当代酒美学受体——包括饮众和非饮者，也有必要通晓的公共性理解与体验内容。抓住人文性、美学性、科学性这三个衡量酒美学特色的内在要求，就能很好地进入对酒美学相关系列概念的认识与研究。

总体说，酒美学的概念随着酒美学涵涉的生命运动进程，也分出不同的系列。每一阶段的酒概念系列，均有其意蕴侧重。不同阶段又内在关联，包括酒美学语境渊源、酝酿生成、消化转化、酒体出品、酒体享用、酒品类推进、酒气韵反射、酒话语变异、酒语境重构诸阶段。因各个阶段的机制、理蕴，从人类生命美学的运动进程与物质产品美学的创造、销售、推广、诠释进程，能体味到两者耦合的一般原理，这种原理又大多符合生命美学的一般原理，而与酒美学的特殊情境不尽一致，我们乃过滤从生命、存在、发展感性的运动进程来建立逻辑的程序、方式，着重就凸显酒美学特征的美学概念、范畴，做重点阐释说明。

凸显酒美学特质、特色的重要概念，主要有酒本元、酒质韵、酒器蕴、酒韵

---

① 酒酿现实及后续性展开，属于人文所化这一点很好理解，唯宇宙、自然纳入酒生命活性原始发生，似乎不好理解。对此，从酒美学本体论的意义上说，宇宙、自然提供的元生性生命感性，也是人在生活中发现，并通过一定的工作程序（采集、堆置自然原料或利用洞穴、封坛、水浸等还原其原始生态）将原生菌酶引发出来的。因而，只要进入酒的存在场域，则必然显现"人为"的意义，至于原生菌酶与人工制酶的生命构成机理之不同，则属于美学价值论阐释范畴，即在美学与科学学科关联意义上，将宇宙、自然的物理性也纳入价值内涵域，一旦这么做了，本体概念便发生推移，使本体论因价值论之支撑而成为人文化性质的本体论源始构成之一。

质、酒功能、酒价值、酒潜能、酒话语等，还有酒体概念，留待下一章集中讨论。下面就若干重要酒美学概念逐一界定并给予扼要诠释。

（一）酒本元

酒本元是酒美学的发生学"本体"。"本体"，Ontology，西方美学指逻辑起点，又作Noumenon，源自希腊语 *noumenon*，指中性的、能被思考、构想和理解的存在；康德赋予Noumena以形而上意味，指事物的自在自为性，不具主观性，也不能被理性理解，只能由经验所感知。另，西方近现代哲学有Being用法，即"是"，指存在之存在。西方语源学和哲学强调本体的逻辑原生性和自为性，认为本体是逻辑发展本源。16、17世纪科学"原子论""分子论"与哲学本体论凝合，18世纪戈特弗里德·威廉·莱布尼茨（Gottfried Wilhelm Leibniz）《单子论》定义"单子"为单纯的复合物实体，没有部分、广延度、形状，且不可分割，单纯指事物存在的原始实在性。"单子"概念作为本体，将事物的物质单纯性推及感觉、观念的单纯性，视为万物存在的根本。不过，也有观点主张"单子"不具形色相状和广延度，是纯指"精神单子"，物质因为"精神单子"形成精神性复合，由此产生指涉事物的复杂观念。从文化性质、诠释路径和价值意蕴的揭示方向看，西方的本体概念不适于中国美学，更不适于酒美学，但可以借鉴而用。中国的酒美学本体，是逻辑与呈现的统一，具有双重迭合性。同时，又是自然与人文的统一，经验与实践的复合统一，凸显人文、文化性本质；也是环境和人为意识、心理的统一，具有依赖与创生合一的特性。因此，本元并不意味着单纯，又不排斥单纯；复合并不意味混合，精纯之至为生命构因之复合。酒本元纳入本体论内涵域，包括三种，一是元生性本体，指原始性质的酒自然生态及其酒的生命活性基因；二是本生性本体，指酒的质料性缘起及其生命活性特质；三是成长性本体，又称过程性本体，或后决性本体，即在酒的生命运动过程中，具有决定酒生命存在变异性本质，并呈现了酒的物质性与精神性蕴含、韵味的原料构成或特殊工艺手段。酒美学的本元性概念，对焦酒的发生学本质、存在论本质和价值论本质，涉及生态学、人类学、文化学、物理化学、生物学、阐释学的酒美学原理思考，是解决酒生命原始体性的核心概念，对酒美学的其他概念具有物质和精神蕴含、意韵的双重辐射性。

（二）酒质韵

酒质韵指酒生命存在的物质属性和功能的特质、意味显现。"质"，指物质，"韵"指物质元素、构成的结构、形式（相状）。酒质韵涵盖物质层面和精神层面的意韵，通过酒审美向美学省思的过渡，达到对酒内在质韵的审美、美学把握。韵上升到价值体验的高度，它由对象特质规定体验的范围和幅度，属于有限制的有限性体验，其主要任务是提炼并形成对酒美特质的深度认知。酒质韵与酒科学关联密切，后者将酒质韵归入感官鉴别的对象、范围，主要采取感官分析方式，借助科学仪器，对酒的色、味分子构成谱系做出鉴别、判定。科学品鉴不排斥品酒师的主观感觉，但把感觉交付给科学分析，最终还原酒物质的客观性。在文化、美学性把握中，酒质韵的判断触及酒性、酒味的主观裁决，审美性的主观色彩较浓郁。因此，在中国酒美学对酒质蕴的理解中，包含了享用者主观感受与理解的很大不确定性，往往同一种酒，有觉其酒质美，有觉其酒质一般或不好者，这时"共同感"似乎取决于主体的多数肯定和权威专家的评定。但由于权威专家多为饮酒经验丰富者或酒科学的行家，仍难避免经验的有限性和科学化品鉴的范式局限。于是，人们更多通过酒后身体是否舒适的美感，将酒归属为饮食之"味"本体进行裁决。因此，对酒质韵的裁定人们仿佛约定俗成建立了一套介乎中端体验的审美、美学尺度。在中端之上，人们引为稀有珍品，中端之下则以劣质认之。并且，这种中端尺度所包含的感觉、体验和美学判断，在中西酒审美、酒美学形成某种互通，同一款葡萄酒，西方人饮酒后说"味道不错"，中国人饮后也会说"味道不错"，至于到底如何不错，在不予深究的情形下他们的感受、认知是相通的。也由此缘故，人们对酒质韵能否达到高端水准，会戴上主观滤镜。休谟说，对于一个自负的人来说，他喜欢并希望得到的是"骄傲与虚荣的新对象"，从而他会将符合自己"自负"心理的酒视为"比其他任何酒都具有一种更美的味道"[1]。个性心理的情感色彩，饮酒者的身份、地位，生活经验乃至对性的欲望，都会产生投射，影响对酒质韵的判断。甚至包括职业色彩，也会渗透其

---

[1] 大卫·休谟著，贾广来译：《人性论》，陕西师范大学出版社2009年版，第260页。

中，导致熟悉皮革或铁的，能从酒里品出皮革与铁钉的味道。这些都是在品鉴酒质韵时主观性倾斜的具体表现。当然对于劣质酒的判断，因为在常识和经验所知之下，一般不会如此浮现出不确定。为此，如何提升酒美学对酒质韵的认知，使得对酒质韵的把握既不流于科学标准的"对号入座"，又不因个人的主观干预丢失了客观性，就需要切合中国酒美学的内在特点、机理，以人文、文化的视野，多角度、多侧面地深入到酒质韵的价值层面，才能体现出中国式"科学式"水准和判断眼光，而体现酒质韵价值的内涵层面主要包括以下几类。

1. 酒味

酒的美感滋味。酒味归属于饮食美学"味"本体，介于物质–精神体味的中端，其内蕴包括：

（1）酒风味　外部语境赋予酒的味质韵，主要指地理生态（自然基因）、酒原料（酒种子本因）、酒酿程序（酿酒工艺增因）等赋予的酒味质韵。

（2）酒气味　酒体生命活性分子的美感韵味，呈现于酒物质活性生成的全过程。特别在酒发酵之不同形态，如固态、液态、半固半液态、气态等有集中发散。倾倒酒液时，酒气流动、抟抟；酒静置时酒气游弋、消化；酒蒸馏时，酒气散发、弥漫。味融于酒液和气浪、气雾，直至稀薄微渺不可掠收，成为酒质韵的显明形式。

（3）酒香味　酒质韵经感官品尝所得之香感，亦称"口味"。此"口"为多口，含口腔、鼻腔、舌体、喉咙等，诸口和合为品，成就嗅觉、味觉、触觉、舌（蕾）觉之香感，故尝酒即"品酒"，品酒主要是品酒香。酒体成型，酒香味即漫入鼻腔，酒液香味即渗化于口舌，浸润如酥，舌蕾敏感触知，顷尔传输于神经中枢，激发全身心的愉悦感，即酒审美的香感体验。酒香味唤醒的生理、心理快感，非常舒适，无以名状。"香"在此时，因品酒者不可形容，而认定为酒的客体属性，其实部分为主体心理因素，但绝大部分属于酒质韵特具的馨香。《说文解字》云："馫，芳也，从黍，从甘。《春秋传》曰：'黍稷馨馫。'凡馫之属皆从馫。"[①]"香"字的结构，上如禾苗，有穗垂下，其下多横喻田，再下为口，

---

① 许慎著，班吉庆、王剑、王华宝校点：《说文解字校订本》，凤凰出版社2004年版，第199页。

口含田禾果实，即嚼禾苗之香，满溢醇厚，成就香味所享。中国人对香味的感觉、体验，极具美学化模糊描述，似乎香之所来，源自其自身成就前参与造化的一切因素，故宇宙大地秉持万物存在的神秘生命特质，可感不可言，难状其始；酒的物料、工艺自具生命的魅人诱惑力，可以捉摸，却很难找出定数，固香在酿造中如何存在，并不能精确指认，只能约略猜测，并以"就这么着"来形容其妙；酒香味授予人，人感其香甘怡迸裂，瞬间获得直接而浓烈的香感体验，是为不知其里而得其中。既得之，身心为之向往，乃愿久久徘徊，让香味反复侵夺口鼻身心，芳香慢沁，渐浸养起嗜饮的欲望和冲动，遂难收其终。综上所述，酒香味是一种极其特殊的酒物质质韵，它不仅刺激人的感觉器官，唤醒人对迥别于一般食香的特殊食香——酒香的感知、体味、品验、怀想、估测和意念，而且因为这种深切而难忘的追饮，让酒质韵从饮食味界出离出来，进入精神况味的界域。也从超越饮食一般香味感开始，酒香成为跨越食味中端权衡的基点，鉴酒必始于香味，以酒香之味，而归结于香味之酒，成为渐趋高端审察的一个无形标尺。酒美学对酒香味的肯定，着重其给予人的特殊释放感与极度愉悦美感。

2. 酒气

酒的生命力的转化形式。前面略述酒气在酒酿过程，作为饮食味本体形式凸显香味而超离一般饮食之味的存在价值和意义，这里我们对酒气的质韵性本质和表现，进一步展开补充阐述。酒气韵是生命有机性的活泼相状，生命力以气息方式氤氲、酝酿、摩荡，使酒的生命存在形式发生转化。酒气与感官所见之气不同，后者仅指物理相状，具可感性，前者可见不可见形式均有，本身既是酒生命活性的存在形式，又是具有生命活性的驱动力存在。中国酒美学对酒气的解释，主要依据宇宙论和阴阳五行哲学形成系统观念，虽然这些观念不单单为酒而创设，但酒气对宇宙万物的生命运动，有着最为敏感、集中、深刻的表达，从而，酒气能深刻体现中国文化的自然观、宇宙观、生命观和生成观。基于此，酒气作为生命力的自在、自证和驱动性转化形式，拥有自身生命运动的演化规律，酒美学对酒气生命的概括把握，主要归结为：

（1）混沌元气 "混沌"是宇宙和文化的创生性概念，在中国神话里，有"混沌"形象的具体描述。《山海经》："有神焉，其状如黄囊，赤如丹火，六足

混沌神①

四翼,浑敦无面目。"②《庄子·应帝王》云:"南海之帝为儵,北海之帝为忽,中央之帝为浑沌。儵与忽时相与遇于浑沌之地,浑沌待之甚善。儵与忽谋报浑沌之德,曰:'人皆有七窍以视听食息,此独无有,尝试凿之。'日凿一窍,七日而浑沌死。"③混沌之气本指无始鸿蒙之气,无形无象,神话赋予具象,表其孕育万有。酒的混沌元气,来自所出之地理、环境、物候等构成的生态质蕴,科学对混沌之气,通过酒菌源自自然来诠释,谓之为野生菌,即非人为酿造所生之菌。科学的解释必切入机理构成分析,野生菌的构成则与无机物转化为有机物有关,其内涵则与生命胚胎的孕育密切相关,而一旦指涉这一层面,则返归物理构成的一般分析,相当于对宇宙生命奥秘的解码。酒美学探讨的是人文性、文化性的酒生命解码,具有特定的指向和机理,非在文化的内涵域不能解开。因此,我们还回到文化语境的"混沌"描述。在《山海经》中,混沌被比喻为黄帝的化身。黄帝具有丰富的文化象征意蕴,示喻了继承神农氏初创的农耕文明,并对之加以推进展开。黄帝时商贸活动也已在不同部落区之间频繁展开。据现今考古学证明,良渚文化、仰韶文化、北京周口店文化、新疆原始文化、

---

① 马昌仪:《古本山海经图说》,东画报出版社2001年版,第147页。
② 袁珂校注:《山海经校注》,上海古籍出版社1980年版,第55页。
③ 郭孝藩撰、王孝鱼点校:《庄子集释》,中华书局2013年版,第281页。

内蒙古河套文化等区域，都有酒器皿、酒石刻遗存证明，最早可溯至8000年以前酒就有了，延至新石器时代，酒已属于先民生活不可或缺的内容，由史前实考推导黄帝时期的酒生活经验，应该达到了相当的积累，开始向"道"的方向体验了，而"混沌""元气"意识恰恰符合这个时期人们的认知水平，即在主观意识上更多地把酒看作是自然和上天的赐予，属于宇宙生命气息自生自成的结果。

（2）阴阳之气　从混沌到具体的生命存在，从本无到元一，确立酒的本气。"本"指自身之根，本气是吸纳之混沌之气所生之气。体现于酒的生命之根，即"酒种子"（质料）生成生命本气。原始先民因感于天地、男女、明暗、干湿、生死等二元因素的对立统一，创阴阳二元观念。在先天八卦图里，天为纯阳，地为纯阴，阴阳交遇，生水、火、风、雷、山、泽诸象，皆含摄阴阳二气。周文王加以改造，出后天八卦，依宇宙循环模式，逆向运动而创"天一生水"观念，设定生位在西北，为部落决生死之地，使万物出自然之序。在后天八卦图里，人可以操控自然气息的运行。酒原料为一，人操控酒酿，使酒质料产生阴阳二气，氤氲摩荡，生生不已。因酒种子为人所种植和培育，遂有酒酿的"人文化""文化化"规律产生。对此，可借用马克思的"美的规律"进行诠释。马克思说：

> 通过实践创造对象世界，改造无机界，人证明自己是有意识的类存在物，就是说是这样一种存在物，它把类看作自己的本质，或者说把自身看作类存在物。诚然，动物也生产。它为自己营造巢穴或住所，如蜜蜂、海狸、蚂蚁等。但是，动物只生产它自己或它的幼仔所直接需要的东西；动物的生产是片面的，而人的生产是全面的；动物只是在直接的肉体需要的支配下生产，而人甚至不受肉体需要的影响也进行生产，并且只有不受这种需要的影响才进行真正的生产；动物只生产自身，而人再生产整个自然界；动物的产品直接属于它的肉体，而人则自由地面对自己的产品。动物只是按照它所属的那个种的尺度和需要来构造，而人懂得按照任何一个种的尺度来进行生产，并且懂得处处都把内在的尺度运用于对象；因此，人

也按照美的规律来构造①。

酒的人文性、文化性,就是人对自然的"再生产",按照"物的尺度"和人的"内在尺度"完成创造性实践。酒的"本气"也据此而生,拥有"合规律性"与"合目的性"。到禹时,出现醴酒,商周时酒酿形成官制,酒气随历史、生命的进化而产生根本变化,阴阳二气的耦合性(Coupling)程度愈来愈高,醴酒标志本气的糖化甘醇,"五齐""六必"标明阴阳二气的勃郁翻腾,然后酒气益然于人们的畅饮情状,转化为精神气韵氤氲溢射,令先秦名士因酒频出高论,国家大事多决于酒觞倜傥之时,进一步表明酒气所内聚的阴阳二气,已从物质性生命气韵方式,向精神性生命形式荡漾,使阴阳二气的对立、协合、勃郁、生生,承载了更饱满的工匠设计与操控印记。

(3)五行味气 通常说"气味"而不说"性味",是因为气有自己的生成逻辑,其物质归属性在生命存在的具体语境中,内涵已发生根本变化,但物质属性仍然不变。气味终归为气,气变而生味,味又有自身的根据,所以"性味"或为气味所转,但未必都归之于气变所生。五行味气是性味,即由具体的差异化物质性所生之气,亦拥有了阴阳聚合转化的气味,这是酒生命程序获得结构化文化赋能的体现。五行指金、木、水、火、土,五行化合,阴阳呈质韵集合态势,其气、味韵各显其质,又紧抱为一,使性味亦为气味,质韵鲜明而为人所感所知。《周易》"䷱"卦辞云:"《象》曰:'木上有火,鼎'""荀爽曰:木火相因,金在其间,调和五味,所以养人,鼎之象也。"②是说烹饪即鼎,木上为火,木入于火为鼎。鼎具调和五味之性,以五味为食,用来养人。酒酿实即为"鼎",原料为乾,池为泽,乾为金,泽为水,"泽钟金而含水"③,鼎之烹无所不在,可谓酒酿以内鼎成就发酵之事,曲蘖由以而生,续投原料,水火相济,五味之调,成就糖化、酒化之性味变化,晋人杜预注"五味"曰:"谓金味辛、木味酸、水味

---

① 中共中央马克思恩格斯列宁斯大林著作编译局编译:《马克思恩格斯全集》第2版第3卷,人民出版社2002年版,第273—274页。
② 李道平撰,潘雨廷点校:《周易集解纂疏》,中华书局1994年版,第447页。
③ 李道平撰,潘雨廷点校:《周易集解纂疏》,中华书局1994年版,第444页。

咸、火味苦、土味甘，皆由阴阳风雨而生"①，宋人程大昌亦曰："水一、火二、木三、金四、土五，遂皆舍其成而言其生"②，表明酝酿的幽玄微妙，就在五行之性的"调和"、化转之中，即酒之性味由五行化生。酒酿原粮从宇宙、自然中获得，植物果实及根茎一类皆可入酿，因中华农耕文明早熟，以粮为贵，远古以粮为主酿原料，商周酒酿粮食主要为糯米、高粱、小麦。杂粮混酿，史料没有明确记载，酒酿出五行味气是汉代才成熟的观点。因五行配五德、五味、五色等观念，以酒酿原料产地所处方位而感其味性，酒性味气相应形成。北方味性偏酸，东方偏咸，南方偏苦，西方偏辛，中部偏甘（和）。北、东、南、西、中，恰为四方与中心，再合以西北偏酸辛、东北酸咸、东南咸苦、西南苦辛成就四方八面之味性。烹饪与酝酿的五行之运同理，将物料本有之性、味，经过阴阳摩荡化合，兼及时令味性的变化，使酒酿亦如鼎烹，获得奇妙效果。"凡和，春多酸，夏多苦，秋多辛，冬多咸，调以滑甘"③，季节之变与方位不同导致的味型变化，都通过"和"而向"甘"转化。古人说的"舍其成"，即舍弃原本的形态、物性，向适口的味性、味气转化，使东西南北中的酒性味气，皆滑向甘甜之味。饮食以味为本体，调和随季节和所处纬度而取或大或小的幅度，南方味性苦，则苦热调甘，为东南方向食味之所胜；东北喜食咸甘，西北喜食酸辣，西南嗜辛至焦，呈逆转方向，甜味各地均沾。酒性味也因此而有所偏好，西北由酸、辣向甜，取其中味性清淡不失激烈；西南由辛、苦向甘，取其中酒性味辛辣而呈焦涩热甜，东南由苦、咸向甘，酒性味咸甜杂以焦热，东北则由咸、酸向甜，与西北都属高寒区，甜凝于酸，辛、咸俱浮于表，酒性味向甜而难能淡饮，与东南、西南热量趋聚，苦、辛皆求其发散，使甜味也随发散而泄于外，形成鲜明的对比。总之，酒根据五行味气酝酿，具有符合自然的运行理据，但毕竟为人所操控，便使具体方位、季节、工艺等的调和幅度，在酒性味气的或凝或散中，而自成其浓与淡、纯

---

① 左丘明传，杜预注，孔颖达疏：《春秋左传注疏》卷41，《景印文渊阁四库全书》第144册，（台北）台湾商务印书馆股份有限公司1986年版，第261页上。
② 程大昌版：《易原》卷2，《景印文渊阁四库全书》第12册，（台北）台湾商务印书馆股份有限公司1986年版，第521页上。
③ 孙诒让撰，王文锦、陈玉霞点校：《周礼正义》卷9，中华书局1987年版，第319页。

与杂、清与稠的差别，在此不一一具论。

（4）酿制运气　酿制为酒制作的运程，因此在酒具元气、本气、性味之气之外，还有"运气"。"运气"也是"机气"，讲究酒气行于合适之机。酒具"运气"，含双重意趣，既是酿制工艺赋予酒活性分子的新质韵特性，也是酒酿以独特工艺进行话语阐释和解密。酒元气、本气均与酒酿原产地紧密相关，然本气亦可出自他乡原料，性味之气则由酒产地达到的文明化程度所决定，以道化于器，器见诸物，物化诸所生、所形，至此阶段，气息借助文明流通促五行互化，南北东西中，皆可自守，亦可攻外，令性味之气或复合而偏嗜所择之甘醇，或单纯而追求质韵之纯净。因此，性味之气虽然活跃、丰富，终归对于酒酿属"外在"的预先配给，犹如玉毓化于水、泥石之流而被赋予不同质性，性味之气属于大地理、大风俗、大传统的性格，它能同时绽现自然、历史、风俗、人文的浸染，但若论稳定而隐性的，有个性气质的生成，则取决于酿制工艺的独特与完善。由酿制所出之运气，蕴藏了酒生命质韵更新、变异的密码。其中，配料比例、水如何取胜，以及如何调节与季节气温的关系，如何醅制酒曲，如何全面激活酒体的活性菌，让酒的酿制之糖化、酒化环节饱满圆成，都是酒生命活性物质质韵转向更高级的人文"生命化学"的关键手段和形式，都是在有形与无形交织的酒气息中凝成的酒质韵的完形。

3. 酒香

酒物质的亲和韵质、属性。酒的"气香""味香"，是酒质韵或一侧面之香，就酒的物质质韵的生命、存在与发展而言，"香"是其整体特质和属性，它在酒气、酒味上显著显现，犹如一个人的美在外貌和言语声气上表现出来，然而酒香呈现并不限于此。"香"的本蕴在于它显示酒的内在魅力，能对人产生强烈的亲和魅力。古代宇宙论通过物质元素统摄具体事物，古希腊用"火、水、土、气"[①]、印度用"地、水、火、风"，中国用"五行"即"金、木、水、火、土"，这些元素里没有"香"，不是古人感知不到"香"，而是"香"的存在更高级更抽象。因此，对"香"的崇拜，自古与它仿佛具

---

① 柏拉图著，谢文郁译：《蒂迈欧篇》，上海人民出版社2005年版，第37页。

备万能神效和对人能产生不可抗拒的诱惑力联系在一起。夸父逐日，把黄河、渭河的水饮完，还觉得不够，不只是渴而能饮，也是水香致其能饮；嫦娥奔月，不只因为丹有灵效，也是丹香诱其偷食，故而食之无悔。古希腊神话中，"女人们饮了香酒，不仅肾脏肌肉恢复了被巫术和毒素带走的生育能力，而且子宫被浸泡了甜石榴皮的酒所浸润，又鲜活如初。"①在西方人眼里，香（Incence）是顶顶神奇的，芬芳无比。西方人把植物香料和酒混合，至今仍延续这一种传统。但是，西方人理解的香，毕竟是外在于酒体自身的一种物质属性，即香不是酒自身溢出来的，而是香料搅混后发散出来的，它不像中国饮食以香为食品、饮品自具之香，浑融一体发散的"香"，这种"香"仿佛生命的有机链，把饮食和人的身体、灵魂紧紧系在一起。"中国人很早就相信饮物和食物，不仅与身体的健康紧密相关，而且与精神和灵魂的健康紧紧相系。"②从而，从食物里沁发出来食香让人垂涎；从酒中品啯、捉摸、体味的酒香，成为酒质韵的浓缩和升华，具有精神化的"抽象"形式表征，能让人醉不舍杯，愈饮愈为之癫痴迷恋。《说文解字》解释"香"就从酒香来形容："酷，苦沃切酒香味浓烈也。"是说酒香很酷，浓烈诱人，其质韵致人精神产生无限畅想，让酒质韵物质感性向精神感性延伸，绵远隽永，品味不尽。譬如，新丰（今江苏省镇江丹徒）产酒，唐诗人纷纷写诗赞其酒香，香韵声靡天下，诱人神往。陈存《丹阳作》："暂入新丰市，犹闻旧酒香。抱琴沽一醉，尽日卧垂杨。"③王维《少年行》："新丰美酒斗十千，咸阳游侠多少年。相逢意气为君饮，系马高楼垂柳边。"④王昌龄《送郑判官》："英僚携出新丰酒，半道遥看骢马归。"⑤王维《与卢象集朱家》："贳得新丰酒，复闻秦女筝。"⑥皎然

---

① Daniel Ogden, *Magic, witchcraft, and ghosts in the Greek and Roman worlds:sourcebook*, Oxford University Press, 2002, P47.
② Reay Tannahill, *Food in history*, Three Rivers Press, 1988, P127.
③ 彭定求编：《全唐诗》第10册卷311，中华书局1980年版，第3514页。
④ 彭定求编：《全唐诗》第4册卷128，中华书局1980年版，第1306页。
⑤ 彭定求编：《全唐诗》第4册卷143，中华书局1980年版，第1451页。
⑥ 彭定求编：《全唐诗》第4册卷126，中华书局1980年版，第1274页。

《送商季皋》:"新丰有酒为我饮,消取故园伤别情。"①卢幼平《重联句》:"相将惜别且迟迟,未到新丰欲醉时。"②韦应物《相逢行》:"犹酤新丰酒,尚带灞陵雨。"③储光羲《新丰主人》:"新丰主人新酒熟,旧客还归旧堂宿。满酌香含北砌花,盈尊色泛南轩竹。"④司空曙《送柳震入蜀》:"酒报新丰景,琴迎抵峡斜。"⑤李白《出妓金陵子呈卢六》:"南国新丰酒,东山小妓歌。"⑥《春日独坐,寄郑明府》:"情人道来竟不来,何人共醉新丰酒。"⑦《结客少年场行》:"托交从剧孟,买醉入新丰。"⑧《叙旧赠江阳宰陆调》:"多沽新丰醖,满载剡溪船。"⑨张子容《九日陪润州邵使君登北固山》:"新丰酒旧美,况是菊花朝。"⑩……这些诗对酒香之美极尽赞美,把酒香所出之地、之人、之景、之器、之物、之状的特别韵致尽汇入诗中,仿佛这么诱人都是新丰酒"惹的祸",可见对酒香质韵的艳羡何其强烈。酒香美韵引致新的审美景观爆发,乃酒美学又登临新境界的体现。

(三)酒器蕴

酒器物的美学蕴含。酒器即酒具。酒具是器物,也是文物。酒器之美学内涵,称其为"蕴"而没有用"韵",并非两者不可替代,而是器物之美,首先属于一种工具、媒介性质的感性存在,它因饮酒时代、方式和材质等不同,表达着美学与非美学集合的文化蕴含,这些蕴含再通过器皿的造型呈现出来,可发掘出深厚的审美文化意蕴;其次,酒器选择因饮酒人的身份、修养、性格、

---

① 彭定求编:《全唐诗》第23册卷820,中华书局1980年版,第9254页。
② 彭定求编:《全唐诗》第22册卷794,中华书局1980年版,第8937页。
③ 彭定求编:《全唐诗》第6册194,中华书局1980年版,第1999页。
④ 彭定求编:《全唐诗》第4册138,中华书局1980年版,第1407页。
⑤ 彭定求编:《全唐诗》第9册卷293,中华书局1980年版,第3332页。
⑥ 彭定求编:《全唐诗》第6册184,中华书局1980年版,第1885页。
⑦ 彭定求编:《全唐诗》第5册172,中华书局1980年版,第1768页。
⑧ 彭定求编:《全唐诗》第5册163,中华书局1980年版,第1694页。
⑨ 彭定求编:《全唐诗》第5册169,中华书局1980年版,第1744页。
⑩ 彭定求编:《全唐诗》第4册116,中华书局1980年版,第1177页。

性别、年龄等的不同而不同,从而对酒器造型风格、装饰韵味也有不同的要求,这也是偏重于对意涵的诠释的,而并不侧重在韵味的感受、捕捉方面。盛酒器、温酒器、煮酒器、饮酒器、贮酒器等,不管是哪个酒器类别,在历朝历代如何变化,人们对酒器的欣赏都倾向于直观酒器所进行的审美、美学解读。因此,酒器蕴明显不属于酒本身的质韵,而是辅助性的、渲染性的,可以独立出来欣赏并解释的器物之美、文物之美。之所以要把酒器蕴纳入酒美学研究范围,是因为酒器是酒的物质载体,考察其所附着的文化意味、审美经验,对于历史上酒审美与酒美学如何融入时尚沸点,以及人们如何借呵护、托举、摩挲酒器表达酒美学态度,具有可直接参证的诠释意义。研究酒器蕴,以器物为本,盅、爵、角、杯、斝,或坛、瓮、罐、碗、壶、尊等,不管是为权贵富豪者用,还是为寒门百姓用,都真实承载着人们对酒的时代记忆和美学理解与寄托,承载着一定时代最前沿的审美体验。综上所述,对酒器蕴的美学探讨,不属于酒美学的核心内容,但属于不可忽略的重要组成内容,尤其是对酒器表达文明、文化的博物志、文物志角色,应给予充分的关注和肯定。另外,对酒器蕴的审美判断,从文物角度尽可给予高度关注,但这种关注还是局限在有限的阐释范围内,因为酒器蕴相比于酒,终究是外在的。就是说,酒盛于器皿必然是暂歇性的、无前提的,任何用陶、青铜、玉、金、银等材质制作的酒器,包括不锈钢、玻璃及其他新材料制作的酒器,都能用来装载酒,装载了酒之后,器物可以流传下来,酒却终究会消失。那么,酒器便具有物质和非物质文明交集的意味,当其作为容器的那刻,也当是酒入口入腹的起点和终点。就是说,酒器蕴的本质,与其说对酒美学有一种加持,使酒仿佛也拥有了酒器物所象征的品质、身份、情调和韵味,莫如说,酒器蕴的美韵,唯有酒才能激活和唤醒。那么,从酒美学的观点看,就不妨把酒器视为酒质韵的"衣裳",一般情况下,我们可以把它"脱掉",单纯地凝视、观照其做工和形制。特殊情况下,也可以把它和酒质韵紧密关联起来,以酒器蕴的大美,来领略酒美的境、象意韵,空杯留香,或空觞寂寞,均体味到酒味、酒香至与不至的满足与缺憾。最美的是,杯中酒斟满时,别有一番滋味在心头,此时酒器蕴与酒质韵恰合无间,气韵、味韵、香韵,催动悠游情怀,愈显擎杯投眸、唇吻翕动的美妙悦然。

（四）酒韵质

酒美学是对酒体精神性特质、情韵、呈象、氛围的阐释和概括。"质韵"和"韵质"二词字序不同，内涵却有很大的分别。质韵是基于物质性展开的阐释，韵质是基于精神性展开的阐释。质韵为先，韵质在后，韵质主要基于酒质韵基础展开，就其与生产、生活、商业经营和广泛生动的酒文化、酒艺术、酒文学、酒武术活动的关联，形成立体的、多维度的酒美学韵味生成。酒韵质的美学化、审美化，是质韵的"实中之虚"的延伸；酒质韵则是酒蕴的文化化、人文化，它包孕酒美韵质，并提摄酒韵质的内容和形式，使之沿着酒美学的主干方向拓展变化。单纯就酒韵质而言，亦呈虚实相合之存在，其虚中之"实"，为酒韵质之"意韵"；其实中之"虚"，为酒韵质之"风韵"。分别而论，酒韵质之"意韵"包括"心韵""力（气）韵""艺韵""境韵"等；"风韵"包括"品韵""风格""时尚"等。

1.意韵

酒意蕴的美学化显现，依托于酒的创造主体（酒体设计师、酿酒师、享用者）的精神性"意为"所实现的对象化成果之美学姿韵。凡精神性的创造，都是主体化的，都是主动"意为"的产物。主体性的"意"内敛为理论、观念，是为意蕴，外显为话语、形象、形式，犹如花朵绽放、星辰闪烁、流瀑迸射，呈现姿韵万千的显象，因此意韵亦为意蕴的显现。黑格尔说："美的要素可分为两种：一种是内在的，即内容，另一种是外在的，即内容所借以现出意蕴和特性的东西。内在的显现于外在的；就借这外在的，人才可以认识到内在的从它本身指引到内在的。"[①]黑格尔强调的"显现"，是"意蕴"的外在化，即他所理解的美学化、审美化，主要是把隐蔽的内涵形象化，这对于酒美学而言是否成立，涉及一个美学以何种方式存在的原理问题，对此我们这里不做深入讨论，仅就事实而论，并非所有的酒意蕴都能够显现，但大部分酒意蕴可以借助文化创造和美学化活动得到显现。所以，关于酒美学的思考，意蕴一定是大于意韵的，而意韵所表现的特

---

① 黑格尔著，朱光潜译：《美学》第1卷，商务印书馆1979年版，第25页。

黑格尔（德国哲学家）

定内容，则是意蕴（观念性的，被人所理解的）所不能大包大揽的，就是说意韵一定是对象化创造物——意的投射物所显现的，通过酒体让酒本身（酒液、酒象）及附着性存在（如酒境、酒象等）扩展为更大的体态，使酒体概念相应在非酒的相关对象得到延伸的、衍生性存在体。如此，意韵就成为酒体质韵迁移到人（主体）身上，进而物化或符号化的韵味体现。驱动酒意韵绽放情态、面貌和恣韵的根本力量，是人的思想、情感、意志、想象、幻象、潜意识等形诸文化、艺术、文学和生活，而不是酒的生命活性。酒生命活性驱动酒质韵的物性存在和形式表现，人则控御生命活性的存在方式和运动方向。由此缘故，酒在人的创造境遇中，始终是运动生成的主体，同时又是思想、情感等投射的客体，客体与主体属同一存在，从而酒意韵处于被认识、被表现境况，在被表现中，酒构成酒意韵活脱脱表演、演绎的主角，根据其意韵表现的角度、方向和情状，又主要显现为：

（1）心韵　创造和享用酒所激发的情志能量与韵味。孟子曰："心之官则思"①，酒也具有心韵思理，携带着心性投射的激情能量，故有以酒见诚、酒论人品、酒识胆量诸说，都是从酒的角度窥探人性本心。酒美学认为心韵是酒意韵的思想、精神晶体，酒心韵可传达对酒道的感悟，传达对人情伦理的心识互动，凡酒美学探索的内在理蕴，都可以通过对酒心韵的感知获得某种深刻体悟。

（2）力（气）韵　酒生命活性呈现出力道、豪气和雄劲，也是主体情志的表达，但依托于"力（气）"韵势或道场，具有刚健勇猛、武学幻蕴的话语形态。酒生命活性的酒力、酒气洋溢，所表现的精神风采与日常生活其他的精神性风采不尽相同，它打破了温情脉脉的韵味、节奏，追求力量的爆发，情感强烈，其形之于身体的动作语言，拥有内功的支撑，力道足、缠劲、速度等非同寻常。酒力（气）之韵在武术有特别显现，习武前饮酒，或大醉仍操习器械，对于武行中人并非怪谬之事，关键是他们将酒与武术视为两种不同性质存在，用酒激发武功，在行武中酒与人一体，火性爆燃，武力也获得非常发挥。在日常劳作中，厨艺、锻造、绣工等，都以或粗放或细腻方式，展现自身对酒韵的特别理解，或如密不透风的针带，酒韵融入无间，酒力至微至精，幽韵绵绵；或如携风挟雨，力拔山兮，气吞山河；或如乘筏畅游，率尔自达，恣意挥发，直通气机灵府！寻常说酒助灵感，在日常各行业劳作中表现非凡，绝非虚言。

（3）艺韵　艺指"艺术"，"艺韵"是具有艺术特色、风格的意韵。酒之艺韵在艺术创作中表现最为显著。艺术的"意为"创造，表达主体对自然、社会和人生的感受、经验和审美理想，艺术创造了独特的精神世界。酒在艺术中以何种面目呈现，不仅仅看是否写到酒，或者看有没有写造酒、饮酒的人的生活、经验，而要着重"看"：其一，在哪些方面酒与艺术产生关联，艺术生成的契机是否得到酒意的浇注，被酒韵所滋润？艺术是否焕发出别致的、非酒意酣畅所不能至的意味。其二，酒韵注入人生，人的生命体验及其精神状态、风采，对于酒是否产生反转性影响力，而使人生显现万般幻相，并拓展人的意识、情感和深层潜意识体验等发生根本改变，此为酒艺韵的特殊功效。其三，酒韵是否促成艺术技艺登峰造极。例如别出心裁的文学意象、意境，每每令人叹为观止；音乐人的声

---

① 焦循撰，沈文倬点校：《孟子正义》，中华书局1987年版，第792页。

畅游·心韵

乐、器乐演奏，其音响、旋律在"人器合一"中美妙动听，不可复制；绘画方面的笔墨韵味，透现潇洒自如，画境极尽高雅风致……这些都与酒韵渗透有关，导致创作主体、创作氛围和表现情境都弥漫着浓郁的酒韵。有些实用性艺术创作，艺韵之心和创作材料、技法的娴熟，往往不刻意流露出酒韵的灌注，使该类艺术也成为酒艺韵突出表现的类型。

（4）境韵 《说文解字》："境，疆也。"[1]酒韵以阳气为主。孤阳不生，不生则无韵，故以阴相合。阴阳摩荡，乃生创境。创境生，必有外境相对，故酒韵生于创作情境，相对于其他生韵和物韵，能臻于至美至善之境。目标高远的创境谓之境界，境界有内境、外境，酒境随之多面向展开。西方人从话语形式角度理解"境界"，注重上下文话语形式的关联，以前后所系均共与而在，谓之文脉。

---

[1] 许慎著，班吉庆、王剑、王华宝校点：《说文解字校订本》，凤凰出版社2004年版，第405页。

Context，中国人或译为语境，亦从境立意，强调了话语表达的拓展和表达的疆界的关系。西方人的观念与中国人对"境界"的理解，在某些方面是相通的，即边界可能有内限，这是人的意识、心魂、酒韵所达到的高度，至于外限，即境界的边界，则并没有极限，它是在拓展中不断外移的。酒韵灌注于境界，对内限外限都产生推力。如三界以天界为高，人们追求崇高的精神境界，多以天界为所形容，然而酒可化天界，使之成为仙界、酒韵无所不至之界，从饮酒的当下，到微醺、大醉、醉而不醒、醒后大觉，都有一种精神趣致在跃动升腾，所以，形成的生活语言，或政治、伦理、宗教、技术语言，都往往不能形容这种酒韵境界的阔大无垠，必得酒艺术、酒文学才能尽体其妙，让"生命境界"上天入地、纵横九天。前所述新丰酒，实感为多，主要表达生活中所遇的艺术化酒韵境界。唐诗，还有从精神性想象、建构出发写新丰酒的诗作，其酒韵境界不仅酒象迁转于广泛的事物、对象，所涉语境也随酒象恣韵不断扩展，表现出精神境界的独特深邃。如唐以后明诗人童轩写新丰酒云："黄菊酒香人病后，白苹风冷雁来初。"（《九日》）[①]清人朱彝尊把这一句拿来与李白、陈存的诗比较，说达到了"境韵"表现的极致。此诗不提新丰，却远比陈存的"抱琴沽一醉，尽日卧垂杨"优美恻惋，缠绵伤感，其"酒香人悲"的酒韵境界独致幽婉，已毫不受限于实有境界的物理尺度。

2. 风韵

酒意蕴整体风格、气质、品质的美学化显现。风韵的特点，首先是涵盖了酒美质韵和韵质，但从"风格""风致""风味""风尚"上着眼，有所侧重对韵质的美学理解。譬如，对酒的品鉴突破了简单的口感、回味，不依直觉遽下判断，而是通过对酒体品类系列及与他种系列酒的风味区别，才下整体性判断。懂得酒风韵的人，只要舌头一沾酒，就知道该种酒的产地、年份、味道等，这种判断超出了一般口感品尝的经验，表达不限于个体性知识判断，而是通过系统的知识和价值判断，揭示了该种酒的质韵、韵质，并借助其独特的概括表达出来。其次，风韵的理性识别，要求潜意识积累深厚，经验积累丰富，这样潜意识的权衡、揣

[①] 童轩：《清风亭稿》卷6，《景印文渊阁四库全书》第1247册，（台北）台湾商务印书馆股份有限公司1986年版，第155页上。

摩、品味，才能在理性揭晓之先，就形成某种整体认知。由此缘故，懂得酒风韵、风味之人，往往对酒的知识、酒的审美习性稔熟，仿佛能无所遗漏地数其家珍，这也是直觉式审美理性能提出判断的前提和保证。再者，风韵涉及酒美品质的整体把握，这也是酒体认知的优势体现。由是缘故，酒的独特风韵对于确保酒体认知超越常识性判断，抓住酒品类非常品质特别重要，而酒风韵认知包含如下分支概念：

（1）品韵 《说文解字》："品，众庶也。从三口。凡品之属皆从品。"①古人品藻人物论品，品评精神性产品也论品。分上、中、下三品，下品低劣，中品一般，上品优质。又，上、中、下各出三等，三三列九等品级。虽然论品对人对物不同，但论者终归为人，因而提出"品"的标准的主观性较强，有时就未必准确。但一般情况下，可以对事物对象或精神产品的特质、优劣做出细致判定。在论酒品评方面，古人多有经验积累。明人冯时化《酒史》卷二，专列"酒品"。观其所列，没有提出判别优劣的依据，擅引名人的题诗或名赞，如"中山松醪""洞庭春色""兰陵酒""生酒""竹叶酒""桂酒""真一酒""天门冬酒""红白酒""钱塘官酒""腊酒""葡萄酒""千日酒""青田酒""千里酒""桐马酒""桑落酒""郫筒酒""宜春酒""河东酒""梨花酒""金华酒""醽醁翠涛"等，有的亦引亦述，如叙述南方人"以糯与粳，杂以卉药而为饼"和"起肥"的面"和之以姜汁蒸之，使十裂绳穿而风戾之"②用制曲精，把这两种作为酒酿"引子"，分批酝化，酿成之酒和合，共二十大必种③。冯时化只引录酒名和名人品评酒的相关叙述，若有多从名人所叙着眼，涉及产地、酿料、制法、味道、烈度、饮能醉否等论列，详略不一。这些记述显得粗略，不过，"品"在其中，有了"品"便有了"韵"的认识基础。冯时化的辑录影响很大，反映了在明代品评酒是社会的一种时尚，与明中期以后社会文化追求奢靡艳丽，各阶层人们的审美修养大幅度

---

① 许慎著，班吉庆、王剑、王华宝校点：《说文解字校订本》，凤凰出版社2004年版，第59页。
② 苏轼：《酒经》，收《说郛》卷94，《景印文渊阁四库全书》第881册，（台北）台湾商务印书馆股份有限公司1986年版，第352页下。
③ 冯时化编：《酒史》，《酒史 糖霜谱》（冯时化撰《酒史》，王灼撰《糖霜谱》），商务印书馆1936年版，第6—13页。

提高具有内在关联。当代人继承了这种品评酒韵味的传统,一直注重酒的产地出身和酒与历史文化的关联。但当代对酒的品评,在对酒韵味的把捉上,仍显得比较浮泛,因为大多略涉质韵、韵质,却于细节较普遍没有深度切入,因而所表达的或能体现文化与科学的一般审美品鉴,并把这种品鉴在推广时能先期引入饮众视野,然而因为品评不够深入细致,将酒体韵味和个体感受、体验和省思系连不足,从品韵等第的论列,总体比较简单,止于品类特征的认知与描述上面。

《醉儒图》清·黄鼎

（2）风格　酒韵认识显现出稳定、统一的个性。风格属于酒美学深层范畴，酒品的个性、气质通过酒风格能得到淋漓尽致的呈现。相比于品韵，风格是切实的概念，说明简单论品评级并不是一种负责任的认知方式，不管它携带怎样的"名人""产地"优胜的信息，论品排等还是要慎重的。而风格概念不同，它尤为侧重对酒体风韵的个性及其延展性情境的把握，在一定程度上，是触及酒美学细节的。但也要指出，酒风格的认知主观性比较鲜明，因而难免存在选择性悖论。譬如，浓烈的酒体风格、气质，对于喜欢温和绵柔风格的人，就不是很合适，但若是颇具英雄气概、敢于冒险搏击的人，则以其为称心的酒体风格。常言道，风格即人，酒与饮酒（酿酒师亦然）人对应是成立的，若不对应，酒的风韵、风格不能为饮酒人所彰显，自然其韵也无以成"风"，无以感染众人了。具体说，偏嗜某种酒体者，往往对其他酒体风格不能深入体认，导致尝辣嫌其辣、品甜嫌其甜，对酒味在酸甜之间的，又嫌其酒性不烈。酒体风格呈现的稳定风韵必然具有倾向性，不可能让所有人都喜欢。因此，风格之于酒体，是决定其成功与否的关键。辨识酒韵风格，要注意与"风味"概念不要混淆。风格之"韵"涉及酒体的结构、细节之精神滋味特征，风味之"味"则强调对酒味特征的自然生态条件和地域环境的把握；风格注重切中对象，风味追溯"酒种子"基础。两相比较，风味不似风格触及酒体个性化生成环节，如独特的酿酒工艺、酒体某方面构成形式的强化等。譬如，屈原诗中叙述酒酿把香草堆积，让香薰酒酿。这种香薰法，就具有风格意味。而风味主要强调酒味的"产地属性"，这方面以酒味体现得最典型。特定的环境产生特定的酒风味类型。酒体风格还要注意与"气质"概念的区别。气质也是酒风韵的重要概念，但气质从酒体精神个性着眼，它与酒体风格的区别在于，酒气质强调酒体的精神个性和生命力的特别，酒体风格则强调精神个性所具酒生存在形式的独特，两者有交叉，概括范围不同，表现深度也有差别。

（3）时尚　酒风韵的时代韵味或时代精神。时尚概念着重从时空氛围着眼考量酒的质韵、韵质，说某种酒体、酒品类符合时尚，表明该种酒体以独特的风韵、韵味、风格、气质，赢得社会当下的认可，具有先锋性，酒美学的时尚趣味被前沿饮众欣赏和追逐。时尚的先锋性体现文化的新颖性、创新性，某种物质产品能引领或占据时尚，则拥有文化资源的高地，成为该时代文化潮流和相当数量的不同阶层饮众的拥趸。追逐时尚的人趋多，则该产品的拥护者也趋多，仿效者也随之增多，如此扩展就形成社会性统一时尚效应。时尚引流达到一定普及程度，便反转为僵滞刻板的模仿，原来的时尚转为庸俗面孔。这是时尚流行的一般规律。对于酒而言，时尚可作为标签，招徕眼目。凡稀有的品韵，若得时尚，必冲淡寂寞，令世人以拥有该酒品而骄傲，不仅得之沾沾自喜，甚至轻易不能自拔，不愿轻易与他人所共享。西美尔（Georg Simmel）说："作为一种普遍现象的充满活力的时尚生活在我们的历史中被这些因素所包围。时尚是既定模式的模仿，它满足了社会调适的需要；它把个人引向每个人都在行进的道路，它提供一种把个人行为变成样板的普遍性规则。"[①]又说："时尚的变化反映了对强烈刺激的迟钝程度：越是容易激动的年代，时尚的变化就越迅速，只是因为需要将自己与他人区别开来的诉求，而这正是所有时尚最重要的因素之一，然后，随着冲动力的减弱而渐次发展。"[②]把握酒韵质与时尚的关系，须注意突出的两个问题：一是酒风韵、风格与酒制作模式、传统存在一定的悖论。酒制作模式追求稳定，对个体审美诉求以品类的细化来满足，但这毕竟是受限的，相对于个体审美的差异化需求，工艺模式的风格化，如果定位于满足个体差异化需求，就会造成对工艺模式的根本冲击，导致酒体风格很难维持自身的稳定性。二是酒意韵、风韵差异所蕴含的价值、意味的渐次提升与酒体满足饮众趣味需求的矛盾。滋味、味道、风味、韵味、风格等的差异化，标志酒物质价值和精神价值的提升。一般来说，酒体创造的多样化，满足审美趣味的多样化需求，但酿造者、享用者对酒体的认识与饮众并不完全对等，通常存在一定的距离。于是，当酿造者着力创新，推出新异风格时，借助的外包装、广告和其他吸引眼球方式，未必对消费产生积极的刺激，反而常常带来陌生感，对是否接受存在很大变数。而设计师、酿造者每每以推出新的酒体风格、形式为考验和挑战，这样两者形成了一定的冲突和矛盾，至少新风格、形式推出时必然遇到。因此，如何处理好酒韵风格与受众的关系非常重要，直接关切到酒体风格能否持续稳定的问题。其次，引领时尚潮流不是迎合市场风格的趋新趋变。市场上产品风格的趋新趋变是总体发展的节奏、规律，

[①] 齐奥尔特·西美尔著，费勇、吴鲁译：《时尚的哲学》，文化艺术出版社2001年版，第72页。
[②] 齐奥尔特·西美尔著，费勇、吴鲁译：《时尚的哲学》，文化艺术出版社2001年版，第76页。

在创造力兴旺的时代,新的风格替代旧的风格的频次、间歇愈为短促和频繁,而某种产品风格以其风格、形式的稳定加强市场对它的辨识度,并因此占据市场时尚主体角色,这与风格美学内涵的潜能和能实现美学意蕴、韵味的市场扩张,将时间价值和空间价值完美统一于风格,有着本质上的联系。因此,风格创造力的更新,必须立足于根本内涵的开掘、拓进,不能流于表面形式的趋新趋异。也许有人说,问题没有这么严重吧!酒是天赐的美物,物有同美,美有同感,味有同嗜,不管人们对酒韵味的选择存在多么大的差异化,都会有酒审美的"共同感",把公众认可的好酒推到时尚前沿。这样理解,从大的方面说也没有错,因为时尚的新、异,看似始于个别产品的锐出,其实解决的恰恰是普遍性问题。但即便如此,依然存在一浪高一浪的问题,更何况,审美普遍性也不是绝对的,公共性也具有范围、时间、频率的节奏限制。如果公共性变成一律化,变成一种新异形式的铺展,那与酒韵生命力不断更新的本质是内在矛盾的。因此,在立足韵味、时尚的普遍性内涵开掘的同时,要注意让这种普遍性,始终都具有相对于他者的特殊性,让普遍性寄寓于特殊性,普遍性因特殊性而新而异,特殊性因自身本性、特质符合价值趋向,从而实现普遍性与特殊性统一的时尚酒美趣致。最后,酒美时尚问题,应该把一般原理、工艺原理和市场接受结合起来,落实于酒美学具体的生命感性。唯如此,才能以鲜明的酒体风格,独特而不可复制的酒韵滋味赢得时尚先锋体验。获得生命感性的酒美学时尚,唯工艺和审美的鲜活有力,可规避市场大众化对酒审美差异的抹平,并能以自主灵动的创造调节,规避风格的类型化、平板化替代审美市场错层与分化的风险,让酒美学认知同时也被受众所主动接受,让他们对风格的多样化,能从价值、韵味的推进、变化上获得更多感受、领悟,进而推进时尚节奏似乎变化很快,其实又不快,具有内在的传承与连续性、绵延性,最终在凸显中华酒美学独致韵味方面,形成相对于西方酒美学足够的优势。

除上述概念,还有酒功能、酒价值、酒话语等,也是酒美学的重要概念,在后面论述到相关内容时,我们将根据具体语境给予必要的解释或界定。总之,中国酒美学的思想实体,在酒的生命感性、存在感性与发展感性基础上生成。酒美学的重要概念、范畴,对于奠定酒美学的理论基础和认识层级,以及酒美学理论的建构,不可或缺,是必要的认识基础和思想前提。

第二章

酒体美学的通解

酒体是酒酿技术发展到较高阶段的产物。酒体投射人类精神，通过独特的酿造制作方式，使自身形式日趋精致完善，丰富多样。在逻辑意义上，酒体具有通、特、别三种体式，其中通体为最基本的存在方式。中国酒体饱含精神韵味，追求实体能量对生命的积极催动作用。酒体美学承载的人文精神价值，充溢了情绪和精神的饱满、快乐与自由。

酒体是酒美学的基本概念,指酒生命感性的存在或呈现形式。酒体对象特指已经成熟的酒品,及其在接受现实与生存展开的潜质和可能性。酒体主要指液态实体,也指涉精神性韵质虚体,两者均依赖相应的语境而存在。酒体存在的情境决定酒体概念的蕴含具有多重性,这种多重性进而决定酒体在各学科中的话语呈现,它们彼此不尽重复,还有所重叠,如科学、文化、美学对酒体内涵的解释有相同之处,但更多的是依学科化理念形成的不同理解。酒美学对酒体概念的诠释,从酒生命活性的感性存在着眼,一方面,视酒体为美学潜质的依存体,兼摄物质性与精神性;另一方面,视酒体为生命感性外溢的酒韵味,凝合物质性与精神性。通过酒的被人身心吸摄,产生思想、气韵、能量的扩张性呈现、绵延和迸射,即酒体作为"虚体",是如同实体一样的神奇所在。总之,酒体是酒的质韵与韵质的统一,它是酒美学的核心概念、高级层概念,涵摄其他的概念,聚合了酒生命存在本质和其他关联性的特征、要素。在学术、学科意义上,酒体是建构酒美学认知体系、话语体系的核心范畴。酒美学体系的结构、思想、命题、话语等,惟酒体概念可透彻表达。因此,研究酒体美学,意味着从辏集酒现象的内核出发,观照其晶体般的透明质,也意味着从运动状态的酒象出发,对其内聚、发散与扩渗的运动相状,在进行系统地观照,从而感知其内在结构、逻辑关系、价值内涵,由审美观照和美学省思所给予的进行学理性匡范和整合。相对于整体性的酒美学,酒体美学更典型、更具现实性和有机性,像船舶之游弋,可能游弋中遇到诸多船体,但酒美学的海洋很宽阔,它因酒体之美而生动、壮观和辉赫美丽。

人们通常说的酒,学术术语就是指"酒体"。不同的是,人们通常面对的是某一种酒,而学术说的酒体,指的是一种与其他事物共存的类、种类。因此,酒体存在,是类的存在,在类中包含了所属的个别酒的存在。

亚里士多德(古希腊哲学家)

这好比说到树，也在说森林，森林里有无数个别的树，最后的重点还是说个别的树，其根、枝、叶和树冠形态，以及树与风、云、田野、飞鸟等的相伴而在之情境。酒体亦然，它有类的整体，也有个体的生命史、发展史。酒体在自然、社会中的生存、发展史，包括酒体生命的活性形式之溢射、发散，都属酒体美学涵摄的内容。

西方酒体美学依照酒科学标准，从感官品鉴（Taste Operates of Wine Tasting）出发确定酒体（Wine Body）的存在形式，并以此作为品类（Varieties）价值的判断依据。感官品鉴测定酒体成分，让光、色、味等因素统一形成酒体风格（Wine Styles）的特性。酒体价值依据品类价值和风格特征，确定相对应的价格，适配于相应享用者的身份、地位，从而获得普遍认可。中国酒美学自古拥有自己的文化、科技传统，思维、认知和表达的术语与西方不同，从而体现于酒体美学方面，执行的也是不同于科学尺度的另一套系统，属于文化-技艺或诗性感悟-技艺经验融合的认识系统。这样的认识系统，缺乏西方清晰的酒体形式分析，但对酒体存在的动态形式及其激发的生理和心理愉悦，却有生动的整体描述。历史上，中国酒体品类，以白酒、黄酒和花果酒（含葡萄酒）为大类，西方以葡萄酒、啤酒和水果（葡萄、苹果等）酿烈酒为主要大类，两者不对应。西方酒品类早先依知识、理性认知，中世纪以后酒体认知遵循科学的知识系统，理性文化驱动酒体审美、美学逐步向酒文化倾斜，由于从实体出发和从社会价值理念出发，在价值观念上存在错层和局部断裂，从而西方一直未形成基于人文主义复兴而建立的酒美学思想系统，但沿酒科学方向酒体认识发展得越来越清晰，越来越具体。相比较，中国自古延续的文化体系，将经验认知、理性认知和技术认知糅合一体，对酒体的认识也在酒生产传统的支撑下越来越精致、具体和完善，尤其是近现代酒体品类和风格得到酒酿科学的助力，发展迅速。现如今，中国酒酿科学走在世界最前沿水平，科学与传统人文、文化高度整合。在这种背景下，酒体概念对中国酿酒科学、酒文化的意义，一如对酒美学的意义，日益凸显其重要，而建构完善的中国化酒体美学，也十分迫切地成为当代酒美学的理论与实践目标。

中国酒美学的生命有机性，规定了酒体属一种有机的生命存在和运动系统。主观尺度下，人对酒体实体的感受、感悟与精神体验，被人文化思维和技术所控御，拥有了独特的精神标记，又在运动变化和展延中扩大自身的体量。因此，生命活性作为本体驱力，驱动酒质韵和酒韵质迭合递升，使两者所占比重呈前后交互移动，生命有机性相应具现物化的和精神化的形态、形式。这就好比一辆机动车，发动机是本体，车厢是躯体，轨道和所载之人与物，皆随其物质之体和精神之意向、氛围与动势前行。秉自然之时空造化和人为之施化，机动车宛若游龙，纵横千里，穿山越谷，风云追其尾，雄鹰望其背。酒体的生成、衍射、升腾、溢射，铸就神奇的生命图像。在对酒这样一种生命存在的学术跟踪中，我们把学术意义上理当如此的酒体存在，称之为通体；把具有特殊创造结构和运行标识的酒体，称之为特体；把根据已有之体性、功能而别开新途，展现出新异功能与趋势的，称为别体。通、特、别三种酒体，基本上涵盖了中国酒体存在的各种方式，其中通体是一种逻辑意义的存在体，中西酒体美学在这个层面亦可形成一定的汇通，但就逻辑确定性而言，则中归中，西归西，不能重合体认。总的方面说，西方酒体逻辑不及中国更富有充实的精神韵味，尤其在酒审美意味把握方面，不及中国能将实体能量衍射到超越实有的精神场域，让酒体生命有机性与人的生命有机性高度协合，臻至崇高而优美的自由境界。这里，我们就酒体作为通体的核心内蕴，试从中西酒美学语境比较切入，做出切合中国酒体美学逻辑的发掘与诠释。

一、液态实体

公元前7世纪，古希腊哲学家泰勒斯（Thales）提出"水是万物的首要原则"（Waters is the First Principle of Everything）[1]，认为世界的本质是"水"。水是液态实体，世界本原是液态的，生命起源于并还原于液态之水。泰勒斯的哲学本原论，产生于古希腊哲学时代，此前神话时代，已关注水和其他固态物质的存在，如食物、工具等，但没有提炼出统一的本原观念，只是认为就形态和功能意义，水高于其他形态。当时对酒体的认识，也从酒属液态理解，对酒的滋润、濡软和黏性功能钟情有加，把酒看作"神水""神药""香酒"，拥有酒神狄奥尼索斯的护佑，

---

[1] Anthony Kenny. *A new history of western philosophy: Volume I Ancient Philosophy*, Oxford University Press, 2004, P4.

是力量和快乐的源泉与象征。神话时代人们还相信，酒能使人醉而重生，酒神就是大地巨人的化身。"宙斯在一神秘的感通行动中，就与智慧同体——由此他就成为一新的诸神世系之祖，这世系的末一代就是柴格娄，柴格娄被'泰坦'吞食了，重生为酒神狄奥尼索斯"[①]。人们因此而对酒神特别崇拜，赋予酒在生活中极其崇高的地位。每当秋收或重要庆典节日，都要向酒神献上歌舞，同时赞美酒是神水，歌咏酒的无所不能和使生命再生。到了哲学时代，即泰勒斯开端的时代，古希腊关于酒的液态实体性质、特征的认识，达到显得笼统，但逻辑明晰的程度。柏拉图说：酒是"含火的汁""使灵魂和身体发热"[②]；亚里士多德认为酒是"水"（液态）形式和酒"潜质"（质料）的结合，正是液态的混合特性让酒具有自己的功能。"事物赖以增长的东西的性质必当是什么？显然，它必定潜在的是增长的东西，例如潜在的肉，如果增长的是肉的话。因此，在现实上，它是不同的另物……那么，食物怎样受增长物的影响呢？或许是通过混合，就像某人把水掺进酒中，酒又能使这混合物变成酒？"[③]就是说，酒虽为液态，但它有自己的潜质，这种潜质使酒自身可以"增长"，结果是把水和酒混合，水也变成了酒。"混合"不是因为把两种东西搅在一起，而是酒具有"混合"的黏性。古希腊人再进一步发现，酒这一种液态实体，还具有与"火"相近的品质、功能和效用。总之，液态实体体现西方人对酒体最初的认识，这种认识把酒作为对象，用审美的眼光照耀，使其具有了超越酒实体现象的文化功能和价值意义。

与西方酒液态实体观相比，中国人的认识起源更早，认识也更为深入。约在5500万年前，中国就有了类人猿，它们活动在地势复杂，海拔由高而低的倾斜带，吸收到异常丰富的自然菌资源。约200万年前，云南出现了类猿人。50万年前，北京猿人活动在海拔更低的地带，他们的脑容量平均为1088毫升，能直立行走，上肢发达，表明已能熟练做攀缘、搜攫、抓取动作，为采摘果类食物提供了身体条件。到公元前1万年，在高原、丘陵、丛林地带生活的旧石器时代类猿人

---

① 莱昂·罗斑：《希腊思想和科学精神的起源》，商务印书馆1965年版，第29页。
② 柏拉图著，谢文郁译：《蒂迈欧篇》，上海人民出版社（世纪出版集团）2005年版，第42页。
③ 亚里士多德著，徐开亚译：《论生成与消灭》，苗力田主编：《亚里士多德全集》第2卷，中国人民大学出版社1991年版，第418页。

进入直立行走时代。再到公元前6000年，他们迁徙于适宜生存环境不同的地带，分散于中国的东西南北中各个区域，成为世界上最早也最聪明的智人类之一。约到前3000年，在各地陆续定居下来，过上了制造工具、根据自然条件而生存的部落社区生活。到这个阶段，伴随着对水的感知积累，以及狩猎、捕鱼、采集向农耕生活的进化，中国人发现并开始制作酒，其部落群体形象，通过伏羲、神农、黄帝等递进开化的文明，随同发明、创造工具的进程，进入到人工酿酒时代。这种历史轨迹，就像远古石刻、壁画和其他虽然零散却准确流传的生存图腾信息那样，在神话传说、古籍记载和古文物图饰当中被保存下来，成为中国酒体萌蘖的原始记录。我们勾勒简表，示明如下：

中国酒体萌蘖的原始记录

时间	先祖	文明进化	水的认知定位	酒的认知定位
约旧新石器交接期	伏羲	人文初祖，创先天八卦，奠定自然与人相合的朴素认识	水与火相对，为八卦之一，体现纯朴的自然观	混沌莫名，自然消息
	神农氏	农业文明初祖，辨食味，创商贸，教百姓以耕织	尝百草。水为百味之首，知百味从知水味始	知味则有食。酒的人工之酿未见诸文献，然农耕文明起步，意味着酒的出现亦成自然趋势
约新石器中期	黄帝	上古人文集大成之祖。创文字，建立公社制定居生活，农业文明有剩余生产力	伏羲、神农、黄帝皆演易。伏羲以河图、洛书出易之自然法则，给予"水"以自然定位，"神农用之，则退乾坤而首艮，以其立乎春冬之交，终始万物也"，制定农业物候的易则。"黄帝用之则退艮而首坤，以其太极之前，以阴含阳而万物生死于土也。"①	黄帝时百姓家产有剩余，公社制知有"分"也。酒体从乎公制，以黄帝用《归藏》而推易理，明阴阳为万物生生之本，乃知酝酿发于"土"，是以物替代水而另出物理功用，蕴含着酒法萌生的可能。另，黄帝"有文明之德，以变天下之道，如虎之变，文采炳然可观，故不待占筮而天下已信之矣。"②临事决于理性，不决于魅神拜灵，垂裳天下治而使万事俱兴俱荣大成之象

---

① 冯椅：《厚斋易学》卷1，《景印文渊阁四库全书》第16册，（台北）台湾商务印书馆股份有限公司1986年版，第6页。
② 李杞：《周易详解》卷9，《景印文渊阁四库全书》第19册，（台北）台湾商务印书馆股份有限公司1986年版，第487页。

续表

时间	先祖	文明进化	水的认知定位	酒的认知定位
约新石器晚期	尧、舜	原始公社（部落酋长）制，农业文明进入社会化生产，但对自然依赖性较大	约黄帝后期即进入洪水期。黄帝用归藏易，冯椅《厚斋易学》："夏用《连山》而首艮，商用《归藏》而首坤"，明人唐枢"以《连山》为《文王八卦图》，以《归藏》为《伏羲方图》，于义颇疏"[1]，将两说连起来则成一说，自伏羲而至神农、黄帝乃至夏、商、周，《连山》盖与洪水阻断众山横列有关，故伏羲守《归藏》，神农也不以众山为断，黄帝亦以《归藏》为意，独至尧舜时洪水成为现实。商用《归藏》乃中间治理易理的变通，文王复以《连山》为八卦图，是变"断"为"通"，使"藏"而显于"迹"也，故阴阳摩荡互生之理，尽在万物转化之间耳	
	禹	原始公社制进入成熟期	仍处于洪水期，所谓"夏用连山"是洪水阻断达到了顶峰，但人力治水也积累了宝贵经验。为人为应用易理奠定了基础	禹对仪狄所献醴酒，给予道德否定判断。酒为"酉"，指向容器与酒，容器中"一"明示酒液态之存在

旧新石器交接时代，对"水"的认识（伏羲八卦说），涉酒传说（猿猴酿酒说），在古文献中就有记载，新石器中、晚期，对"水"的认知经验与文明开化相关联，已通过发明农业、商贸等可知其端倪。到新石器晚期，酒已成为向部落酋长敬献的礼物，并且以酒为祭品也很寻常，表明不仅深入认识到酒的液态实体特性，而且从中辨识味道，能用人工化操作酿出自己所喜欢的酒液体，也不是罕有之事。更重要的是，把水与宇宙其他构成元素联系起来，进行卦象性思维提炼，

---

[1] 按：《易修墨守》一卷，明代唐枢撰，浙江汪启淑家藏本。批要引自纪昀、陆锡熊、孙士毅等：《钦定四库全书总目》上册卷7，中华书局1997年版，第82页。

由自然而及人文，进而推演到酒体和酒容器，也在新石器晚期文明中有突出的实绩。这种思维、认知与生存、经验的结合，促进了一种保存感性直观形式与本能的直觉，将其自觉面向实践需求意志化，开始凝成思维层面的理性定位，推动聚焦于生命有机性的人文创举，依循自然宇宙论演化的节奏积淀发展。天赐整体性智慧于中华人文，从此，酒液态实体得益于这种智慧操演，使自身的实体性构成及其生命有机性机能，不断向生命有机性蕴含更饱满，生命能量更高的方向发展。

二、原料的物质性

酒的液态实体性涉及物理性质。目前，世界大部分地区把果类入酿归为甜类食品，以甜为高贵，像大麦酿的啤酒不在此列，归入较低的酒体类别。甜性酒体原料甚多，除葡萄、苹果，还有橙、柠檬、樱桃、香蕉、草莓等，食用方式有将成品甜酒与新鲜水果一起食用的，主旨是追求鲜味混合，让色调搭配，名其曰美食。水果除作为制酒原料外，还是制作果酱、果汁，或软饮料的原料，但作为酿酒原料是其最基本的功效，所以就物理品质而言，以葡萄酒最受欢迎。

在中东和欧洲地区，葡萄酒酿造历史悠久。约公元前16世纪—公元前13世纪，古埃及国王就饮用各种葡萄酒。公元前13世纪—公元前11世纪，欧洲人饮用葡萄酒和麦芽酿的啤酒。古埃及人还喜欢饮蜂蜜酒，此外，他们还用无花果、石榴、枣子等酿酒，把它们煮得非常甜，让酒的甜度非常之高。有些植物，如棕榈树的汁液新鲜甜爽[①]，既可直接饮用，也可用于酿酒。到中世纪，欧洲建起很多优质的葡萄庄园。18世纪起，欧洲将葡萄酒的生产推广到北美、南美和澳洲，其中南美和澳洲在保留土著酒酿遗风的同时，也和其他地区一样接受了英法国际化酒酿标准，以致一些英属、法属葡萄酒、苹果酒产区，都把酒类生产作为殖民扩张的重要内容，并且垄断定价权和质量评定权，把自己国家对酿酒原料、成分和酒品质量的标准作为国际化标准进行推广，愈来愈加精细了，十分考究。至于非果

---

① Timothy G. Roufs and Kathleen Smyth Roufs, *Sweet Treats around the World: An Encyclopedia of Food and Culture*, ABC-CLIO, LLC, 2014, P111.

类酒酿,则一直以大麦为原料,主酿啤酒,在相当长的时期内,啤酒的服务对象偏重于劳苦大众,因而对啤酒原料的质量、产地要求远不如葡萄酒那样挑剔讲究。

中国人因酒文化的认识、思维路线和方式与西方不同,对酒原料也形成了与西方不同的认识传统。中国人认为,酒原料的物质性,被循环不已、永恒存在的自然性所体现,是在自然生成中凝定自身本性的。从而,物质性不是人对物的具体属性如酸甜、软硬、香臭等的感知,这些属性都是后生的,先于它们而在的是宇宙规律及其运化演成,正是宇宙自然规律决定了事物的本性、品质。那么,人如何发现事物的品性,就需要靠感悟。感悟是一种精神运动,它总体上要与宇宙规律和自然生命的运动保持平行的、交互的对流关系,在达到感悟过程中让两方面凝为一体,即"天人合一"。从整体性认识基点出发,中国人发现了自然历法(阴历),从天体与大地的关系,从物候与方位的关系,中国人确定了宇宙整体性的息息相关之存在,给予所有存在物以一定体积感和生命、存在特征等类性;然后就不同的类,如天地、山水、人和动物等进行对比,进一步发现它们各自的生命运动模式;再往前进一步,对具体存在物进行类比,发现具体物身上"同一"显现的生命运动模式与宇宙自然规律,以及运行于具体物形成的差异化结果,而把这种差异化视为根本驱动力——阴、阳二力结合的不同状况所导致,从而以两种根本驱力为感悟的核心对象,通过不断地具象化提炼、推演和总结,完成对具体存在物生命本质与特征的确定。中国古人的思维把自然物看作生命运动的产物,看作是阴阳两种自然力量在不同时空关系中互化、转换的产物。这种古老而悠久的认识感悟,积淀异常深厚,以至到夏商时期,中国人就明确把所感悟的生命演化规律,称为道。在商、周时期,将这种对道的感悟很具体地结合自然物、社会存在物,进行精神化的"易理"演绎,形成了从具体事物存在抽离而出,以"易象"之变易而显现"易理"之变化的思维系统。对于"易理"与"酒"的关系,我们略撮其密切相关者。"易"由日、月二字合成,暗合阴阳演化本道,即天道。"月"与"肉"二字的构体相通,人在其中,月下移而行于地,天道、人道、地道俱出。"道"由人之所行本义引申、扩展,譬喻生命通达的大道。《说文解字》释曰:"䢤,所行道也。从辵,从首。一达谓之道。"[①]于是,从

[①] 许慎著,班吉庆、王剑、王华宝校点:《说文解字校订本》,凤凰出版社2004年版,第51页。

伏羲至禹、文王，对道的感悟，经历了遵循自然运演秩序和遵循人生志意而行的反转，表里逆顺，正反互训，将具象用卦象和术数简化模拟，由已知推未知，卜测预知未来，逐渐地使易理思维系统异常精密。在这个系统中，酒体是很重要的卦象内容。依象、事、理推衍阐释酒的蕴含，一方面，易理的普遍演绎也适用于酒体；另一方面，《易》之需、鼎、坎等卦，对酒的理蕴有特殊的推衍，而这种演绎，诠释了对酒性、酒生命活性所达到的不同认知阶段。

（一）酒自然原力

伏羲时，就感悟到自然原力的存在，先天八卦依照自然运演的顺序诠释生命的存在，但还不够具体。章潢《先天八卦方位图说》：

> 夫天地定位，乾南坤北也。山泽通气，艮西北，兑东南也。雷风相薄，震东北，巽西南也。水火不相射，离东坎西也。此伏羲八卦之位，先天之易也。①

先天八卦图

---

① 章潢撰：《图书编》卷二，《景印文渊阁四库全书》第968册，（台北）台湾商务印书馆股份有限公司1986年版，第37页上、下。

阴阳足喻乾坤二卦，巽、乾、兑、离，阳消阴长；震、坤、艮、坎，阴消阳长。八卦虚列，逆转而测阴阳盈虚生数，故依序而排，风雷相对，一散一聚；水火相对，一入一离；山泽相对，一出一陷；乾坤相对，天行地藏。阴阳摩荡，万物因由于自然原力而成。神农氏时期，自然原力通过农耕文明的进化，与人的口舌品尝结合起来。"神农尝百草"，用品哑自然原物的方式，对自然固有"味性"进行鉴别、比较。在这种鉴别中，还看不到酒酿的萌蘖迹象，但有一点可以推定，就是对草木等的酸甜苦辣之性，及经雨润日晒而干焦、酸败必有所体验，它已经在经历一种身体美学的前实践过程，即让自然生命有机性在人的生命感知中得到一种被感知的凸现，预示着酒物质性以生命有机性的感知方式，向人类社会入场。

（二）粮食为酒酿主原料

黄帝时期，农业文明有了很大的进步，粮食有了剩余。尽管考古遗址的发掘证明，新石器时代初中期，酿酒已经产生，但在古籍中，尚找不到具体证明。能够找到的，已是粮食成为中国人主要食物内容的记载。《山海经·南山经》"糈用稌"，《西山经》"糈用稷米"，《中山经》"糈用稌""糈用五种之精"，王逸注："糈，精米，所以享神"①，《说文解字》："糈，粮也""精，择米也""稌，稻也"②，段玉裁注："程氏瑶田《九谷考》曰：'稷，粢，大名也。粘者为秫，北方谓之高粱，通谓之秫，秫又谓之蜀黍，高大似芦。'"③又，祭岷山、琴鼓山、贾超山、丙山等山系或山神，所备"羞酒"，即美酒。另有多座山，所备之酒，皆用精粮酿成，"汤其酒百

谷

---

① 洪兴祖撰，白化文、许德楠等点校：《楚辞补注》，中华书局1983年版，第37页。
② 许慎撰，段玉裁注：《说文解字注》，上海古籍出版社1981年版，第333、322、331页。
③ 许慎撰，段玉裁注：《说文解字注》，上海古籍出版社1981年版，第321页。

樽，婴以百珪百璧"①（瀚山），献酒的场景十分隆重，表明在新石器时代初中期，中国已经形成北稷（高粱及黍谷类）南稻的粮食主食制，并由这种主食制促进形成精粮酿酒的传统。以精粮为酒酿原料且形成传统，这在西方是没有的。啤酒虽然用的是大麦原粮，属于粮食，但啤酒在西方不属高端饮品。中国的酒不同，一开始就因为原料的珍贵被用作敬奉神祖的祭品，而且发生时间甚早，大约在公元前8000年就有了，到公元前7000年左右粮食酒已经酿制得很好，将其用于敬奉神灵和祖先，到公元前5000年左右，酒酿能出特别的滋味，用于敬奉部落酋长。目前，从古籍还没有找到用葡萄、蜂蜜等酿酒的记载，不过，从稷、黍、稻、粟等珍贵粮食酿酒来看，人们应该可能甚至肯定尝试过用其他不及粮食珍贵之物酿酒的，如菊花、桂花、葡萄、苹果等，未见诸记载，大概只有一个原因，就是这些饮食材料不属饮食文化结构中最重要的品类。直到战国时期，随着易思维和文化理性的成熟，人们对自然物性的理解愈来愈倾向于对生命本性的感悟，愈来愈倾向于对饮食之"味"的体悟，才对酒应具其特殊滋味投放更多的期待，从而，战国时期以楚国为代表，用香草薰酒在文学作品（屈原《离骚》及《九歌》）中反映出来，预示了对酒特质构成的认识已深入精神化食味感悟的更深的层面。

葡萄

---

① 袁珂校注：《山海经校注》，上海古籍出版社1980年版，第32页。

（三）归乎"食味"的酒滋味

酒体的物质性向酒种子的深层结构解剖，触及酒味意蕴。大禹时期，已显示从酒味识别酒质优劣（醴酒），文王时期从阴阳互激互扰促生酒体性、味性变化理解酒，知有诸味，酒味亦为味事。"煎和（烹饪）之事""辨百品味之物""凡和，春多酸，夏多苦，秋多辛，冬多咸，调以滑甘""各尚其时味，而甘以成之，犹水火金木之载于土"①，对味与节令、物候的认识，尤其有较深觉察。战国年间，"五行生胜"观念由邹衍提出，逐渐流行，五行作为统摄万物的核心构成元素，"金、木、水、火、土"各表一种物质性能，与东西南北中五种方位相合。与此相应，"五音"（宫商角徵羽）、"五色"（青黄赤白黑）、"五味"（酸甘苦辛咸）诸说也渐渐炽热起来，到汉代受到"气化"论、"五德终始"②说的推波助澜，演化为酒体性味用五行相生说比附，以为酒味也含五味之蕴。汉代成书之《礼记》曰："玄酒、明水之尚，贵五味之本也"③。杨雄《蜀都赋》说："调夫五味，甘甜之和"。④酒味与烹饪调和之味呼应至备，体现人间宴飨的至乐。故汉代对酒物质性的认知，已超越笼统的揣测，也超越单纯对何为酒原料物象的认识，而是在酒原料和酒酿表征有深入觉察、识别（五齐）基础上，深入饮食味道的内在机理来把握酒体的物质蕴含。"五行"观用于酒体的品悟，便揭示了这样的一种认识的推进：酒滋味是由物质特殊的生命运动有机结构所给予的真蕴。

（四）超越食味的酒味真蕴

在世界上，很少有这样的观念：主副食搭配的餐饮结构，其中主食之粮食类作为酒酿原料——并且是精粮为原料酿酒。而将酒与饮食其他构成结合起来认识，如饭菜相配意识，又突出了酒激悦身心的功能，使酒成为日常饮食生活

---

① 郑玄注，贾公彦疏：《周礼注疏》卷5，上海古籍出版社2010年版，第152页。
② 班固撰，颜师古注：《汉书》第6册卷30，中华书局1964年版，第1769页。
③ 孙希旦撰，沈啸寰、王星贤点校：《礼记集解》，中华书局1989年版，第700页。
④ 龚克昌等评注：《全汉赋评注》，花山文艺出版社2003年版，第282页。

和重大社会仪典不可或缺的内容。在这种历史性、文化性、审美性日趋显著趋势下,对酒味真蕴的探索越来越进入文化逻辑内部,越来越聚焦于酒味如何生成的"五行运行"奥秘。逐渐地,在推进对酒体体性、酒味构成的参透过程中,五行运作观念导向"五行相生"说。这一观念成熟于汉代,当时正是中国文化主体观念跃升的时代。汉代以"土"为"黄"色,象征味性之"甘",将"五行相生"说譬喻历史,为秦胜周(水胜火)、汉胜秦(土胜水)。东汉谶纬说流行,文化观念注重比附方法,五行说被用来强制性诠释主体机制。至此,由汉代萌生的五行观念,已发展为成熟的观念系统,与儒道等主流意识形态结合起来,对饮食和酒滋味生成进行强制性诠释,其表现:一是突出主体滋味。五行相生强调或一种自然(物质)元素或阴阳质性力量超越其他元素、质性力量,属于占据"中心"位置的元素或构成性力量,通过主体元素、力量凸显总体文化模式的恒定制约。具体体现是,"土"居于"五行"的中位,属于其他元素、力量要归拢的中心,因而"土""黄色""甘"受到特别的推崇。二是主副搭配。显示文化结构的美依托于主要构成元素的配合,这种搭配也起一种"美饰"作用。春秋、战国时期,如何让酒味能出香味,使酒与他物既相联系,又显主副有别,主辅相成,就体现在粮食与花果为酿的"搭配""美饰"认识方面。"辅助"性的元素、力量,其"搭配""美饰"功能要契合精神性的想象,所呈现出的"酒味"也相应具有了文化性的想象意味。前面提到,屈原《离骚》《九歌》写有"香熏",是指"桂酒"的"椒浆""桂浆"(《东皇太一》《东君》)等,及美人所佩"香草",其花果佩饰甚多,既喻以美饰德,又喻美味和合。《离骚》写用香料建置酒酿"香屋":"筑室兮水中,葺之兮荷盖。荪壁兮紫坛,播芳椒兮成堂。桂栋兮兰橑,辛夷楣兮药房。罔薜荔兮为帷,擗蕙櫋兮既张。白玉兮为镇,疏石兰兮为芳。芷葺兮荷屋,缭之兮杜衡。合百草兮实庭,建芳馨兮庑门。"①"荷屋"涉及的香料异常丰富,有荷叶、荪草、紫贝、香椒、桂木、兰树、辛夷、白芷、薜荔、蕙草、白玉、石兰、香芷、杜衡等十几种,这些香料的气味浸入酒中,开辟了酒酿的原材料品种,满足了精神上对

---

① 洪肖祖撰,白化文、许德楠等点校:《楚辞补注》,中华书局1983年版,第66—67页。

"酒味"的多样性渴求。其中桂花、菊花、香椒等，在楚湘一带很容易得到，本身似没有鲜明的精神性，但香味浸入酒中，其意味就不同寻常了。然而，到了汉代，对酒味的原料搜觅，并不以香味满足为标准，而是注重"本味"，努力把浓郁的或多样化的"酒味"与原料之味区别开来，把酒味与食味分离开来，标志着"味"本体意识随着对食味、酒味认知的深入而鲜明和集中起来：一方面，他们探讨食味的本体，认为味归其始，当以水味为始，而食味、菜蔬和草本之味，皆因五行所化，纳入同源；另一方面，以味配德，对食味和酒味都进行类比，择其

《周礼·天官》内页

主味中上品之味，为味之极者，与精神上的至高追求相匹配。于是，传为周公旦所著的《周礼》成为汉代儒家崇奉的重要经典，名之为《周官》，通过对周代官制的诠释，传达对"食制""食味"的认识理解，使文化和审美超越固有食味成为可能。譬如，《周礼》言五谷，分麻黍稷麦豆，"稷"为五谷之长；言食味，注重人工化之"和"，先说多样之味，再说其"中和"之味："凡和，春多酸，夏多苦，秋多辛，冬多咸，调以滑甘。"再讲搭配，肉类者珍，粮食者贵，菜蔬辅之以全味。"凡会膳食之宜，牛宜稌，羊宜黍，豕宜稷，犬宜粱，雁宜麦，鱼宜苽。"[①]这种思维同样用到说酒味上，《天官·酒正》言酒以酌清为自酢，"辨三酒之物，一曰事酒，二曰昔酒，三曰清酒。"汉人的诠释则开始向社会和义化的"意义"方面牵引，郑玄注"三酒"说："事酒，有事而饮也。昔酒，无事而饮也；清酒，祭祀之酒也。"[②]又注"辨四饮之物，一曰清，二曰医，三曰浆，四曰酏。"，明确其为酒的体性、体状的分类，"饮重醴，稻

[①] 孙诒让撰，王文锦、陈玉霞点校：《周礼正义》，中华书局1987年版，第321页。
[②] 孙诒让撰，王文锦、陈玉霞点校：《周礼正义》，中华书局1987年版，第347页。

醴清酒、黍醴清酒、粱醴清酒"①，这样的诠释，就非常具体地凸显了酒的社会功能，同时兼顾酒本身的色相和滋味。再譬如，诠释到"酏"，有说法指黍酒的一种，还有说为梅浆，在汉代的解释形成不同名目，指向上都不限于从食味解释酒，而是从酒的功能和是否清醇着眼。"掌其厚薄之齐，以共王之四饮三酒之馔，及后、世子之饮与其酒"②，这种解释虽然说的是旧典，是西周社会的酒饮礼制，但解释的对象及其内容的具体化，都是汉人理解的产物，里面投射了他们对当时社会酒饮诸事的价值体认态度。其核心就是注重酒的功能，特别看重酒的生命有机性的运动状态，因而对"五齐"不嫌烦琐，极尽描述诠释之事，并且有解释中贯彻推重齐清厚醇的意识，倡导酒性足劲，酒相状反映酒体质感，酒味不必如食味追求五味归本，而应当出乎五味，归乎医用，以养护生命为正为上，这种主旨和汉代的黄老仙家思想，可谓达到了深度吻合。"凡酒以苦为正，故《疾医》注以酒属五味之苦。"③既然本味为苦，汉代以甘为美味，那么，盛酒行觞，不在品尝即得，而在酏用后所感。由此，让酒体认识超越对食味的一般口感，体会到酒有医用等特殊的酒性、酒味归属，就更进一步切近了酒酿对酒原料物质性改造的意蕴。

三、阴阳酒性的酝酿

公元1世纪后半叶，古罗马科学家普林尼（Plinius）写了一部巨著《自然史》，共37册，书中他谈到酿酒，认为发酵物的作用在于激活酒的"活性"，使酒味香甜。蜂蜜比葡萄更适合引起发酵，是因为葡萄易酸，而蜂蜜的糖分大，所以蜂蜜、香料与酒混合了，就能够促成酒的酝酿发酵。"罗马人用两种办法：一是蜂蜜和酒混合，另一种是蜂蜜与香料等混合。马西克（Massic）或法尔尼安（Falernian）葡萄酒首先选用新的阿提卡（Attic）蜂蜜，比例是用四

---

① 孙诒让撰，王文锦、陈玉霞点校：《周礼正义》，中华书局1987年版，第350页。
② 孙诒让撰，王文锦、陈玉霞点校：《周礼正义》，中华书局1987年版，第353页。
③ 孙诒让撰，王文锦、陈玉霞点校：《周礼正义》，中华书局1987年版，第353页。

普林尼（古罗马科学家）

份葡萄酒兑一份蜂蜜；再添加各种香料。"[1]普林尼说的不是自然发酵，是让葡萄酒增加糖化比重的人工发酵。对自然发酵他也谈到，但认识角度和中国就大不一样了，他强调是自然引力让酒液"激荡"起来："有谁不知道太阳的蒸汽是由狗星升起点燃的吗？这颗恒星给了地球上最强有力的影响。当Dog（狗）恒星升起时，大海就波涛汹涌，我们酒窖里的葡萄酒也泛动。"[2]普林尼发现，酒体的发酵与宇宙、自然的律动相关，在引力下再利用不同性质的物料强化酒性、酒味的发酵改变。查尔斯·辛格、E. J. 霍姆亚德、A. R. 霍尔主编的《技术史》，谈到酒发酵与普林尼观点基本一致，认为"新石器时代之前，唯一可追溯到的发酵材料是蜂蜜"，书中就史前酒酿发酵在枣酒和啤酒制作中的

---

[1] Gaius Plinius Secundus. *The Natural History of Pliny*, VOL. Ⅱ. General Books LLC, 2010, P216(notes, nu. 29).
[2] Gaius Plinius Secundus. *The Natural History of Pliny*, VOL. Ⅰ. General Books LLC, 2010, P67.

《技术史》中酒酿的制作过程

原图注：制作枣酒。从右至左：制备混合物，粉碎混合物并通过一个筛子将它倒入发酵桶里，右数第五个人把液体倾倒入一个罐子里，这个罐子将被密封，并和左边的那些罐子一起保存起来。来自底比斯的墓葬，埃及。约公元前1900年。[1]

表现——主要通过物理分离或强化方式产生甜味，来说明酒酯酿的制作过程，如图：

　　枣酒酯酿有将粉碎的混合物液态化以后，倒入罐子里密封起来保存的一步。这个信息很重要，具有人工化程序利用物料本性自然发酵的意味。但在理解上，他们看重的是混合物中甜性物料的添加。另一种是啤酒的制作，主要采用麦芽酒的制备，即利用麦芽糖为发酵诱因促进发酵。麦芽糖很甜，能促成啤酒特殊的甜味产生，"麦芽谷物从食物原料转变为啤酒酿造的一种基本材料，可能起因于大众饮食爱好的一种转变"，这种类似于面粉发酵，先从"起子"——麦芽糖的制作开始，然后到促进酒体本身发酵，把酒体发酵理解成一种外加的、后期结合的过程。由此可知，古埃及、罗马和希腊人的酿酒工艺，对甜味、香味的重视上升到了酒体品质和味性的高度，因为这个缘故，他们非常重视发酵工艺，围绕着当下直接的口感采取了人工化物理萃取或压榨式强化的方式，对甜味提取或强压其进入（如压榨）发酵（酒精产生）流程。在这种工艺里，酯酿没有自身的生命机制。酯酿是物理特性的混合或化合，混合是自觉的，化合则在当时还没有上升到化学变化的认知，主要是认识到引力作用促成互相结合。因此，归结起来，他们突出的是用物理本性决定酯酿过程，基于此，他们也讲究配方，琢磨工艺程序，研究的内容也越来越复杂，环环相扣。但由于自然发酵原理从一开始就没有得到

---

[1] 查尔斯·辛格、E. J. 霍姆亚德、A. R. 霍尔主编，王前、孙希忠主译：《技术史》，上海科技教育出版社、牛津大学出版社2004年版，第182页。

充分发掘和体现,导致其酒酿的酒质、酒性,也就始终得不到类似中国酒性的那种有机活性,从而也影响了他们一直以来对酒原料的选择:一般总是要选甜的、容易发酵的水果原料来用于发酵。

中国人本着文化整体性和生命有机性原理,对理解和处理发酵,认为发酵是自然生命机理的运行过程,人参与并掌控这个过程,让酝酿机制既得自然造化的天工之妙,又得人文妙悟、识几察微的优势。因此,酝酿行于物化,成就于人文,是"天人合一"的产物。基于此,自古以来形成关于发酵的种种理解,有的涉及自然发酵,有的偏重文化发酵,认识不一,却都重视生命有机性在"发酵"中的体现。譬如,《山海经》强调天赐甘露,说的是自然性;道家仙论讲酒如琼浆玉液,是天之精华能使人长寿,是对"自然活性"追加了文化想象;在民间,经验性的各种驳杂想象异常活跃,无一例外都重视生命的有机活性,由于有这个基因,从而中国的民间文化容易与各种学说衔接,体现出很顽强的文化优势,就如同酒如仙丹灵药说,就闪烁有民间巫医的影子,当然也有道家的影子。不过,最神奇也最深刻的,还是强调人文性质的文化对易理的提炼和升华。通过这一方面的思想渗透,从很古的年代传承到农业社会的历代,让酒的生命活性、生命有

《山海经》封面及内封

第二章 酒体美学的通解

机观变得虽然朦胧，但说法众多且庞大，渊源悠久且有史可考，其最早可推到黄帝时期，在之前我们已有论述，其中阴阳互抟、构成宇宙生命转化的奥秘，就由历史和文化共同创造了一个完整的发展链。在这里，我们进一步从发酵生成的过程，从自然发酵到人工发酵成长角度，来说明阴阳和合如何被导入酒体发酵，并成为一种主导思想。

自黄帝到禹，阴阳思想很现实地被导入酒酿实践。用阴阳二力激发酒性，在文化经典的原始记述中就隐约透露了这方面的秘密。据说，夏有《连山》，商有《归藏》，周有《周易》，在义理上各成隐喻：群山连绵用阳性显象；归摄藏纳用阴性隐象；商易则日月抟合，属阴阳共显之象。酒酿之为隐含于大象，出而如火，始在夏易、周易中阴、阳分立，各成其位。可惜二易不传，然而大禹时仪狄献醴酒，将人工化酿酒成果呈现，史前易理的阴阳互化在这一成果中得到体现。商末周初，易思维的象、数、理形成综合，从数术和象、理推测，可知至少在文王前，人工化酝酿对自然酝酿尚缺少干预的具体手段，人文意识还不够自觉，以至即便朦胧有所意识，也未能在神话、文字中得以具体记录。商末周初的人文意识，在易思维有了具体化的觉醒，对自然酝酿和人文化酝酿的区别也更清醒地认识到了，从而周代形成官酿，配酒正专职官员。随着人文化酝酿的推进，对自然酝酿的理解也随之向不同方向渗透，从这个时期到两晋南北朝，甚至更远如唐、宋时期，对自然酝酿的生命机理，人们巩固了"自然消化"这一认识，不断将之落实于人文化的酒酿实践，反而将原始的、未有人工参与的自然发酵，作为一种酒体文化的理想加以省思追念，记录于典籍文献。《太平广

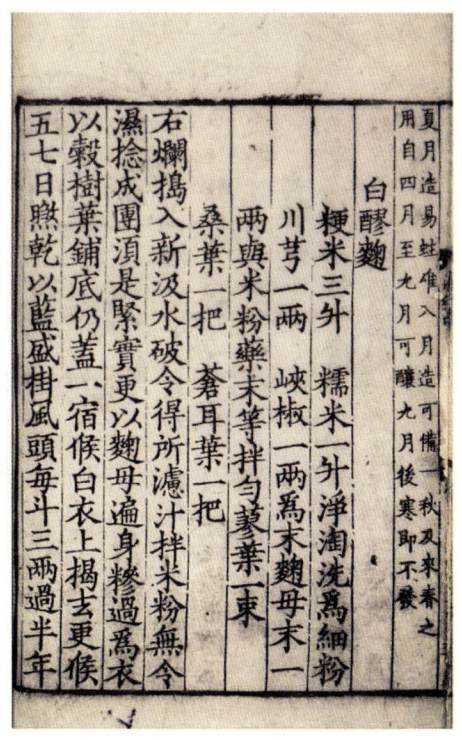

《酒经》宋朱肱撰，南宋初浙江地区刻本内页

记》辑唐人李肇《国史补》:"猩猩好酒与屐。人欲取者,置二物以诱之。猩猩始见,必大詈云:'诱我也!'乃绝走而去之,去而复至,稍稍相劝,顷尽醉,其足皆绊。"[1]猩猩醉酒,因习而成。在罕有人迹之地发现,表明猩猩常饮之酒,非人工酿物,属自然酝酿所成。能醉猴,必亦能醉人。这大概是后代追忆自然酝酿最早的记录,它不是神话,而是中国人实实在在的理解,意在突出自然本身就存在酒酿的机理,即使没有人工干预,也一样能产生出酒劲强的酒来。清人姚之骃《元明事类钞》收明代李日华《紫桃轩杂缀·蓬栊夜话》一则小记,拟名曰"采花"。曰:"黄山多猿,能采集花果,纳于山石洼中,取木叶掩覆之,酝酿成酒,香闻百步,野樵或得偷饮之。"[2]李日华是四川硕儒李调元之子,这父子俩皆善饮食之道,此处叙酒的自然酝酿,详细记述猿猴采摘花果,置于石洼地进行酝酿。酝酿主体是猴,猿猴的操作虽有干预成分,但猿猴属非人属的动物界,也是自然的一部分,这样猿猴酿酒也当理解为非人工化的,可理解为较完整的,将自然发酵与自然加工结合的自然酝酿说。清人徐珂广搜材料撰写的《清稗类钞》,列"饮食类",其中一篇《金粟香、陆武园饮猿酒》:"粤西平乐等府山中多猿,善采百花酿酒。樵子入山,得其巢穴者,其酒多至数百石。饮之,香美异常,名曰猿酒。"[3]在这则较晚的记述中,猿猴酿酒的量比李日华说加大,并强调香美异常,则自然酝酿非但不虚,而且能出巨量,进一步肯定酒的生命机理原本属于天地造化,只要施酿者将合适的酿材堆置,就能酿制出"香美"的酒来。

自然酝酿非人工化,其性质、属性是自然原生的。它说明:在人工化酿酒之先,就有自然酝酿存在,这种认识能在中国酒酿文化中流传下来,表明中国人很相信酒酿可以自化的原理,而当这种思想渗透于人工化酿造,就不只影响酒酿的具体实践,而且还成为一种酒生命有机性生成的归属性原理。

基于此,后来的人工化酝酿形成两种基本模式:一种以酝酿为纯阳提炼,视

---

[1] 李昉等编:《太平广记》第九册卷446,中华书局1961年版,第3648页。
[2] 姚之骃:《元明事类钞》,《景印文渊阁四库全书》第884册,(台北)台湾商务印书馆股份有限公司1986年版,第610页上。
[3] 徐珂编撰:《清稗类钞》,第13册,中华书局1984年版,第6348页。

第二章 酒体美学的通解

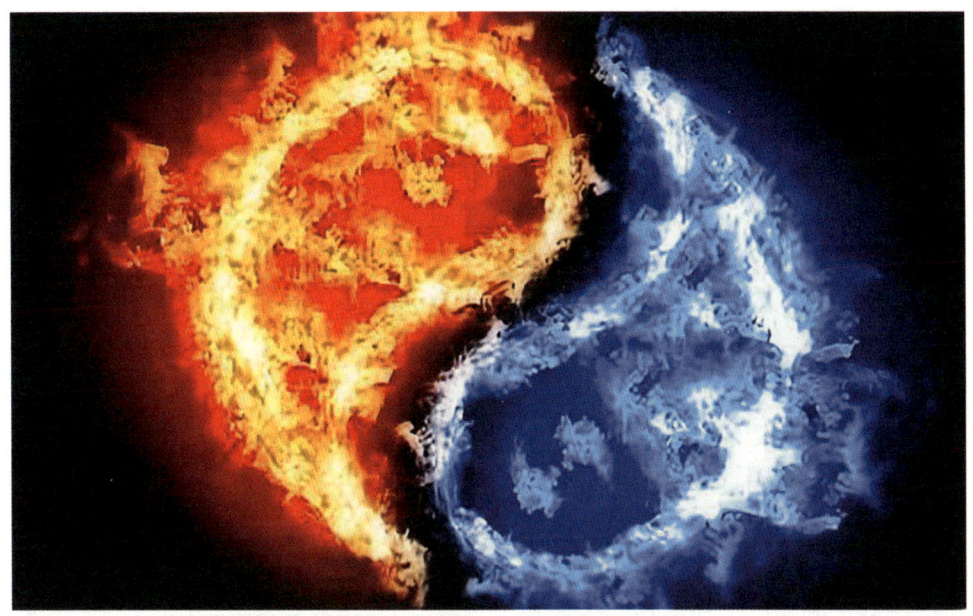

阴·阳·宇宙

酒为天地之精华，含酒力至蕴；一种以酝酿为纯阴消化，视酒为极尽润泽消化之物，可收摄天地精华，饱含酒韵至味。两种模式仿佛夏、商的阴阳并立，可比附易理之天乾、地坤及其他卦象、卦爻相对之说。而《周易》演绎阴阳，主张阴阳互动，乾为主导，坤厚德载物之旨，则在卦象中阴阳两种因素的互动有机运转起来。总其卦象，《周易》共计八八六十四卦，三百八十四爻。又用"天——生水""坤——生火"比附"人文化成"，阴、阳互化得其所成，犹如卦象有体，体为其极，极者有性。其阳者为清，秉血气之性，具蒸腾向上之力；阴者为浊，归藏天地元素，天行地载，易道由此以成，酒象便汩然其中，昭显人文化成就的和合理蕴。

从易理和酒道的凝成，可看出生命有机性从自然到人文化的演成，其初始为阴阳未分化之混沌，体现酒酿的原极、元生，混沌中含有阴阳的自化，仿佛虚无，又浑沦涵容一切。然后是阴阳分化，人依阴阳之性选择相应名目，就酒性方向用心用力，施阴阳互化之功，酒体应然而出。大概自夏、商以来，酒体名目陆续出现，有酎、醪、醇、酴、醾、浆、醯等，均显示一定的酒性、酒味，有的酒性偏重阳性的凸显，有的偏重阴性的含凝，其阴阳合体的酒象形式，呈现泛齐、醴齐、盎齐、缇齐、沉齐的不同表征。人们观察到这些表征，便可知酝酿的火候是深还是浅，懂得泛齐的表象是浑浊的，似动而未化；醴齐是半清半浊的，犹化而未合，有了一定甜味；盎齐是酝酿时产生嗡嗡作响声，还泛出白色，表明潜动与表层之动都在显现，气泡伴随着内涌翻卷，酒力饱满，火候猛劲；缇齐是酒体呈酽红色，美绚无比，感性相状酷眩，表明酒性、酒力已完成消化，酒液香气四溢；沉齐是气泡消失了，声音也消失，酒体仿佛在静置状态，酒性在一种至阳转阴状态，犹如九五转九六，酒性又进入复酿阶段，恰如东汉徐干云："三酒既醇、五齐惟醹"①，醇厚的酒味、酒性，在人工化操控下，酒体阴性、阳性高度涵容一体，具足酒生命气韵。至此，人工化酿造的酒体芳香浓烈，外溢弥漫，人们面对这样的酒，很少有不被其诱惑者。也正因为酒性浓烈，酒力饱满，酒的酝酿能充分发挥自身的功效，其利与弊俱在，中国人深有体悟。元人忽思慧《饮膳正要》第一卷"饮酒避忌"总结说："酒味苦、甘、辛，性大热，有毒。主行药势，杀百邪，通血脉，厚肠胃，润皮肤，消忧愁。多饮，损寿伤神，易人本性。酒有数般，唯酝酿以随其性。"②这是对酒性阴阳酝酿之功、之效十分辩证的概括。酒有"攻杀"之效，强调了阳性药用体性，突破了饮食角度的理解，完善了对酒体阳性功效的辩证诠释。对酒体阴性的酝酿玄机和功效，则通过归元还神

忽思慧《饮膳正要》内页

---

① 俞绍初辑校：《建安七子集》，中华书局1989年版，第144页。
② 忽思慧著，李春芳译注：《饮膳正要》，中国商业出版社1988年版，第242页。

养阴的自化、消化式酝酿，呈明酒体酝酿阴性功效的极致，以及阴阳互化互补的功能结构。

综上所述，酒体阴阳酒性的酝酿，从自然酝酿到人工化酝酿，从技艺、技术性干预，到科学、文化的自动化、数字化干预，都体现了人对酝酿规律的理解和探索。认识并实施酒体酝酿的历史十分漫长，至今仍有诸多玄奥难解的秘籍，但人类学术、文化、技术和经验都在探索和积累酒酿的智慧。以至可以说，酒体酝酿与人类相与而在，酒酿始终有人相伴随。同时，酒体酝酿也是自在自为的过程，在生命运动和消化的过程中，人们循环往复、螺旋式上升地完善着这个进程，酒体美学也是这个完善进程的一部分，它促进和造就了对酒体滋味异常清晰而自足的体验与概括。

四、美味的强烈感受性

在酒体的液态实体、物质性、酒性酝酿等特征之外，还具有一点，就是能给予人强烈的感受性，这是酒体最显明的特征之一。一般酒体（达到酒体质量标准）多涉及这一点。那么，酒体能给予人怎样强烈的感受性呢？是人对焦渴的满足吗？是酒气味，或酒的辣、酸、甜等滋味对人味蕾的刺激吗？还是酒或清澈或晶莹或浑浊或黏稠的相状，满足了人对不同形相的观感体验呢？可以说，这些都有关联，但又都不是，否则无以解释原始人类为何用酒作祭品敬神了，莫非神也有发达的味蕾和不时需饮酒缓解焦渴吗？显然不是，况且，人们通常饮酒着实不是感到渴了，反而常常是饱食餍足，才翕动唇吻，轻启丹舌，若啜若舔地抿酒为乐的。抑或群情喧闹氛围下，高举酒瓶，让酒液迸射出泡汁，然后高擎酒杯，仰首倾颔一饮而尽……这是多么潇洒快意的画面！说明酒体能给予人非常的生理、心理满足，若是将前面所述几种感受集中起来，抛舍它细微的直接功用，则酒体给予人的精美滋味，满足了人的享受感，人们愿意被酒味所激悦和刺激，愿意因饮酒而兴奋、激动和陶醉。简言之，酒体能给予人美味的强烈感受性。

世界上的酒体都具有这样的特点。然而，东方与西方，中国与非中国，对于酒体美味的感受性存在很大不同。从大的区域视界说，中国虽然也属东方，但中国人对酒的感受积累和体验、认知，由于独特的地理环境（处于世界最高海拔倾斜带——由西北而东南，北有沙漠、西有崇山，延伸到南部和东部平原，有海与世界其他地区相隔），一直持守相对封闭的、差异化极大，且分布甚广而导致的统一认识空前强化的传统，并以此而与世界其他地区对酒的感受、认识和经验形成鲜明区别，反映到酒体享受观念自然也形成了不同的突出表现。

（一）西方人对酒体的美味享受

西方人把酒体美味的享受，视为与主体感受、知觉、体验对立的一种存在。从而，人对酒味的享受，主要存在于主体对对象特征的感知、分析把握中，体现于主体因自身身份、地位、教养等的变换与迁移，而对酒体对象感性形式的不同要求之中，使酒体美味价值依存于享受者对自我存在的一种趣味锐化、精神包装的涵义。如古希腊、罗马、埃及神话的酒享受主体，包括了各种神祇、主或上帝。酒献祭给神，是因为神或上帝是最高主宰，美酒敬神，美味与神体归一；敬神举行共饮仪式，分享酒味如同分有神的生命。故酒成为一种理性化的、公共化的意志传导象征，具有相当高的引领精神至极度崇高和愉悦状态的价值意义。这个特点在基督教的酒价值观念中，得到了进一步的加强。西美尔在《膳食的社会学》（"Sociology of the Meal"）第130页中，据此提出"公共饮食"（Communal Eating and Drinking）概念，认为在共同酒饮时有一种巨大公共力量也释放出来，由此"产生了创造公共血肉的原始概念"[①]。在一种高度强化的神学氛围语境下，西方人对美味的敏感首先来自意识分析，美味的唤醒首先归功于神性的召唤，没有从美味本体不断理解酒，把酒作为食物的主旨。当然，在酒作为超越食物的意旨方面，似乎先走一步，但又囿于神性和理性的僵硬辖制，表现是不完整的。因此，西方人饮酒难免陷入一种自我迷狂，"在酒与舞蹈的刺激下，他感觉自己的能力扩大了，他的灵魂受了这些神的感召。还有受到更大神感的人：他们的君王

---

① Christian Coff, *The Taste for Ethics: An Ethic of Food Consumption*, Springer, 2006, P14.

与祭司,简直就是神了。"①人文复兴时期,西方人又将这种酒饮享受观念通过乌托邦想象来完成传递,在瑰丽无比的乌托邦宴飨世界,楼宇巍峨、酒浆醇香,人们尽可放纵饮乐。通过乌托邦叙述,酒味享受得到象征尊贵、自由、身份与权利的精神满足,借助知识包装和语言外饰,酒体承载了西方人自由与荣耀的审美想象。总之,酒饮在西方人的精神世界里,一直被接近疯狂的想象和精神所追逐和培育,即便到18、19世纪,资本主义形成世界性扩张势力,他们依然将这种酒饮的状态和观念带到世界各地。受此影响,普通大众对酒体的意识,也充满燃烧的欲望,贪恋而难能满足,宣泄而尽情放纵,从而在古典时代西方文化中充斥了底层百姓沉溺于小酒馆的、不受束缚地张显生命个性的话语叙述。有关这方面的生活材料广为思想家所搜集,往往被视为西方现代性启蒙的先声。我们对此从酒体美学享受角度理解,觉得不管总体的文化思潮、倾向给予人们多少暗示和诱导,酒味本身所产生的诱惑力,对西方人也还是很强烈的。西方人同样也因美味的强烈感受性,而造就了西方社会充满奇幻的酒饮故事,但这一切与文化美学传统对酒体美味享受的认知,不完全统一。在文化美学意义上,酒体具有的强烈感受性,是酒体的通体特征,西方文化强调这种感受的对象性基础,强调酒外在于人,具有独立而在的语境,而人则是对美味享受和凝视的主体,由这种对立状态堆叠的美学认知,酒从一开始就被划入模糊和低级的感受界,从而作为传统其核心观念是与生命割裂的。到现代这种认识虽有所改变,然而酒与人的身体已经形成了它们自身及所依赖的社会和文化传统,这一切都无法从根本上扭转和改变,因而西方人的酒美学感受性与中国人对酒美享受的感受性,不论在认知还是生命活动层面,都属于两种不同的世界。

(二)中国人对酒体的美味享受

中国人对酒体美味的享受感,拥有真切而深厚、馨香而馥郁的历史记忆。首先,对酒体的享受,中国人很早就有了共享致乐的集体经验。约在原始农耕文明时期,公共性社区生活奠定了最初的酒饮习俗,当时以实用为主要目的,让酒也成为生存不可少的参与因素,在族群共饮时,借助酒气活血,来完成艰巨的挑战

---

① W·C丹皮尔著,李珩译,张今校:《科学史及其哲学和宗教的关系》,商务印书馆1997年版,第481页。

阴山岩画·狩猎

性工作。原始民族的酒集体无意识,通过共同的品味、享受,获得某种精神超跋的意韵。阴山岩画中有描绘猎人饮酒打猎的场景:画面中,猎人正拉满弓射马;或有人在举弓射雁;有的人牵着狗,羊群簇拥在周围;有的骑马过来在卸物件;空旷的地面上,有女人在烧火煮肉,旁边是酒罐……岩画专家盖山林分析了新石器中晚期先民狩猎生活的情景,因而携带酒罐狩猎,不单纯像在品咂酒味,更像给狩猎生活注入力量和勇气。汉族也有类似的记载,《葛天氏之乐》记录庆祝丰收的场面,由三个人操握牛尾,投足放歌"八阙"。在一边跺着脚嗨歌时,一边豪饮,极度亢奋,商周时期,饮酒已很普遍,人们不仅高兴时饮酒,悲伤时也饮,饮酒具有了一定的享受意味,但这时对酒的感受和享受已经调动起更多的心理因素参与。秦汉时期,酒酿的发达促动人们饮量普遍提高,在这个时期,公共性的"享饮"就跳出了纯饮食的意义,它将品酒和识人结合起来,成为观察认识社会的一个重要视角。

《史记》著名的"鸿门宴"片段,记述了樊哙的豪饮:

> 哙即带剑拥盾入军门。交戟之卫士欲止不内，樊哙侧其盾以撞，卫士仆地，哙遂入，披帷西向立，瞋目视项王，头发上指，目眦尽裂。项王按剑而跽曰："客何为者？"张良曰："沛公之参乘樊哙者也。"项王曰："壮士，赐之卮酒。"则与斗卮酒。哙拜谢，起，立而饮之。项王曰："赐之彘肩。"则与一生彘肩。樊哙覆其盾于地，加彘肩上，拔剑切而啖之。①

樊哙立饮一斗卮量的酒。参照天津博物馆馆藏宋代玉斗卮，高12.2厘米，宽5.1厘米，足径4厘米。先秦两汉之酒器形制大，可推知樊哙当至少饮一公斤的酒，其饮酒的气概，表现出了唯英雄壮士才如此的意味！何况，饮完又吃了一条生猪腿！樊哙饮酒啖肉，渲染出唯酒能匹配英雄，只有英雄才能放饮的崇高韵味。

中国历史上类此情形不胜枚举。曹操煮酒对论，刘伶豪饮后裸对来客，李白醉酒戏弄皇帝近臣高力士，令其为自己脱鞋……这些酒话趣闻，无不传达了酒具大用的"至味"，故人们品酒味，只因其味外有味，"味"在味外，并非仅仅为自己品尝，也是从众人所饮而有所得，共同享受酒的气韵和韵味。

其次，中国人对酒体美味的享受，是一种"就"他美而生"共体美"的享受。中国字的"酒"字，本来就指酒体。《说文解字》："醙，就也。所以就人性之善恶。从水，从酉，酉亦声。"②又"酉，就也。八月，黍成，可为酎酒。象古文酉之形。凡酉之属皆从酉。"③"就，就高也。从京，从尤。尤，异于凡也。"④"就"的解释在"酒"和"酉"（液态之酒体，酒器）中出现，释义为"就高"，即搭高，与日常用到的"就"含意不同，这里的"就"是动词，是具有实义的动词，意思是说，酒如同过渡性"中介"，可把人送到更高之处。这像似比喻，说酒是梯子，不管是步梯、云梯，还是宇宙梯，都由低而高，就"酒阶"而上。这个"酒

---

① 司马迁：《史记》第1册，中华书局1959年版，第313页。
② 许慎撰，段玉裁注：《说文解字注》，上海古籍出版社1981年版，第791页。
③ 许慎撰，段玉裁注：《说文解字注》，上海古籍出版社1981年版，第791页。
④ 许慎撰，段玉裁注：《说文解字注》，上海古籍出版社1981年版，第24页。

阶"与人心善恶骈联,表明酒可用于善,也可用于恶,但"酒"之所"就"的价值,终归是"就高"——超越平凡、庸俗、单调、乏闷的,酒之"就"能让人解放自己的生命。这样说,酒之所"就"就在酒液态实体之外,是一种"他体"或"别体",酒"就"他体,便让酒与酒器、酒环境、酒氛围、酒人等很好联结起来,举杯共往胜境。"他体""别体"之美与酒美同在,都属于"共通感"之美,均为饮者享用。如此则饮者与酒、酒器等的对象化关系,就在互动时共铸"共通感",人酒一体,"共通感"不断向社会生活各角落延伸,让酒器、酒液态实体和饮者,及环境、氛围等共同铸造酒美学的"共通感",使生活的世界充满生命活力,也充满无限的文化趣味。在中国古代,不同阶层都喜欢饮酒,共铸社会化的"共通感"已十分普遍和完善。《红楼梦》第三十七至四十一回,写了贾府中几次大的酒宴,这些酒宴和海棠诗社、菊花酒诗会、刘姥姥进大观园、小姐与丫鬟侍女行酒令牌戏等活动连在一起,酒唤起了人、环境、器物的诗意,让诗文、酒令、话语更具有美感。古代社会化的"共通感"一定程度上打破了阶级之间的界限,只要是饮酒,不同阶级的人,亦如同友人或亲人一样相聚,在饮酒时共同

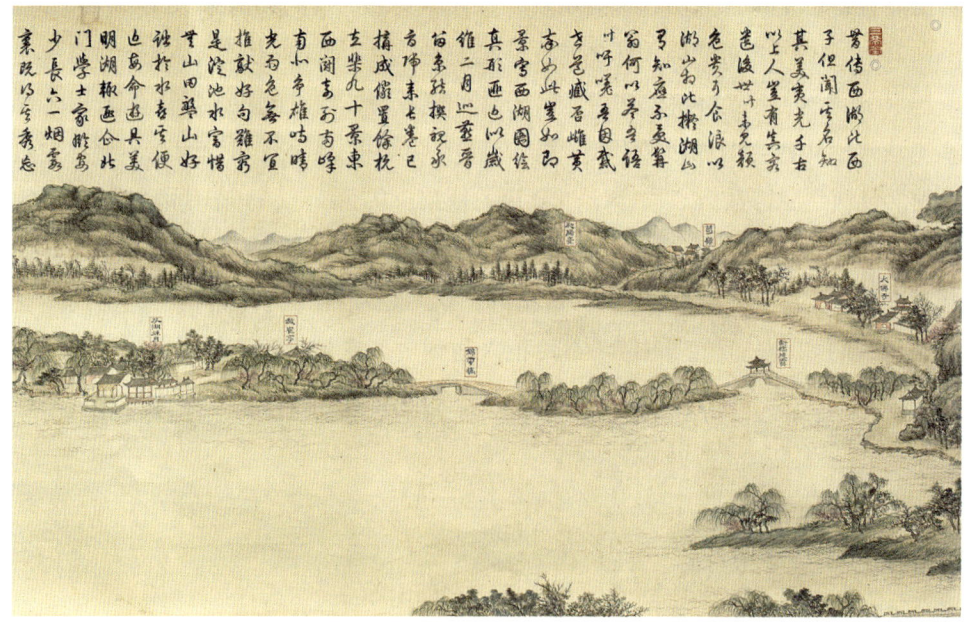

《西湖十景图卷》清董邦达绘. 中国台北故宫博物院藏

感受人生和岁月，体验酒带来的各种美感。也缘于此，经常有人说，不喜欢独饮，喝酒就要和众人一起喝，这种想和别人一起饮酒的意识、冲动，就是"共通感"在他身心"扎根"，而让他时时欲从"共通感"中获得快乐的一种自我表达。

"共通感"与平凡、平庸、凡俗的不同，在于虽然感受、享受和追求审美愉悦，但对酒体质量十分讲究。如酒器，讲究珍贵，古代先是有石樽，后来有青铜、玉、金、银等贵重材质做的酒器。好像酒器的材质愈金贵，酒的质量相应也增添光泽。其实际当然未必如此，但酒文化、酒审美心理确然如此。往往同品质的酒，用不同包装，包装精美的价格要高于包装不好的几倍、十几倍，依然比后者好卖，就是这种心理在起作用。再就是人们对饮酒环境和氛围也十分讲究。到一个城市，往往最豪华气派、奢靡华丽的就是酒店。还有就是人们喜欢与有一定身份的人饮酒，仿佛这是"入圈"的标志……所有这些，都是酒体感受和享受心理的表现，尽管有的也暴露出庸俗的一面，未必体现真正的价值。但客观上，这种现象也想从包围它们的平凡、简陋的气氛、存在中突围出来，也是一种普遍的社会、文化现象。

因此，酒美学内蕴倡导酒体享受有价值的"就高"。高即是优，它表现在三个层面，一是由物质层面"就高"到精神层面，以精神性为优为高。高与低相对，由酒质韵向酒韵质提升。二是数量层面，由追求数量"就高"到数量稀有层面。以数量稀有为高为优，多与少相对，酒俗之欢与酒雅之乐产生分野。三是品质内涵方面，由品质内涵粗劣、风格和境界粗鄙，向品质精美、风格和境界崇高且优美方向提升，好与差迥异，从酒品见人品、酒饮境界，酒趣风流与否形成不同境界的评说。

酒体享受"就高"于酒美享受的"共通感"，始于对酒香味、酒美味的品咂，始于酒体的物质性，及饮酒的世俗之乐，再由"食味"价值的体味突越到"非食味"的品质境界。"就高"的标准、尺度不断提升，精神性的内容在人的感受中不断被具体化，使生命官能（生理的和心理的）逐渐敞开，生理、心理的愉悦、享受形成汇通，促使中国人的生命在向外敞开中，不断获得快乐。为此，俗语讲无酒不成宴，若说酒席燕飨是日常所珍，那么，当这种日常追求向高处延伸，则酒美价值也在人对酒的享用中，愈来愈凸显出它神奇的价值分量。

第三章

清雅酒体美学的意涵界定

清雅酒体标志酒体风格的多样化存在,和合清雅,与清韵、雅韵酒体鼎立为三,是中国酒美学逐渐发展、演化、凝成的深度趋势。而清雅酒体尤在汲摄自然原质和人文雅韵意义上,独擅其长,能深刻切合酒生命活性逻辑,拥有酒体美学逻辑建构之充分可能与合理性。

酒体美学的存在是多元和立体的。从客体、对象属性和主观性角度诠释酒体，能获得不同的认识结果，诠释中国酒体尤为不同，它动态性地摄入诸多元素、涵义。存在的方式、规律规定了诠释路径、方法，给不同美学系统带来差异颇大。学术理解的差异如同触摸大象，当大象的躯体、腿、耳朵等被摸到时，局部的真实并非大象整体的本质。酒亦如此，以生命有机性为酒体的存在前提，只有跨越各个"部分"的差异感，把它们有机整合，才能形成酒美学意义的酒体认知；而在酒体层面，统摄酒体整体有机性的力量就是风格。"风格"是什么？风格是生命存在的统一本质和特殊韵味。英语将风格写作style，指存在的体式、形式、方式或样式等。风格是一个美学概念，泛指感性化的对象存在和具有独特标识性的形式显现。风格体现于特定的对象、存在物，与其他存在物、对象或能找到感性形式的某些类似方面，但风格凸显的内在本质却互不重复。因此，风格具有标记、标识性意义。风格给予感性呈现以贯通生命本质的内在有机性涵义，简言之，即在鲜明的感性形式之外，还有不明显的、隐性的蕴含、意味、韵味，从而风格通过独特的美学韵味和具有强烈感染力的显性形式，传达对象整体性存在的本质。从美学和艺术的意义来说，风格即美学，风格即艺术，风格即韵味。而酒体风格即指学术化或艺术化的酒体存在。在人类历史长河中，当酒体被纳入酒美学的潮流，酒体风格便基于自然和人文的改变而不断推陈出新，产生越来越多样化的酒体风格。本章将就清雅酒体的美学特质、发展流势及其人文内蕴进行具体阐释和论证，以界定清雅酒体美学的逻辑意涵和内在本质。

一、酒体韵味的美学性

酒体的有机性，即其生命活性，在凝成物质感性形态而诉诸人的生命感官时，最基本也最本质的适应性是"清雅"。追溯清雅的原始本义，可以分而述之，清主要指酒的物质性涵义；雅主要指酒的精神性涵义。物质存在物由无机性到有机性，由低级的有机活性到高级的有机活性，呈生命机能不断增强，结构不断紧凑和复杂，表征形式不断向智能化极限靠拢。酒体的凝合，无论曲蘖生成微生物酶菌、发酵菌，还是生物发酵菌进一步向植物果实、根茎类浸渗、促化，抑或在热力催化下使微生物菌群将植物果实和根茎类等的淀粉质糖化为有机活体，使这种活体成分成为液态、气态，均匀化分布，都意味着酒体的生命活性以一种族群方式在物质界、生命界诞生，这是一种奇迹！族群形态，是酒体的标志。在这个体内，可以有无量亿万个酒分子形式在其生命秩序中活动，它们相互激泼、摇荡，将粗糙的分子自体不断裂变，再不断组合，导致酒分子形式愈来愈精细，仿佛要到了彼此完全相似、相同的地步。当然，真实的生命分子必以差异性驱动运动，生命活性来自它们的差异性，但由于酒体凝合、消化的整体有机性，在向自然和物质界宣告自己的存在主权时，它们的系统有机性是高度趋同和封闭的，是倾向于削弱、淡化乃至取消活性分子的差异性的，从而酒体生命的整体有机性与酒分子生命自体的差异性，构成了酒体内在生命运动的存在悖论。在这个貌似宇宙星云大战的演化进程中，必然有一种主导性的力量，便是酒体生命活性在酒分子自体内锤炼、冶铸、凝定的生命品质，它犹如恒星、行星在貌似无序的宇宙中建立的自身和自身的运动轨道、运动体系，酒体也以仿佛趋于同一的弥合、拼接、化转，让同一性表征为特质鲜明的酒体本性或特征。对此种仿佛消解物质之"有"而呈现酒性之"无"的品质，我们称之为酒体、酒性之"清"；对此种呈现出酒性品质之"无"，然而依然作为一种生命有机活性的整体存在之"有"，我们称之为酒体自性之"雅"。清与雅的哲学意涵，囊括了生命有机性的两极，它们既是绝对，也是相对；既是绝对之相对，也是相对之绝对。清之绝对标志酒体物质性存在的纯净无杂，清之相对标志着酒体物质性始终处于趋向、趋近纯净无杂的运动态势，即酒体存在貌似封闭、趋同，实则始终是处于活性生成的动体。酒体的生命活性成就了酒体之清与雅，清是生命整体性的物质存在，雅是生命的精神活力和意志，两者在原始生成

稻

中是对立统一的关系。

对酒的产生，我们可以从生命力进化与自然演化的角度推想。在原始自然环境中，酒的产生源自自然的机缘巧合。一般情况下，无机界的机械运动会造成物质体积的堆积或碎变，但没有生命内在的精神性意向或意志力，就不会产生"活"物。于是，石头可以因为光热聚焦而爆裂，爆裂之碎石、沙土可以因风之裹挟而飘移，但都是在外力作用下发生

高粱

了体积、重量和位置之改变。在适合的条件下，雷雨交加，水流密布，生命活性蛋白质从无机界物质中产生出来，它们以适应环境的形式形成自体，于是有了千奇百怪的植物和动物，密布于河流、森林、平原等无机物与有机物整体性混杂的地带。在那些整体性依然纯粹单一的无机物堆积的地带，生命蛋白质基因还无从滋生，例如沙漠和戈壁、质地紧密的山体、过寒的冰川和过热的旷野等，生命有机物的存活率微乎其微，根本无从想象酒的产生。而在水、温度和物质微量元素堆积丰富的地域，物质成分的基因代码经过亿万年的演变，开始出现异质"杂合"现象，生命基因就在这种"杂合"中产生了梯形状的基因分子。梯形状的基因比单一的、线形的分子体现出可自凝其形，基于碳质营养的供给，这些分子壮大了自身的意向、意志力，在适合的温度和水资源具备条件下，梯状基因发生裂变，使原本稳定而机械适应外部条件的DNA结构向可接纳异质结构、力量的RNA自选择性结构转变，微生物菌群就这样产生了。我们可以推想，最初的植物是由非植物RNA结构生成出来的，从种子到苗，从根茎不变至变粗再到须体丛生，再到与此碳营养吸管相对应的地表之苗，在光、风、水等外部营养、力的吸收下，一变再变，长出苞叶，凝成植物的次序雌雄性别，然后受力于自然风或蜜蜂、飞蝶等的采粉受孕，开始长出胞衣，孕育子体，子体渐渐成熟，则开花结

果,最终有果实在大自然中宣告降生。这是大自然的奇迹!也是生命有机性演化的奇迹。

自然界的清雅基蕴只在逻辑上成立,并不构成真实的清雅酒体形式。一者由于无机界的物体运动过于剧烈,即便在低洼、凹陷处积水蒙荫,产生适应性微生物菌群,也会因撞击、抖动、挤压等外力作用而使菌细胞难以存活;二者因为自然环境各种因素的混杂,单质细胞向多质细胞的进化异常缓慢,像发酵菌这种特别需要稳定适宜的温度来培养菌细胞的裂变,一般根本不可能维持自体生长的节奏,大多数情况下会变成自由细胞,而与其他分解、抵消性的异质细胞发生化学反应,酸败腐坏,形不成可称之为"酒体"的液态积存;三者是宇宙自然的"有"与"无"只是保证了酒体无生命生态向有生命生态的过渡,并不保证植物果实和根茎的发酵糖化,也能形成相对封闭、自成的进化节奏,从而,在自然原生意义上,清雅酒体没有产生的可能,山坳、洞穴和低隰之地的微生物菌群,只有两种可能,要么依然依循自然规律维持其DNA的复制增殖模式,纵然发生偶然的向RAN变异的可能,也顷尔失灭死亡;要么与有氧环境之其他杂质混合,燃烧或变生为种种植物、动物生命细胞。它们都不能向酒这样纯粹而复杂的生命构成形式转化,自然无法实现对自然进化周期性机制的节奏超越,从而不可能产生酒这样纯净匀和、消化异质的整体有机性生命机制形态。

只有在人类生产发展到人化自然的阶段,清雅酒体才有出现的可能。人化,在提升酒酶菌、发酵菌生命活性意义上,意味着对原有自然节律的阻断和新生命机制的运行。通过阻断自然原有机制,植物果实不再成为植物"种子",根茎发芽便产生酒霉菌,也不再以吸收自然能量为主要功能;阻断机制打破自然原有节奏,让"酒体"以整体形态呈现于人类生活,其低水平阶段的"清雅"基蕴,现在以新的"机能""功能"效果被人类生命所接受,成为品饮

稻米

的对象。在新的结构形态中，酒生命活性作为内驱力，促发物质成分的滋味和味性，供人们用感觉器官品尝、体味，同时也以其外观、体态和颜色等诸多形式，自然进入人们用精神感悟的情节，通过运用类比和分析能力判断、解读，人类对这种被人接受而实现的酒体意蕴，从文化与美学角度给予理解，称之为酒韵。

酒韵具显明的美学性特征，一是酒体感性形式为"有意味的形式"；二是酒体存在成为"审美对象"。固然，在人工化酒酿起步的阶段，这种美学性由酒体所给予，"形式""意味"也限于人的本能直观与感受所得，主体情志成分不浓，然而生命有机性依托于人的身体机能的欣悦而被传输于受体，是一个接续性过程，这让身体作为酒体生命活性效力发挥的"接受站"和"检验所"，可以充分焕发身体的接受机能（如神经）和心灵机能，进而产生与身体反应相一致的精神活动。于是，由对液态酒体的直观、品咂到饮酒行为，就逐渐演化为一个由人可掌控的酒审美过程。在这个过程，即使主体感受、认知注入了酒体内容、形式，如果没有很高的自觉，其美学性程度依然不高，所以酒审美过程的建立和提升过程，也是酒韵将酒体生命力与感性形式统一并升华过程。在这种自然向文化迁转，人无意而有意领略到天地所赐之美酿，进而自觉探索其功用，享受其滋味，领略其意味的过程中，清雅酒体悄然产生了。它从液态酒体产生之始，就将一种主体审美的清雅意趣，很自在地注入了酒生命有机性的推进、完善流程之中。

二、清雅酒体美学的逻辑指向

清雅酒体依托于人工化产生之后，清雅酒体美学的学理逻辑也应运而生了。不论在产生之时，以及产生的任何时候，是否拥有学科化勾勒、叙述与阐释的话语，都无法否认或忽略的是，清雅酒体的创造和享受活动已经普遍切入人类的生活环境和生产程序，已然成为一种客观历史和现实，昭示并宣告着自身——清雅酒体的美学性或清雅酒体美学的存在。它就如同清雅酒体从自然界出离，是一种有别于其他生命有机体的特殊存在，以其活体的流动性和变易性，从一般的文化意蕴、酒文化意蕴中分离出来，带着无比鲜活的能量和丰润多姿的感性体式、形式，黏附于酒体实在之域及酒体功能延伸，不断深耘着自身的逻辑构成。

发展中的清雅酒体美学，以历史性、人文性和技术性凸显自身的学理逻辑特征。历史性、人文性和技术性，是清雅酒体美学的基本特性。作为以酒体为对象的形态，清雅酒体美学也必然在相当程度上要归属于饮食美学，时时造就和完善酒的饮食美学规则和依据，但在更深层的逻辑意义上，清雅酒体美学拥有的特殊意蕴和机制，使得它并不限于显示一般的饮食美学法则和酒美学原理，而是更倾向于显现清雅酒体美学自身的逻辑内涵和指向。

清雅酒体美学的逻辑和指向，主要体现在以下几个方面。

（一）本体内驱力的反向综合与特别指定

尽管古人对酒的理解并不像今人，能够从酒体设计的美学视野出发，就酒的性质和生成机理做出明晰的规定。但酒体最初被作为液态实体性产品，在史前为先民饮用，且敬奉于部落酋长，便意味着：酒体拥有了一套属于自己的生成逻辑和机制，并因此而与其他生活用品和食物相区别。人类社会经过了大几千年，这期间对酒体评判的尺度、标准和享用观念，均发生了根本的改变，如今我们回头省思当初人类是怎样预设和控制酒体的美学标准的，这个文学的、美学的问题似乎很渺茫，即使推测也很难有所言说。然而，面对同一对象，科学在解决它所面对的问题时，却很自信，也能拿出相对凿然的意见，因为科学可基于考古实证和对酒遗址的碳质测定，推定酒物质的成分和生成年代。但对于酒体活性问题，因为无法还原，科学也无从进行推测还原，更不能靠想象来得出近似的结论。而现在，文化和美学研究就要解决这样的问题，采取的方法主要是通过人类文明的进展与生活方式的变异，来推定酒体生成的坐标，进而对酒体的生成历史进行切近其本真的认知还原。

对酒体本真的认知，就属于酒体美学的逻辑内涵问题。为了深入揭示这一点，我们且借用当今酒体设计师的预设和总结，来进行认知类比，启动揭示清雅酒体美学的逻辑构成。中国国际酿酒师张金修在《酒体设计实战技术精华》一书中，对白酒的风味物质构成作如此定义："白酒是中国民族工业的传统产品，其以天然的多种微生物、开放式固态发酵等独特的生产工艺，形成不同香型的独特风味。"①他认为白酒风味主要是"酒诞生起就与之俱来的生态密码。生态从根本上给白酒定了型,生态环境形成了饮食习惯,即使在不同的地域使用相同技艺、人员、原辅料,永远只能酿成主体风格相似,细节风味却存在差异的白酒。"并感慨地说:"生态就是如此神奇,可以触摸和感知,甚至改变,它对酿酒的作用过程悄无声息却真实存在,体现在酒中微量呈香、呈味物质组成和量比的不同,赋予消费者的是感官细节的差异。"②白酒是传统酒美学感性元素的综合体和典型体式,对白酒的分类构成的当代理解表明,酒风味来自地理生态对风味元素的基本定格。这是没有问题的。但对于特定地域酒美学的韵味生成来说,风味主要是一种来自外部的给定,并不能否认和忽略人为化的美学设计所给予的特殊逻辑指定,而这一方面的逻辑内涵是超出了酒风味生成的前限定——生态性给定的。从农业文明和中国酒体美学的历史与逻辑相统一的走向看,对于清雅酒体美学而言,其逻辑生成必然经历两个环节,一是反向综合,指从酒体韵味的特定需要出发,反向规定清雅酒韵的风格内涵;二是特别指定清雅酒体美学的逻辑个性、品质特征。之所以是反向综合的,是因为酒酿设计与实践,总是在有所累积之基础上不断革新提升的,而清雅原本属酒体未生成之前,就内在于混沌状态的酒发酵意蕴之中。待其稍具面目,清与雅仍显示酒物质性与精神性的原始根性,一者以纯净整体之有机性而为其有,一者以精神性提升推进酒生命活性的差异化掘进。这种原始的美学悖论,在酒体生成之后,便犹如人的生命活力来自心脏泵血,也见之于脏腑的气血运行和机体四肢、各种感官的气血是否顺畅、充盈。因此,不同时代的酒体酿造者,必然也是酒韵风格的美学设计者,从而依据各自所拥有的酒酿实践经验和智慧总结,向前反推,综合设定酒体的活性驱力,就成为酒体美学特定韵味的逻辑源始。清雅酒体美学的逻辑反观,在明清时代臻至特别指定的成熟阶段,使不同酒体类型,包括白酒、黄酒乃至其他酒体种类,都有其关于酒体生命活性原驱力的特殊逻辑指向,既体现清雅酒体美学文脉的历史传承,又体现清雅酒体美学在所处时代的人文创新。

---

① 张金修:《酒体设计实战技术精华》,化学工业出版社2020年版,第1页。
② 张金修:《酒体设计实战技术精华》,化学工业出版社2020年版,第2页。

（二）清雅酒体美学的酒韵特质与历史衍生

酒韵指清雅酒体独一无二的风格特点。清雅酒体美学与酒美学、酒体美学对酒韵特质的逻辑规定性，在逻辑指向上犹如美学视域内两条交叉线形成对角的展开，在展开的对象中，酒体美学又与清雅酒体美学构成对角展开，一直向末端延伸，变得至为细锐和坚实。图示略明之：

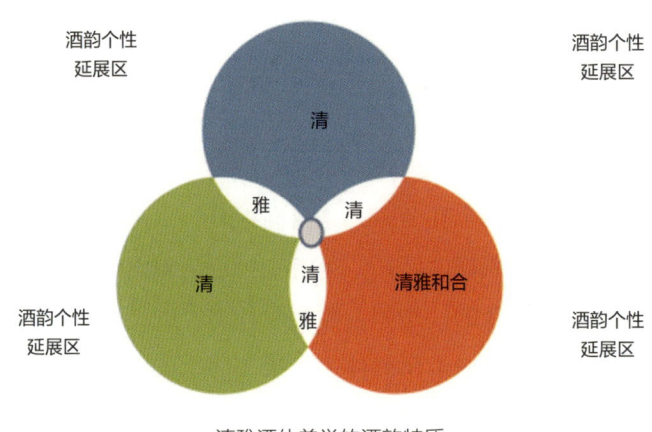

清雅酒体美学的酒韵特质

此图中心为混沌元极，由元极而生之酒体清雅特质，或偏重于整体性之单纯，或偏重于人文化之程序，亦有二者平衡交迭者。在进一步的酒体创造中，酒之清或雅的韵味特质增长为整体性酒韵体式，遂有以清韵为主导酒韵风格的酒体和以雅韵为主导酒韵风格的酒体，以及清雅韵融合一体的酒韵风格酒体。如图交叉带所示，它们内在于新的酒整体意韵中，使新的酒体并非绝对的清韵或绝对的雅韵，而是清中有雅，或雅中有清，惟清雅型酒体受酒生命力驱动较为均衡，然仍在物质性酒本体含蕴方面多有所获，另一方面则受孕于清雅元生性生命活性，而将这两者作为清雅酒体体性整体扩张的基础。

清雅酒体美学的逻辑和历史尺度对酒韵特质的展开，一方面在酒美学韵质的历史逻辑上，向特殊性方向开掘。开掘特殊性的取向，使清雅韵质不断与旧的逻辑定式分离，则清者愈清，整体生命性、机能愈显清晰和稳定，但体现于具体的酒的色泽、形态和酒力强弱方面，则依循回归自然质韵方向，而多方开辟材料、工具、手段的原性，从发酵到蒸馏，中间环节所经历的生命活性蜕变，让体现逻辑的实用性、实施性材料和工具、手段，都倾向于自身潜质、潜能的无所遗漏的发掘，细腻而多元，单元数目剧增，这一切反而愈发促成整体性酒韵质地纯而无杂，清之愈清。另一方面，清雅酒韵质也拥有十分强大的历史性衍生，促成酒自身整体性质、韵味的整体转换。其历史逻辑影响酒本体逻辑的突出表现，使雅韵以更高频率完成对生命有机性机能、机制的阻断和改造，不仅从自然原生混沌状态超离出来，变为适应于人的机体的酒性味，而且累迭不休，让雅韵

《酒经》封面

质由稀薄变浓郁，由酸涩烈辣的刺激性本味变得风味、口味、品味等均向适宜人的人化整体性酒韵质转变，其感性形式呈多样化，或淡薄，或浓烈，或由强刺激转缓，或由集合诸味转为和合诸味。更进一步，不独有效促成了酒雅韵体性多元化诞生，而且对酒清韵风格也给予弥漫、穿透、扩渗的巨大张力，往往以极微小雅的介入，便使酒清韵风格焕然一新，在其清韵愈益自清机制上，复增扭转反向综合与特别指定的清韵至正向累迭强化机制。两相掺和，既有负负得正，又有正正集合增容，如蒸馏工艺，本来是酒原生本体不具备的程序，酒菌自然积聚后的蒸发与自然氧混烧，变为无以形容的废气坏味。但在蒸馏工艺中，清韵酒质体在人化的运动新系统中获得极度纯粹的保护和加持，反而在保持清韵极限可能基础上，又得到了雅韵的内在加持。类此颇多。尤其值得在逻辑上提炼的是，雅韵的酒体机制在扩渗中，形成了与清韵酒体的美学共振，不但使酒体的生命躯体——从由酒本体衍生、延递到酒享用生命接受机制在历史人文性推进中，增大了社会化对酒韵的感受、感怀、理解性强化，而且社会化的接受也逐渐形成反干预机制与原来仅限于生产工艺、程序的雅韵机制，变得褶皱叠合，哲学、伦理、诗、

《兰亭修禊图》明钱榖绘，美国大都会艺术博物馆藏

文、艺术等雅韵意涵、气脉、流势、情性等均介入新的酒韵生成机制，让清韵和雅韵酒体形成新品类，形成逻辑的系统化、地缘酒俗的依赖化、酒品品味品鉴的差别化等复杂境况。一旦酒韵发展至如此情境，清韵酒体与雅韵酒体的和合也自然成为可能，清雅酒体顺势而生。清雅酒体或以清韵为本体之重，或以雅韵为本体之重，依照人的"内在尺度"精心营构，创造中国酒体美学的王国，达到跻位时代巅峰的历史新高度。

（三）清雅酒体美学的标识性特质与特征

不论是从清雅酒体的逻辑设定出发，还是从其历史化衍生，即酒生命自体的人化延伸出发，都要在酒美学学科意识上对具体的标识性特质、特征给予充分的揭示与关注。所谓标识性特质、特征，指形成品类的某种特定酒体风格所具有的"不他共"理念、工艺、手段和相应的形式呈现。标识性的"不他共"即"独特性""独一无二"，它不是走向偏狭而无人能接受的玄想臆构，也不是仅限于少数人接受的独门秘法，而是具有广为人知且被广大饮众所喜饮、嗜饮的潜质与现实的酒体标识。为此，触及具体的酒体风格类型，必然深入酒体典型品种的存在层面。清韵酒体、雅韵酒体美学都需要指向这种特定的酒体品种或类型，清雅酒体美学尤其需要对体现这种酒体本质的品质，进行深入地开掘研究。因为在学科综合视野上，清雅酒体涵摄的酒韵意涵，既独到，又兼涉清韵与雅韵，具有以实证完善酒体美学逻辑的很高的学术价值意义。

三、清雅酒体美学成立的合理性

清雅酒体美学是酒体风格、韵味的学科形态。美学融感性与理性于一体，基于感性而张显逻辑理蕴。酒韵风格涵摄酒体存在诸元素及其动态化发展机制，切入酒生命本体与发展的衍生、延伸形式，具有从酒酿、酒享用和酒价值增值视角整合的逻辑特性，同时因从终端起论，又具有切入具体化、典型化酒体逻辑的逻辑实证意味，可以说既涉酒美学的"生态学""考古学""文化学""历史学""饮食学"，又涉酒美学的"结构学""细胞学""生成学""接受学""品鉴学"，乃至酒美学之近缘人文学科，诸如哲学、伦理学、艺术学、文学等文理多学科名类的一门新学科形态。不管涉及的学科种类何其之多，美学均须立足于酒生命感性的内在本质及其生成，建立和完善自身的学术逻辑。综上所述，可以确定，清雅酒体美学具有成立的充分可能性与合理性，主要表现在：一是清雅酒体美学的现实存在之合理性。任何一种学科化学术逻辑的建立，都必须有对象性的现实基础支撑学理逻辑的共性、个性化原理能被诠释和理解。中国酒体发展到今天，已经产生了丰富的酒体品种、品类，包括未形成系列的新创酒体也不断在研发创生之中。而诸多酒体所显现的酒韵风格，已经昭示了清、雅、清雅和合的不同路向，可谓品牌繁复，美酒丛列。其中以白酒品类为例，北方以清香型为主导的酒韵风格，侧重追求酒韵的自然原质，奠定了坚实的清韵酒体存在基础；中部及西南部，以浓香型、酱香型、馥郁香型为主导风格的酒韵风格，侧重人文化工艺对酒体自然原质的适口性改造，因人文积淀深厚，工艺路径各显神通，也形成了强大的雅韵酒体现实存在阵列；在中南及南方以米香型、豉香型为主导的酒韵风格，侧重传统酿酒工艺对自然原质韵的发扬、呈现，糅合人文化雅韵风格，将清韵、雅韵和合一体，使适口性依从于自然原质韵味反转华丽之身，彰显出"狂飙"突起的民族化酒韵新风。白酒的香型名称，原本基于口味、风味的品鉴，依照科学尺度而命名，这里从美学角度带入这些名称，尊重其习惯性认知，但酒体风格涉及的因缘、过程，要比口味、风味牵涉的时空因素更多，也更注重酒体存在的历史与现实的本真性。不同的学科视角有不同的理念，在清雅酒体美学中，清雅在任一酒体绝无绝对的分界,只不过整体性构成和比重存在较小和较大差异而已。同样,白酒与黄酒及其他酒,也不存在绝对的分界,不管它们的技术手段多么不同,它们的酒韵风格都超不出清韵、雅韵和清雅和合这三个大的范畴。这样,在总体的学术概念和范畴方面,我们便拥有了建立清雅韵酒体对象的存在合理性。二是清雅酒体美学具有逻辑建构之可能与合理性。清雅酒体美学的逻辑,以酒生命活性为逻辑起点,将生命整体的有机性建立为酒体元范畴,将酒生命运动的诸环节,从酒微生物菌群产生到酿酒过程、享用过程和酒功能与酒价值的社会发挥过程,视为生命运动的完整节奏序列。并将这个生命过程的逻辑序列,与人类文明和社会生活的变化进程,努力在逻辑上统一起来。虽然清雅酒体美学侧重揭示酒体美学的理蕴,对有关酒生产与社会享用的历史进程,不能像史学研究那样详尽叙述,但它也始终注意并高度重视两者之间的内在关联。为此,清雅酒体美学和逻辑序列,具备酒体美学学理逻辑的体性和思想存在,也具有涵括酒体美学的现实意义。在学术建构意义上,它能够形成自身的系统网络。几千年来,中国酒的生产、享用和消费实践,始终与生命经验、工艺技术的突破和人文思想的预置性介入紧密关联,其现实的思想体量远远大于我们逻辑上所能实现的概括

石湾清雅型酒研究院成立

与描述。为此，我们宁愿相信这个完整的逻辑序列建构，仅仅是酒美学——包括酒体美学和清雅酒体美学的一个运行周期之"半圆"部分，另一个"半圆"是继其已所完成的终端，又重新返归到原点，将所有物质和精神意涵铸入新的生产与享用、消费设计，实现螺旋式上升的酒美学理蕴拓进。在这样总体思考的基础上，关于清雅酒体美学，可以认定，它本身就是酒美学意蕴、意韵多向度重叠的构筑：在本体层面，它是切中酒根蕴的清雅酒体美学；在酒体原始形态阶段，它是体现清雅酒体质韵和韵质之鲜明个性的历史与存在基础，同时也是酒质韵与酒韵质悄然发生分化与裂变的母胎；在更高级的凝成酒体风格意味阶段，它是清雅酒体机制生成、发展，趋向成熟的"标志性"过程与阶段，此阶段所形成的不同风格，成为酒体品类划分的依据。对于人们所熟知的酒知识和酒文化概念，我们在尊重历史经验与认识的基础上，将从酒体美学的立场与视角出发，对一些仅仅确指特定对象，但并不精确或偏于某一学科的直观判断、分析将给予纠正，以勾勒酒体美学的完整图谱。然而，清韵与雅韵在不同酒体中的融渗互有，以及清雅酒韵和合为有机性整体的情况，如何在美学性上完成对酒体整体性的鉴别，同时对于差异性个别存在中的你中有我，我中有你，获得一种清晰的观照，将是清雅酒体美学在当下要解决的重要问题。除此而外，更进一步，我们还要切入对清雅酒体特殊品类，即现实性清雅酒体风格的实证性研究。这种实证研究，并非对清雅酒体美学的逻辑序列给出案例性诠释，而是让酒体自身呈现自身，让酒体自身完成话语证明。从而，有关特定清雅酒体对象的美学研究，就具有了不可替代的标本式学理价值，通过标本显现的清雅酒韵，对酒美学普遍现象与范式实现或一侧面或典型化意义覆盖。或有人说，那么以清韵或雅韵为主导的酒体美学研究中是否也存在这样的情形，答案当然是无从怀疑的，只要对象的存在足够典型，具有足够深厚的历史文化积淀和美学理蕴，便能提供普遍范式的意义启迪。但也毋庸置疑，进入特定酒体对象的研究，是对酒体的"特体"研究，它必然拥有不共享的酒美学理蕴和话语密码，对这些我们也将做力所能及的信息披露，当然，这种披露会采取一定的话语保护方式，这也是切入个案材料要具备的意识。综上所述，清雅酒体美学逻辑建构的可能与合理性，原本就在清雅酒体的历史与实践之中。我们所能做的，是用学术话语完成其本真境况的真实记录与诠释，将之转化为美学理论形态，推动酒生命进入更加自由自觉的未来生命工程。

第四章

清雅酒体的存在方式

清雅韵的美学意象,既纯粹刚健,饱含力量;又萃聚精蕴,温婉娴和,在酒饮生活中以不同面相与百色人生相交集,其韵势犹如腾龙驭云,自在自如,绵延时空。

清雅酒体的"清"与"雅"构成，如何内在于主体并呈现为酒生命的感性形式，体现酒体美学的本质和统一性特征，其实担负着酒体生命本质规定性的载体角色。"清"与"雅"在酒体的存在方式，规定了酒韵的风格造型。那么，揭示"清"与"雅"及两者和合之"清雅"的生命存在机理，发掘"清"与"雅"各自本在的美学内涵，揭橥"清雅"酒韵的结构奥秘，就成为清雅酒体美学的内核、骨架和血肉，唯如此，酒韵生命机体才能完整地向我们呈示她的美丽容颜。

一、酒韵逻辑基质及其美学呈现

"清"与"雅"作为酒韵风格涵摄物质或精神元素，将物质性、精神性通过酒体的创造机制表征为酒生命意蕴、意韵，焕发出气度、力量，并通过人们对酒的饮用发挥出生命感性的形式、滋味和内在的韵律、韵味。酒体生成与存在的逻辑机理和过程表现为：

①酒体美学历史分节点的截面和侧面，即其韵味差别化在酒体种类、品类和酒自体中皆予呈现。酒体凝成于历史性生成的初端，也具现于酒体成熟化的尾端，都蕴有自身不断强化、塑造、完形的内容。其中，成熟化相对于酒体被接受的终点，亦属酒体演进过程的中端，都表现有"清"与"雅"的酒韵味致，它们的区别，在于时间性的断续、跳突，和空间性的分割、骈联，共存于酒体生命的逐个发展环节。因此，时间性、空间性差异直接促成清、雅构成比例、比重和整体韵味的差别化，一旦蔓延成为酒体趋势，则造成酒体种类、品种或酒体风格参差错落、迥然相别的状况。

②酒体的整体性存在，若表现为清韵风格为主导，必有雅韵相辅相成；反之，若整体为雅韵风格的酒体类型，亦必内蓄清韵风格，两者既不是对立关系，也不是平行对等关系，而是受文明、文化和技术等综合性美学趋势和效应影响，显现于酒实体存在。酒体情势与功能的配置不同，自然地，也直接决定、影响着酒体体性与风格韵味的不同。

③单纯的清韵酒体或雅韵酒体，其美学化特质都内在地倾向于由物质性理蕴向精神性意蕴延伸，然后进入精神性意蕴冶铸、化合的阶段。酒体特质所受到的

外在影响，较之内在构成的基础性影响，更为不确定和复杂，从而很难单纯把某一因素从物质或精神角度论定。因为精神性意蕴也有向物质化理蕴转化的形式和阶段，那么，酒体的美学化，就标志为酒体韵味特质的递进、转换和升华形式更集中地表现为何种形式，若偏于物质化熔铸，则以清韵彰显浓郁；反之，则以雅韵铸为风范。两者可分可合，可有侧重偏倚，亦可浑融一体。

（一）清韵酒体的美学特质

清韵酒体的美学特质，依其逻辑本体和表现肌理，可概括为总体风格归结于统一的自然旨归，以物质性实体构成的纯粹、纯净、清新、透明、淡和，为精神性意趣、意向、意蕴、意韵的趋向，生命存在形式展现特有的体性、体式和功能、效应。

1. 体性

清韵酒体之美学体性，以物质肌理的生成与变化为主要逻辑尺度，可分若干级层。

清韵酒体的美学体性级层划分

级层	体性	描述
1	元生态	清韵元极，混沌莫辨，恍惚依稀；阴阳无体之性，生成自然性酒菌群
2	人工化自然发酵	人工化所"就"自然性发酵菌，清韵依种子而生，汩然勃郁、内外翻腾，有形式可辨；阴性含凝，阳性激泼，自然原质以阴阳相激育；母体为醪液、谷蘖，活性菌闭环繁殖
3	人工化液态发酵	人工化技艺控范曲醅与投粮程序，活性菌呈液态消化态势，清韵之质阻断自然原生质味；热能趋匀和，驱动整体转性；阴阳分化，以强弱、升降、敛放之偏至，导出酒韵个性之酒体生命
4	技术化模控发酵	技术化模控酒性超离程序，酒旨所"就"趋向精神与审美韵致；清韵呈整体内外逆转，内求自然旨味，外求人文大化；以酒力阳性为酒体激荡之韵，蓄阴性之质，揉捻精神，冲击情志；清韵旨趣外显有力，或平和、静谧，或崇高不摧，凸显出体性对象化于人之风格品质、风范和境界

2. 体式

酒韵的整体构成形态即体式，依配置方式之分别而形成不同表现特征，可分为五个逻辑级层。

清韵酒体的体式和表现特征

级层	配置方式	表现特征
1	元生性自化液态	活性团聚，无恒久性，易挥发氧化
2	本生性人工化液态，据种源、酒菌自化之自然条件为参配变量	酒活性具有一定衍生性；酒体呈显稳定性态；酒体可储藏于特定时空之域
3	人文、技术和审美理解所致之人工化之生生半固态	酒曲、原料与人为蒸煮、踩踏等方式结合，以酒曲为酒引，续以液态化"继生"活性，酒性偏重自然消化，韵味趋合纯醇，工序愈繁，酒性韵味愈足
4	人文、技术和审美理解所致之人工化之生生固态	酒曲、原料，经人为蒸煮、踩踏、挤压等工艺程序，完成固态发酵之实体，酒生命高扬阳性活力，酒韵味力主自然原旨的充分、彻底转化
5	人工化（技术化）蒸馏工艺收摄气态发酵物所成之液态	配置前有所依，后有旨归，乃使阳性融化于阴性之体，主旨韵味显豁，融摄、溶融、衍化之韵致十分细微

3. 功能

酒韵的生命感性赋值，即能量、性格、表情等，依其与酒体语境、受施者的美学化协调性分若干类型。

清韵酒体的生命感性功能赋值类型

功能类型	能量	性格	对语境、饮者之影响
清扬	浓烈的自然原旨	生命活性跃动向上	语境氛围热畅，饮者情感豪爽
清涩	自然的人化之转化未臻成熟，能量聚而未发	生命活性顺畅与阻遏俱扰	饮者情感质朴，酒韵场景旷放，生命本能直觉因粗陋酒性而迸射
清婉	酒酝酿时间性充足，细微酒性得以激发，酒能量呈高度匀化状态	酒韵适人的口味需求，生命活性悠扬婉转	饮者情意投注，诗化意蕴款款如叙，酒韵氛围优美协调
清新	酒韵不以能量的挥发奔突为主要存在方式，而以别致新出的酒滋味漫溢为主导，细微柔和，清爽新颖，活体自如运动	生命活性悄然而发，幽然而至。因其酝酿、转化十分到位，将时间、空间因素俱消化于醇厚酎酒中，故缕缕致新，处处生异，别具清新活力	饮者情怀充盈诗性，酒韵氛围如临佳境，生面翻翻而开
清雅	偏至显雅，清且雅之酒韵	人文毓化酒实体，饱满而鲜活，形、色、味、香、触等感性原质，皆显示人化意趣，已成为转体活性，凸显也不以自然原旨为主导	酒韵境界、氛围呈多元化进向，崇高、优美之格调，情调和审美风度、境界等，皆能予以适切表现，并以纯正、恢宏、明丽、雄劲之主调，与世间相拥合，使酒流主动汇入雅化之人类世界

4. 效应

清韵特质的价值效力。酒以生命活性成体，且以生成活性激射、外溢为美韵效力。因酒的生命活力时时处于生生与阻断相对之悖论中，故其活性均别于植物、动物及其他的活性形式，属于以时间性高频次转换生命存在性质，而渐次提升自体，并与已有之其他生命活性不相重合，不入其生命机理的特殊构成。所以，酒韵的价值效应，犹如彼行星对此行星，或彼月光照此江河的关系，虽与人的身体和心理并不成为质、性的凝合、重合，但它们有酒韵元素与人的身体、精神元素互渗互扰、互激互养，产生一种既非物质性营养（超越饮食价值）、又非纯然精神性陶冶（超越观念、心理性价值，含直接或间接的精神性接受、暗示与自觉诱导、操演）的特殊价值效用——酒体韵致价值。清韵酒体的价值效用如下：

清韵酒体的价值效用

效应	施用对象	解释	举例
疏瀹身体机能	以自然原旨的激发为机韵，应对身体的自然需求	疏通气血、振奋体能。调理脏腑肌理，祛除病灶，驱寒、提热	南方黄酒类，以醪糟酒为典型，清气上冲，直抵肺腑。该酒以冬、春开酿为佳，液态发酵为主。米酒类白酒亦属清韵酒体，然已有所转性，自然原旨被给予一定程度的人文化消解，因酝酿方式培植阴性沉淀久，其韵清而含生，泼辣不足，涵化有余。北方高粱为主原料所酿酒，因原料籽实受光足，水分上下对收，结构疏落而结体硬实，酒酿清韵的呈自然烈辣，功效与南方米酒大致相同，一为以阳消滞，祛寒除邪；二为以阴扶阳，祛湿除障，疏瀹身体机能和气血管道
调理身心怡洽	调剂、齐和饮者身体和心理的关系	清韵酒如同清澈的生命河流从身心淌过，浇灌身体五脏，也润泽心肺脾肾，使两者和洽不违，此调理功能使酒逾越了饮食的一般功能，而产生奇药之效。原因是，在酒酿未熟不成体时，酒属饮食范畴。而饮食对地缘依赖性极强，经久必然产生身体和心理的定势，其中病寓常态，固饮食烹饪调五味以和之，但烹饪又产生进一步的地缘依赖性，并不能根本上解决由地域性物产、气候、温度和饮食方式带来的积症，其突出在身体和心理的不协调方面，通过酒饮能得到特殊调理效应	北方饮食粗放，心情豪放，然常因过于简率而致误悔也多，故心理的犹疑、偏激往往在未经恰切饮食和文化补正的人反而为多，导致身心不交。清韵酒可使北方人消虑释念，得到身体舒畅之悦，两相怡洽，得其和正。 南方或因阴湿重，心思细密沉郁；或因光热聚多，性情反奔直张显盛，加之身体得益于丰饶食材对地域气候与热量易散的反冲，形成了味性多样化需求，要求身体机能不能失偏，一旦失偏则食、药常进也难返根。因此，正常情态下，南方酒与饮食可达同步效益，非正常情况下，清韵酒对寒、热、湿等所致之身体滞障均有特殊效益，能使性情顺畅平和，清扬气息灌瀹身心血脉。 东西两翼亦存其理，不——具论

续表

效应	施用对象	解释	举例
燎炽本真性情	酒属奇物，一旦成体，则酒韵深浅具之，点滴品呷，气韵弥散周身，中枢神经因之陡然兴奋，本真性情为之炽张	人们常以酒为食，是为吃酒。吃酒需有量，即身心控御自我的限度。通常即便有酒量的人，吃酒亦因酒韵之性、气、味等携入非常能量，犹如暗室点灯、林里燎火，必激发本真性情的炽热抒泻	酒燎性情的功效对人利弊均有，其有益方面，因性情袒露而致共饮诚诚相对，日月相照，情挚谊厚，愉悦缔结；其弊端方面，是容易致人失去自我，迷失理性，偏激发泄。古今类此令人生悔痛之事，不胜枚举。孔子曰："酒不及乱"，即针对吃酒过量引致性情乖张而言
清除精神思虑	酒之清韵，以酒为物，酒性亦以物质能量为本。因酒属"就"也，老熟之至，则凌越身心，别生醉、迷幻功效，此功效非指向身与心的具体，却能将人带入异常状态	酒属奇物亦因其具有致幻功效。吃酒过量，逾越饮食习惯，这两方面结合，饮不计量，则对酒韵心驰神往，于是饮酒十有九醉，成为自在常态。酒醉的功效，最显著者能让人从当下思虑境遇解脱出来，故古有酒是"忘忧物"之称。酒醉若属偶尔，乃为非正常状态的解忧，酒醉时亦不能处理正常之事；醉酒成性，演为嗜酒求醉，或酗酒贪醉，则属将非常态变为常态，身心机理变异，与世间常理乖离，属跳脱酒理，酒韵无从究诘。单纯酒醉或酒饮致幻之效说，酒韵对精神焦虑的消除，体现在精神意志聚焦于直觉境遇，而对其他精神干扰性因素无所顾忌的状况	常看到醉酒之人有乖谬之举，也看到醉酒之人高度亢奋做出奇特不平凡之举，都与精神思虑、顾忌的消除和解除有关。精神像身体一样，过度劳累也会疲劳，饮酒使精神的持续运转暂歇，貌似不正常，其实恰恰是正常精神能量的一种恢复或爆发。清韵酒体酒劲猛烈，在促人入醉方面，功效尤为突出和强烈
通达旷远志向	酒体清韵具足，致人精神倾向清爽明快。清韵与情志吻合，则内心期冀与欲望、理想契合无间	扬清韵而托高远之志，清气如流飘动，清香纳入肠胃，倏忽尔尔，较少产生分泌物，迅速刺激中枢神经，提摄心神意根，有力唤醒人的主体意向，产生强大的身心合一能量	北方清韵酒体主高粱、小麦，南方主稻米、糯米，经过人为酒酿技术的处理，自然原旨（味、香，酒性等元素的适配）转化之酒适饮性强，对人体也易于吸收和降解。从而，能快速促成物理-精神的循环回馈，导致血脉经络顺畅通达，心理志向亦顺遂表达，借助言语、行为和遇、介质，形之于艺术和表演，实现刹那间"灵感"突至般的偕和并进与满足感。清韵酒能激发人的内在本质力量，让"饮酒""吃酒"变为"心饮""神饮"，起到酒为心神所向的助力之神奇能效

（二）雅韵酒体的美学特质

雅韵酒体的总体旨韵，以人文化精神极向为目标，追求酒体风格的精神性，满足生命机体促动的心灵、志趣、性情的期待需求，探索酒体构成的意蕴、形式的精致、深邃、细腻、丰富，而专注于人为打造或浓郁或醇厚或馥合或回味或奇特的酒品韵味，故而其美学意涵极具可阐释性，精神涉入、迸溢的方式复杂多样，能形成众多不齐的大种类和细小品类，是一种能够与社会文化、人文潮流和技术进步相携并进，同时又不断自辟新风的酒韵风格存在。由于雅韵酒体生命运动形式依社会、人文尺度转化尤多，故而对其美学特质亦可依不同视角分出层级。例如，依照文明进化尺度，有原雅、古雅、近雅、新雅之分；依照主体设计、操作的方式、主体情志灌注的风格特点，有道雅、亲雅、情雅、理雅之分；依照酒酿工艺、技术的人文化旨趣，有纯雅、馥雅、奇雅、别雅、异雅之分；依照酒体呈现的文化、美学境界，有淡雅、浓雅、高雅、正雅、和雅、大雅之分等。这些对雅韵酒体的涵泳、概括，本身就蕴蓄了主体的观雅、闻雅、嗅雅、触雅、味雅的把捉，再加上，因时因地因情因语，寄之于酒实体，施之于具体化品饮者之不同，其酒韵特质的呈现可谓风流万般，尽显酷炫，敷演的话语也别具酒韵丰采，真乃堆叠万化，不拘一格，璀璨辉映，俱在觞中。

尽管雅韵酒体的美学特质拥有如此丰富多元的意涵、形式累积，我们依然试图廓清其美学体性和酒韵的存在样态、模态，努力感触、把捉其雅韵感性生命的酒韵标识和具化的审美个性、能量、表情之涵值，以及其所发挥之价值效力，以对其人文化目的性境界、质量、趋势等实现整体性逻辑概括，凸显精要韵旨。下列表逐一述之：

1. 体性

雅韵酒体体性超越口味直感，对体现人类文明进步的酒韵趣致予以凸显，故而凡人有眼、耳、鼻、舌、身、意等官能、意觉的审美把握，皆先在地拥有社会文化、人文意识的浇注，乃至对酒体的创造，也先在地有社会化、人文化、技术性的考量，使得主体对酒实体的色、声、香、味、触、法的感知、体味，能够既具个别感知、判断的深度，又有意识整体把握的通感与直觉，由此所及酒韵整体体性的认识，也相应地，涵融充分的社会文化元素。而从社会、文化及语源学识别，雅韵与俗韵相对，雅韵成其体性，俗韵随社会认知形成流动性概念，即文明程度愈高，则先期为雅韵之酒体，或演而为俗韵，俗则从众，或不成体性，难状其体类。雅韵体性主要体现为：

雅韵酒体的美学体性

级层	体性	描述	释例
1	外在的、后原旨的	源自宇宙、自然的地理特性、酒原料，被区域性饮食习俗、人文习惯所诠释、给定的酒美雅韵，具有人化改造的质量品质。就形式显现说，社会化的产品没有纯自然的，即便以自然原性、原味、原旨为酒韵倡导者，也为人化之产品。但逻辑上可将"人化"视为用酒酿工艺对自然原旨的加持，致使外部的地理、风俗、习惯等"共性"因缘，均属于仿佛出自酒体程序的酒韵滋味	相对于酒口味，酒风味主要由外部因素所规定；相对于适口性勾调之酒味，本味、原味的"人化"提取、还原，属于"后原旨"之人化酒味，故酒之色、形、香、触，皆与自然地理所赋原性密切相关，然形之于酒酿发酵则有酒体人文雅化传统本韵。类此，酒香涉及地、水、粮诸香，皆依人化所变而适口。人化基于人工，非天工，人工化精致优雅，使酒韵演化趋向适宜于人的定性。于是，酒体将"外在"的向"后原旨"方向回溯，便使酒韵风格、风味，永远拥有一种内在特质的客观限度，将某些似雅不雅的、非合理性人化、人工理解和操作被排除，以持守酒体正雅本韵
2	酿造介质驱动的、流动性的	包括手工酿造、机械化酿造、数字化酿造所成就的雅韵酒体。酒酿或可以自然生成，然不能自然生产，必经受"介质"驱动力成就酒体。从古至今，"介质"驱动力由人工、电、自动系统、数字模控、人工智能、机器智能等介入酒实体酿造，促成流动性的酒体雅韵。"介质"愈是高科技、高智慧化，其体性愈是凸显实体虚化和精神意蕴智控化态势，导致人文雅化的基质不断产生本体转换，酒生命活性的存在方式也随介质驱动而移易或变异，但不论其如何变化，皆赖与人的生命的相宜相成而获得品质、风格和意味的定性。与此相应，人的身体和心灵对酒体的感知、理解，也处于与酒体"介质"	自然有机菌、生命有机菌、由介质程序控范的生命活性菌，都在转换中实现生命密码的"截止""留存""变异"，酒体雅化是以最简易形式完成的最复杂的生命工程。因此，酒体活性的"古化石"和"新养基"，始终具有最传统的、最稳定的存在定式，又具有最激进、最夸张的迁移、转换机制。无机物、有机物，甚至动物食品的有机活性，均可能被这种定式和机制所收纳。 雅韵酒体与清韵酒体对酒自然原性的改造，都可以采取传统的方式，使自然原性适宜于人饮用，但清韵借助介质而使原性归本浏亮，雅韵使原性借助介质发生存在境遇转换，于是，雅韵原性较之清韵原性有一种向社会场域的接受性拓开，致使雅韵原性与清韵原性纵使同主自然原旨，其味性已迥然不同，后者基于传统工艺的原旨持守，在手工酿造、机械酿造、数字化酿造等流程中，产生截面圆周的不断外展，人文底蕴因之而产生突变性、不确定性的增值，理想化的雅韵酒体，逻辑上与人内心的期翼和精密的程序化设定吻合，

续表

级层	体性	描述	释例
2	酿造介质驱动的、流动性的	变化相适应的转换中，器官和肠胃环境、神经系统，乃至情感、意识和观念系统，都在蜕变中与酒体雅韵构成一种互渗互融的大的网络系统	最终也趋于实体模控的空前序化，在价值意趣上趋近于零度空无[1]

---

[1] 不同方式酝酿所成之酒体，很难说，手工酿造之酒韵味性一定胜于机械化酿造、数字化酿造，只要是优质产品，酒韵味性的生命运动便取决于雅化的节奏、进程和标准。同理，机械化、数字化的科技含量虽高，也不能说所酿之人文意蕴就浅，因雅韵对人文化意蕴的裁定，更注重酒体风格、味性与人性、人的生命律动的吻合度。传统手工酝酿是稳定的，始终与人性的基本定向要求一致，因而，其人文意涵也始终得到背景性认可。但手工酝酿所挥发的人力，通过不可逆的手工操作、足力踩踏、火候观察等，使酒活性激荡的频率、幅度，依照人的感觉、直觉而形成仿佛自然化的人化节奏，从而将人化意蕴寓藉其中，程序虽可沿袭，酒体因情而异，不可复制。因此，在相当意义上，古法酿制、手工酿制意味着艺术化审美的原创，譬如浓香雅韵酒体的泥窖发酵，在农业生态背景下，便极大地发挥了人工的主动创造性，并将人工、人化的意趣寄寓于地理、物候和酒种的原风味之中。不过，这依然是一种相对性评定，即纵使如此，也不能说人工配制一定比机械化、数字化酿制的人化意蕴深湛。因为，酒酿介质在运动中，地球环境、人类生存生态也在变异中，以至到人类文明科技化程度很高的朝代，很难说处于原址的古窖还能再现出古时酒体之韵味。随着碳基文明的基础被量子科学、计算机科学和信息、数据科学的技术化、人文化、生态化平台所消解和替代，人文意蕴也在接受现代性、后现代性话语中，将技术本体、信息本体、智能本体等驱力转化为与人的情感、意志和意识共生共处的生命本源力量，导致酒生命活性、酒生命形式不再以自然性、自然形式为主，更多时候凭借哲学、文化学、美学、艺术学、话语学的创造和阐释，才能将由自然到文化、由本能到人为之意能，由人为之意能到机械化电能、自动化之系统传动能，再到数字化的精准模控能，以及商业互联网人机对话、物联网大数据统筹核定的微观调控之动能，统统延递、传输、注入、培植于酒体意味、风格的连绵出新与价值爆响之中。因此，酒体雅韵是流动的，以人化（介质的、意蕴的）为中心，以社会化延拓空间性，以科技化、数字化等表征文明的高智慧运作，仿佛逆向消解本能性的、人力性质的、人为意能的人化意蕴注入，实则让酒体韵味、风格从非自然、非人为、非人化的直接流程中解放出来，达到更高的生命活性程序的自主调节与自由运动。沿着这一主旨，酒体雅韵的规律与自由，在物理学、生物学、化学与哲学、艺术学、美学之间达成一种默契性的耦合，科学和人文的界限在酒韵原旨（核心，酒体雅韵截面圆之核心）与场域更新、拓展方面也接近于消除，酒体雅韵对人生活、生存、生命的物质"供养"与精神"幻化"功效，也在现代与未来的诠释方式中，表征为持守适宜于人的"地平线"，向现实性与不确定性展开永无终结的转换与突破。

续表

级层	体性	描述	释例
3	时间性、空间性的	时间性的雅韵酒体指心灵感受的对象化为酒体感性特征，古奥、简易、优美、幽婉的雅韵酒体，以心性为人文内核，酒韵风格呈心性精神的对象化，借助工艺塑造酒韵品类，与心性类型相比拟，使酒韵成为人文心性的外化表现。心性稳定而成熟，标志着人格品性的成熟与完美，雅韵酒体因此而人格化。品格即人格，人格即风格，风格即酒韵，相续递升，构成古典酒韵积淀悠久的历史逻辑。空间性的雅韵酒体指以主体精神占据的空间场域凸显酒韵主旨。酒属于饮品，虽然超越一般饮食的实用性，但可饮性、可食性仍为存在的基点，正是这一基点，限定了酒体雅韵对空间性的特别要求，它要求酒体构成、酒香味及酒韵形式的组成与呈现，必须以一定空间被相应的主体精神所占据的方式，来实现酒曲、酒原料地缘、水缘和人缘的纯粹性。故雅化的空间性，首先在特定区域漫延，并与时间性紧密组合，形成特别稳定的历史逻辑关系。雅韵酒体的时间性与空间性的统一，使某些酒品类凸显出传统的时间价值和空间化人文习俗、理解力、智慧方式和处理精神性问题的独特传统、自信和优势	古典雅韵的典型模态，重视酒滋味与人的口味、精神意愿的适配性。简古、平和、幽静、柔和等雅韵体式，能满足农业生态模式下身体机能的生理律动需求，排斥粗俗、强制、驳杂、僵硬对生活美韵的干扰，从而对酒体雅韵的形式要求十分具体化，如酒液之清冽、纯净；酒器之瓮、罐、壶、爵、盅等，也要造型典雅，与酒韵的优美、高雅相和谐；饮酒环境，则对山野竹林、曲水石阜多有钟情；对饮者情怀和心态，也有相应诗化之期待，要求温馨而安静，诚挚而热烈，彬蔚而欣悦，显示崇尚优游闲适的风雅情怀。这种雅韵适口、适情、适境的美学化酒韵，作为古典酒体最典型的一种类型，有力地塑造了优美和谐的、对象化的人与物、情与境、思与心，是古典美学精髓的完美体现
4	非时间性、非空间性的	非时间性的雅韵酒体，指酒韵旨趣向超越实体、对象和自我之语境、境界的延伸。非空间性指酒体雅韵的气质、精神对缘	雅韵酒体的非时间性、非空间性，既指具体的延伸到饮者目的性的精神作为，也指普遍的、具有价值超越性的酒情情势。前者如某些劳动身份和职业者，追求酒韵的酷烈；士人阶层大多倾心于酒体沁散的精神韵致，或醇厚，或清纯，或柔和，若情境合适，对酒劲猛烈也不排斥；而卿大夫、官员多以

续表

级层	体性	描述	释例
4	非时间性、非空间性的	和空间限制的超越①。"超越"意味着"出离",意味着酒生命"阻断"旧活性机制、"激活"新活性机制的悖论转换关系。酒体超越纯饮食旨趣,跨入更具社会、文化精神意趣的功能范畴领域,实现雅韵的美学化与艺术化,就体现出古典美学精神的超越性内在旨趣	酒为表达仪礼、社交联谊的纽带;隐士、闲适之人则以酒韵能寄托逸远情志为所求,饮者个性、身份不同,聚饮的群体心境、类别不同,对酒韵的追求也不一而足,但都有自己的超越性目标,拼酒、品酒、竞诗、对句,放浪形骸的豪饮,月下擎杯的独酌等,都蕴藉了寄情托志,让酒韵漫溢、精神得到超越的张力效果。对于酒韵的普遍情势来说,总体上呈现为一种流动的波浪线趋势。即:①酒韵境界与人文精神的超越境界趋势,呈总体吻合,起与伏都标志着对前此的否定;②酒韵自身的体式、形式寻求突破,也表现为起起伏伏;③曾被否定的酒韵风格,一旦转化为超越性酒韵风格,意味着酒体风格趋势基于更高基点的螺旋式上升
5	仿古的、拟构的、意念的	以仿古环境(地下藏窖、不锈钢酿槽、恒温调控、酒液传输管道)等研制的酒体具有古雅酒韵风格	在工业化、后工业化生产环境下,仿古、拟构、意念式酒酿方式,创造了准人工艺术化的酒韵趣味和境界,配以广告、图像、影像和大众狂欢式庆典话语的宣传,使这种酒体的体性占据了很大市场,并极可能成为酒饮的时尚追逐对象
6	观念的、象征的、符号化的	采用观念化、象征的方式,通过发酵、勾调及其他加持方式,使酒韵味、风味、口味俱符合某种酒韵理念,让酒韵成为主体化思想、情意、想象的呈现形式	这是一种超前的酒酿方式,观念的、象征的表达,可以基本或完全脱离传统的营造方式,让主体体性成为理念、意志的现实化载体。这种酒韵风格虽然不大可能赢得普遍接受,但其思想理念占据高端,在某些方面突破现有价值、价格的阈限,依然成为当代酒体不可忽略的一种重要存在方式

---

① 朱良志认为,"古雅"的艺术内涵有四种情况:"侧重超越历史和传统的'古雅'(狭义),强调超越礼仪秩序的'文雅',解除知识和权威束缚的'典雅',崇尚诸法平等、摒弃'名'的追求的'风雅'。"(《中国艺术中非时间的"古雅"观》,《北京大学学报》(哲学社会科学版)2023年第1期,第55页)朱所言"古雅",即古典艺术化的雅韵,以否定文化、礼序和知识、名言等制造的诸"雅"为特征。酒体雅韵的非时间性、非空间性是与时间性、空间性同体的历史文化范畴。历史文化可以是顺时的,也可以是逆时的,而酒韵既有顺承传统的一面,也有超越甚或否定传统的一面,它本身是具有深度美学韵旨的一种物化了的艺术、美学化形态。因此,对非时间性与非空间性的解读,愈是倾向于现当代,愈能展现其内在变革的方面,但同时它与传统是一体的,即它要通过传统来体现革新,这是酒美学、酒艺术依托于酒实体,而与其他介质艺术可析出纯观念形态的根本区别所在。

2. 体式

雅韵体式作为人文自觉化的模态、形态,其酒实体与酒话语构成虚实相应的连动性存在,空前超越了清韵酒体的存在规模和影响范围,酒韵向人文、社会的深层和边缘地带漫溢。在这整个存在系列中,酒原料、酒酿技术的人文化韵味探索,酒庄文化的"城堡"壁垒,将雅韵模态牢固地建立为雅韵体式的"底盘"。在"底盘"之内,酒菌的源始性追溯、酒酿工艺细节的操作密码,依照专业化、私密化、复杂化、精致化路线,日复一日臻至完美,犹如大腹束口瓶,仿佛雅韵构造的逻辑奥秘,就在狭小、微敞,似可嗅可品可见又终究以封藏面目呈露,酝酿时间,傲睨空间,酒体韵味愈陈愈香,人文、历史、伦理、科学、艺术等话语阐释潜能呈无限膨胀、增长态势。在"底盘"之上,酒体形态以"解封"面目出现,雅韵四溢,酒韵形态、模态、级层,以包孕自然、社会、文化的丰富蕴含,进入政治、经济、商业、娱乐和民生领域,产生酒体生产与酒韵享用的强大征服力。根据雅韵体式、形态的存在与运作模态,可归结出若干种重要的逻辑类别,它们与现实中存在的酒体必然形成某种内在的或对应性关联,但我们这里着重进行逻辑梳理,不做对号入座圈定。

雅韵酒体的体式和表现特征

级层	配置方式	表现特征
1	纯雅	适口,非自然生成,气、味、香、色等显现纯净之或烈或绵或柔之统一韵质,不黏不稠,酒线不挂,味无余香,酒实体为对象主体
2	淡雅	品味平淡,引人思致出离,酒体色香味等无明显冲击,与悠然心境、旷远景致协调如一;静饮无虑,无意于韵之实,有味于意之逸,以酒韵虚淡对真实淡雅,绵远无际
3	和雅	酒韵如缕,可层层剖析,或醇厚馥郁,或肌理秀密;或绮彩彬蔚,或融柔渢软,呈体典雅,体正容大,气相不俗。其酒实体与酒境、氛围的相偕,以阔大、中正为气象,饮之者愈多,体态愈为宏大,和合之韵愈隆
4	文雅	别具文思理韵,气韵超凡,酸而不沉,咸而不干,辣而不刺,苦而不焦,甜而不黏,在不酸不咸、不辣不麻、不甜不苦之外,另寄酒韵,形于色香味而出其外,以文意之化韵呈文雅之魅力。此种酒体模态、形制,多为文人雅创,理路非常而不可思议。又,因文思理蕴,以酒为媒介、符号,率性而饮,饮中之兴,意韵沸腾,或气势勃郁而血脉偾张,或思绪苍茫而情曲款款,或志意慷慨而想象蓬勃……其体态显现于酒,雅韵在酒外,以文致雅,生命气韵激荡、共振,促动人的世界产生深刻变化

上述雅韵酒体的体式，由酒液态实体，到社会化的雅境、雅怀、雅意。雅韵返归于人文本韵，可依人文设意寻求对象化实现，故表现形式极其丰富和立体化，这里略举数例，挂一漏万。

俗韵与雅韵相对。酒的体式、模态、形态有无俗韵，从逻辑上说是存在的，即从众的、俗常的即为俗韵，但如聚散之沙，掬之并无特别意义，故一般不闻其香，亦不得其名。而雅韵为酒体精英，在古代或现当代，但为雅韵酒体，必可称好酒妙韵，充溢文化美感。自人类能产酒以来，便无绝对的清韵酒体，只有相对的涵容一定雅化之意的清韵酒体；而雅韵酒体能否达到更高的标准，则须从雅化的类别、深度和影响效力获得细致的鉴别。

3. 功能

雅韵酒体的生命感性赋值，与清韵酒体侧重自然能量的激发及与社会接受的协调不同，主要侧重表现在生命感性对社会、文化和人类生存语境的气息灌注，它以主体化力量对社会、文化语境产生反作用力，由以激发主体化的社会文化总体格局的换新改容，疏导被遏制的生命机制和活性因素、力量，故而雅韵之于主体，属于一种人为能动性的延伸，其文化、美学功能也因此丰富多样。既承载酒韵能量转化为精神性气质的物化变现，又直接作为社会生活不可忽视的生命力量，径直进入社会生活的滚滚洪涛。雅韵酒体的功能呈现，依主体化呈现情态有不同形式表现：

雅韵酒体的生命感性功能赋值类型

效应	施用对象	解释
感觉的探索	诸感觉器官的官能和精神"内感觉"官能	感觉的人文化，在清韵酒体主要唤醒对时间性、空间性因素及其组合的关注，在雅韵酒体则唤醒人文化的秩序重组，即与政治、经济、文化、伦理、宗教、美学、文学、艺术等发生秩序关联时，赋予感觉以复杂性人文意涵，并将这种感觉功能以"内感觉"方式返自身，形成自我崭新的感觉逻辑
神经系统的调节	身与心相联系的神经系统网络	感觉器官将信息传输到神经中枢，转换为心理意向、意识和意志，是身与心相联系的神经系统运作过程，雅韵酒体对这一过程采取非还原性的连续调节，让生命存在与外部世界产生双向互动性的响应，而非清韵酒体主要依赖主体感觉的冲浪，而产生自由性的、跳跃性的、非关联性的神经反应选择
性格的外铄	外在环境和因缘的触动，因酒韵而铄成某种定性	神经系统经酒韵的长期训练，凝成对外部刺激稳定的反应方式，经过心理、意识的强化，进而铄成某种性格类型。因地因人，所饮的酒不同，铄成性格也不同。雅韵酒体的性格铄化，重视社会、文化和伦理、审美情感的养成

续表

效应	施用对象	解释
气质的塑造	意志行为的表现方式随酒韵的浸染而发生改变	雅韵酒体的主体化功能实现，由身及心，逐级而上，在稳定的性格和成熟的个性铄成之上，持续地对人的气质、风度起着熏化、陶冶、塑造作用。"气质"隐喻了酒体由液态向气态，再回转液态的韵质提炼实质。雅韵酒体对雄浑、典雅、幽默、婉曲、豪放等气质的形成（即心理意志和行为的表现方式）和改变，都具有重要的熏染、浸化作用
品味的品鉴	对高品质对象的欣赏和品鉴	通过欣赏和品鉴酒体品质，认定酒体雅韵品位、层级
醉状态的转换	酒量饱和促成的别样精神表现状态	饮酒足量，极尽兴致的一种特殊状态，表征为精神情状迥异于日常，身体产生强烈反应，言语、行为乖张，俗称为"酒醉"。酒醉因人而表现不同，亦展现出饮酒之人精神的韵致，如醉意醺醺，似乎只有酒力倾袭身心，导致淡忘时空，心所无寄，心性处于彻底释放状态。倘若酒醉之时，理性、意志等仍未完全失去控制力，则酒醉状态依意识、意志方向形成仿佛无意、实则率性而为的超常效果
醒的思维、意识觉悟	雅化酒韵濡染的思维、意识，推动觉悟攀升	意识因酒醉而被屏蔽，谓之不觉，如从这种状态走出，有所思悟则谓之醒。醒与醉相反，是饮酒后意识、觉悟的回返状态。未饮、饮半之醒，不在此列。酒醒之韵，因醉而产生特殊精神体验，将生命自由超跋之意志和想象，能清醒地面对自然、社会，使实然、或然、必然、可然，多了一重应然的主体化诗意，思维、意识的觉悟境界向高处攀升

上述雅韵的主体化形态，以"醒"和"醉"最为特别，须稍加诠释。其一：醒。本意指意识清醒，但在雅韵情态中，酒体形式的发散对主体的意识清醒，起着前期铺垫和积聚精神能量的作用，其实具有精神发酵的意味。《说文解字》："醒，醉解也。从酉，星声，按：'醒'字注云：'一曰：醉而觉也。'则古'醒'亦音醒也。"[1]故通常须先"醒酒"，即指唤醒酒性，"醒"落实到饮酒人身上，是"醒"的主体化延伸，酒力聚焦于主体的身心，产生能量爆发。"醒"的两种状态，一是饮时之"醒"；二是"醉中有所觉悟"[2]，都强调主体意识是否"醒"及"醒"的程度，这种醒借酒力表现出来，将生命意志和酒体形式凝合一体，并形成"堆积"，故酒韵越浓，酒醒的"形式"和"意识"的物理、精神能量"堆积"也越有力量。在政治、经济、文化、艺术活动中，在商业、传媒、公共性庆典、发布会等仪式中，酒体介质进入活动，产生超越日常的"酒醒"的激情，

---

[1] 许慎著，班吉庆、王剑、王华宝校点：《说文解字校订本》，凤凰出版社2004年版，第439页。
[2] 许慎撰，段玉裁注：《说文解字注》，上海古籍出版社1981年版，第750页。

启动社会性运作机制，让各种力量抖擞而为，其效应非纯精神发挥所可比拟。另外，"醒"也是酒体约定的韵致体现。酿酒师、饮酒者，都具化了酒的生命活性。酿酒师对酒体形式，通过酒原料配给、工艺流程设定酒体雅韵的浓、淡、馥郁；饮酒者在饮酒中的杯觥交错，或酹酒、泼酒，或倾榼、悬盅，或满溢碗、高捧罐、低嗅坛、面色赤红、暴汗、絮语滔滔，手舞足蹈，都在以当下"酒醒"的生命形式托举与所承担社会角色相应的情致和韵味，起着雅化、洗涤、明志、激励身心的作用。所以，酒体之醒，仿佛吸力超强的大容器，道德、礼义、豪侠、情谊、志典、狂欢，莫不纳入，酌则溢泻，体、用寄于杯觥、唇吻，言语和气息相辅相成，酒体风格和人情风俗难拆难分，俱偕眼、耳、鼻、舌及身心之所观、所闻、所味、所感，而载入历史、生命长河当中。其二：醉。"醉"并非对酒体的诠释，但涉及酒体雅韵的功能、效应诠释。从人类学、文化学和美学角度诠释"醉"，可以形成丰富的历史文化意涵，然而这毕竟是间接性的和解释性的，就直接的功能效果说，实指酒生命活性、酒力对身体机能、脑细胞产生刺激，造成中枢神经系统被酒精麻醉，从而对正常意识整体性遮蔽，使人处于非正常状态的情况。因此，醉实属酒体雅韵在酒实体之外的延伸，与"醒"类似不并相对。古今对"醉"韵雅义的解释，主体体现在：一指酒体老熟致饮者酣醉，如人之"溃"，影响到精神方面，美其名曰为"饱德"。《说文解字》："醉，卒也。卒其度量，不至于乱也。一曰：溃也。"[1]段玉裁注："溃当为渍之误，若今醉蠟、醉鰕之类"[2]段解系猜测。小篆体醉字为䣱，状人两腿交叉，立足不稳，他人眼中形象未免"溃败"。此似含贬义，实指酒量足、酒韵饱，犹若"醉中有所觉悟"，故醉人常不自醉，直欲要饮，他人度知其量不予，则"醉"不得"饱"，不自以为真醉，他人亦恍惚，视其为半醉、若醉，或未醉。真醉必饱。此饱非指酒量，而是指精神感觉、神经网络、肠胃肝肾等，被酒分子漫溢、浸据而导致所言、所形非常，唯酒而其他不及也。酒韵的气、色、香、味、力道，以人的身体为"介质"，如同美乐寄于琴弦、楼宇基于砖石、佳味传于食材，视"介质"为所归而

---

[1] 许慎著，班吉庆、王剑、王华宝校点：《说文解字校订本》，凤凰出版社2004年版，第438页。
[2] 许慎撰，段玉裁注：《说文解字注》，上海古籍出版社1981年版，第750页。

任情思、意气发散。故醉人之"饱",既"溃"且"德",颓而不废,风云别长。《诗经》云:"既醉以酒,既饱以德。"饮者心性端正良善,酒醉且饱且酣,是之为醅,酣则大乐,醅则"立德"。"醅",小篆体为醅,《说文解字》:"醅,醉饱也。"[①] 醅与酣,造法都属会意,兼涉形声,醅足如鼎,回归酒实体,醉足交叉而立,饱德而精神放逸,无拘无碍,两者均怡然于"酉"之老熟,酒体从敞开的器口流荡,经人体的通道转换为精神的气韵,令天地万物酒韵满满,似乎除非醉酒之人无可收揽。"醉"涵容了精神韵致外张的单纯与复杂,"醉眼朦胧看世界""众人皆醉我独醒",醉中人自己觉得独独自己不醉,恰恰体现窥觉生活真相的清醒,到这时候,"醉"仿佛变成一种伪装,在历史与文明的天平中起着矫正平衡的作用,当饮者对邪恶和不公平看着分明,但觉得自身力量不足对抗,乃借"醉"挥发性情,旁敲侧击;当饮者觉得人世间和谐,乃乘酒兴驰骋风流,倜傥狂放。因而,酒醉以至于疯疯癫癫,越是体现于"有德"之人,越在背后流荡有超越生活或调剂、反拨生活的趣致、意韵,酒韵延伸于人,使酒韵成为事体,其体归本及末,生命活性得到淋漓尽致的进射,并且由于直接呈现于生活时空的方方面面,可能体现生活美学的一种精神潮流或指向,而不能绝对化被当做"异常""另类",视为生活的旁枝逸叶来解读。其三:"醒"与"醉"。"醒"与"醉"都体现酒体的雅韵功能,它们都是酒韵社会化、人文化的表现形式,两者表现于饮者身上,似乎对立,实正侧互转,难拆难分。因此,若饮者表现真正的人文化、美学化酒韵,就绝无绝对的醒、绝对的醉,更多时候,是醉醒各半,或醒醉有所偏倚,如朦胧醉意、微醺、酣醒、醒觉等,皆有醉中神游,酒滴沾唇,神志远寄八荒、苍穹,其生命小宇宙,蕴藏、发散着神奇而巨大的雅韵力量。

4. 效用

雅韵特质的价值效力。雅韵以社会化、人文化意涵激活、充实、壮大生命活性,并给予酒韵以广泛渗播、浸润的生命场域,使酒生命活性转化为现实性的美感力量。酒雅韵是自然生命活性的延伸与转化,社会化的精神意蕴充实于酒韵的塑造,经过人享用的过程、场景、氛围和物化的"外铄"与人体肠胃环境的消

[①] 许慎著,班吉庆、王剑、王华宝校点:《说文解字校订本》,凤凰出版社2004年版,第438页。

化（再度发酵）、气血对能量的传输和神经系统、精神心理的相与挥发（品质转化），呈现为生命存在的高级形式。进而借助社会、文化的各类物理性、符号性"介质"，继续完成酒韵的迭合、细化、分布与塑造，使社会化雅韵观念、理念、气质、意绪、符号依照"美的规律"，将合规律性与合目的性重新组织、完善于酒体的重塑流程，如此构成一种高于自然物理——化学程序的社会化、人文化酒体雅韵循环运动圈。酒雅韵的价值效应，就在这一循环运动圈里，不断提升自身的品质，不断将物质元素和精神元素铸入酒体的创造流程，使酒体雅韵也成为社会人文理想存在与表达的载体。酒体雅韵的价值效应，体现于酒体生产与享用的各个环节，挥发于或直接或间接的社会化、人文化酒韵接受、改造与创造活动之中，其具体表现在：

雅韵酒体的价值效用

效应	施用对象	解释	举例
酒酿技术实践的合目的性	依照"美的规律"，铸造酒酿工艺	纯粹的自然发酵是不可能的。酒酿实践都具有雅韵意味，包括发掘酒体韵味原旨最彻底的工艺、技术。而实际是，后者在"合规律性与合目的性"统一中，按照人的理想和意愿实现着酒酿的客观性，让雅寄于清、蕴藏于清，乃至使"雅化"的方式，也具有充分的主客统一性	所有酒的本质都是微生物的生命物质存在。中国白酒、黄酒的微生物生产方式不同，产生的生命本质也存在差异。造成微生物生命本质差异的根本原因，在于酒酿工艺、技术手段的不同。酒酿技术实践的合目的性，在于从人的价值需要出发，让酒体微生物保持最自然的生命节律，不使其转化为高级生命物质，从而具有人文化程度深浅不同的雅化气质、韵味和风格
人类品质理念的对象化改善	酒体雅韵品类化、品牌化	对酒体的物质性可以形成种类、品类概念，即从物质性一极进行品类化列分。然而，酒体雅韵的品类化、品牌化，是从精神一极进行酒体的细致列分的，以体现人类对酒体雅韵探索、推进、提升的品质高度	酒体雅韵的物理、化学反应极限是腐败，如虫蚁生于腐殖，新变异的生命形式诞生；酒体雅韵的社会化、人文化极致是促成精神的蓬勃更新。在物理——化学运动与社会——人文化运动的合奏中，酒体趋向人的目的、意愿形成精神化的品类、品牌，让酒体生命物质的"原胚"得到合规律又不逾越其固有形式的蘖生、裂变，是人类有效控制生命程序，并促成酒体生命品质不断优化的实质体现
延伸到教化体系的精神塑造效应	"酒教"的观念和系统	酒体雅韵对精神具有激发、怡怡情怀和荡涤愁绪、忧虑的作用，这种作用力在文化熏染、引导和过滤下，面向大众形成协调性的酒礼、酒德等实践观念，配以系	诗人饮酒写诗，浇酹情愁，或放歌抒怀，是一种诗化的、可以带动大众审美情感的"酒教"调节。常人的饮酒，无论是放纵或节制之饮，都伴随着生命情感的释放，从而酒量的大小也反馈社会心理的变化，而对于饮酒

续表

效应	施用对象	解释	举例
延伸到教化体系的精神塑造效应	"酒教"的观念和系统	统的深度诠释观念,转化为普遍的"酒教"观念系统,对塑造社会面貌、时代精神起到有力推动作用	行为的社会、文化引导和控制,则受到更为系统、自觉的酒文化观念、制度,以及深在其中的酒育思想的塑造。历史风云传奇人物、特定时代的思想家和创造者,对酒的钟情无不寄寓他们对酒的特殊理解,这种特殊理解与该时代"酒教"观念的变化和深刻程度息息相关
饮食本体成为文明标志的节奏进程	酒体雅韵的历史变奏,及其呈现形态	酒体雅韵栖居于酒液态实体,似乎淡泊而宁静,然陈酒弥香,积淀着文明的足迹。从而,它既是实体存在的艺术,也是悬浮在人的精神心理和社会、时代精神上空的艺术流云,以其酒风格、韵味形态,书写着历史、文明的演化进程	文明(Civilization)最初为与野蛮(Barbarous)相对的概念。"野蛮"的原义以动物为蓄主,但在社会走向高科技和多元文化时代,野蛮主义(Barbarism)标志着一切反人类的凌霸、残暴和丑恶倾向,酒体雅韵在历史中创造健康的精神,以激活人的生命激情和超越虚无的无价值感为内涵,使自身韵味始终鲜活宜人,不断提升,向品质精优、极致化方向发展
信仰体系的身体美学落实与巩固	文化信仰体系与饮食体系的对应性,雅韵存在的个别性与现实性	酒体香型的品鉴依赖感官和意识,风味形式的感知要借助知识和认知分析,韵味、风格的把握,则需要综合的,并且是生命存在亦投入其中的整体精神态度,它让主体超越自身的感觉、情感和理智,熔铸为强大的信仰系统,支撑生命体和人类生态的良性运行	酒的烈度、香味是酒体风格的主要函数值。信仰能融合不同的酒体雅韵风格,将不同的人格、性情引入一种整一的精神化境。与此相应,白酒、黄酒、花果酒等品类,亦随民族化、区域化之信仰冶铸成习俗,异常牢固。但雅韵历久亦弥新,遂使信仰能附着于地缘、历史和阶段性人文潮流的审美习俗,实现一种突越观念板结的个性化、现实化超越,凸现为真正的、鲜活的、觉悟性生命精神和力量

总之,酒体雅韵是酒体内蕴和形式社会化、人文化的美学韵致、气质、风格和情态。说雅韵与清韵构成酒韵相对的含蕴,是就两者差别性而言,清韵侧重于品质的原旨韵味,并基于此展现出独特的美学特质和精神韵致,雅韵亦然,也以独特的美学特质和精神韵致显现风范。但雅韵的物质形态,即以物理-化学形式所标志的生命物质形式,更鲜明地体现为社会化、人文化能动的"意为""设计""塑造"涵义,从而其风格、韵致也因此得以更广泛地汲取、容纳丰富的社会人文元素,使酒体雅韵构成呈现出更宽幅的结构和起伏多变的演化节奏。这一切在逻辑上都由酒体内在本质和生成机制所决定。进一步说,由逻辑本体和生成机制所规定,无论清韵还是雅韵,单独就其主体自身构成而言,都不是纯粹的自然原酿,都在社会化、人文化的文明发展进程中凝成自身的美学品质、韵味和风

格。因而，清韵与雅韵绝非只包含自身所侧重的美学特质，它亦兼含对方的酒韵基质，使得清中有雅，雅中有清，清韵品质也可与雅韵韵味、风格相对，独显其特色的清韵风格和意味特色，雅韵则在其复杂化的构成和程序中，力图保留、焕发酒母、酒曲的原始风味，使其作为组成元素，对酒体的整体香味和精神造型，起到重要的酒质保证和精神导体作用。这两种酒体韵致是中国古典酒美学的主要类型，同时，也是由古典跨越到现当代的代表性酒体美学类型。然而在这两种类型之外，还有清雅酒体的美学类型，与之并肩而在，并呈现出融合性、后生性和发掘、发挥清韵酒体与雅韵主体内在极致的特殊优势，尤其在现当代科技人文高度发展、异常变化的条件下，清雅酒体的美学潜能得到空前的释放，成为当下及未来愈来愈受关注的重要酒体美学类型。

（三）清雅酒韵的美学特质

清雅酒体的总体旨韵，以自然原旨和人文韵质的融合为目标，既呈现生命物质的色、形、香诸原生品质，又体现酒体韵味的精神极向，充分呈显自然性向社会性延伸的精神气韵，以饱满、成熟、轻盈、丰润、灵动的美学风格，满足生命机体卸载沉重、追求旷达和飘逸的冲动，提升心灵、志趣、性情的柔性、韧性、诚性、刚性和自由性，使酒体意蕴、韵味构成趋向别致、辩证、精纯、高雅，饮尝、饮半和饮醉之感俱能与人、境、技、艺和情、事、理等圆融怡洽，实现酒美学本体臻于圆成的化境。其可扬尘归朴，扫涤浮思，浪漫思古，幽婉怀乡，秉持仁心善志而卓然独化，清风秀骨，塑造酒体的珍贵品位；亦可借助科技手段、人文学术、艺术话语创造清澈纯净的语境和雅化意境，使酒体风味、口味和清雅细目之品味，依照"人的尺度"和"美的规律"形成多样化的雅韵形态和形式。尤其是，清雅酒体与社会、人文语境的交融，既可调动传统技艺、技术对清雅质韵的创造优势，亦可利用现代科技手段和自动化流程，在强化清纯美净风格、气韵的前提下，使科技手段和流程循"古法"而作，清扬弥漫，愈发宜于人的生命感觉所求，愈发能便宜地激发人高雅、优美的精神趣味和情怀。由于清雅韵酒体的生命运动形式从融合清韵、雅韵酒体特质铸成自身美学品质，从而它在某种意义上，相对于成熟的清韵酒体和雅韵酒体，属于后生的特殊类型，并且随着文明的发展，清雅酒体的风格、韵味愈臻成熟。而一旦这种酒体美学类型成立，它就必定通过品类化使自身美学特质趋于精致，在精细的形式化过程中分出层级。例如，有倚重清质的清雅类型。有从清韵形式拓向雅化的清雅类型，有改造元生清韵质地，依照社会化、人文化现代"范式"创生的新清雅类型，凡此种种，在原有纯粹、纯净、清新、透明、淡和基质上，合理而有效地揉入原雅、古雅、近雅、新雅等观念认知和操作效应。一方面，使之始终切近酒美学本体，在贯通酒美学本体让清雅酒韵更紧密地挽系于主体情志，发扬清雅"道""亲""情""理"之深韵；另一方面，也始终执着于塑造清雅美学个性，使之与其他社会化、人文化，包括工业化预置的清韵、雅韵形成区别，即清雅并非无雅之清，亦非无清之雅，而是在纯净、清纯之外，亦彰显和合与典雅，显示或奇妙别致或崇高峻跋或气息弘正的韵质风度。此外，清雅韵与馥合、浓郁、奇异之雅在生产工艺、品鉴理念、享用感觉、阐释话语方面也具有鲜明区隔，它主要表征为纯而不淡、雅而不腻、挚而不烈、酷而不炫，塑造自身为：通古典之正、发近代之雄、壮当代之风，这是一种别致、醇厚、阔大的风格、韵味类型……总之，清雅韵酒体自铸风范，在中国酒体美学的清雅主导风格类型之外，另辟一条融合型的美学路径，为中国酒体美学的现代创新和走向世界，建立了新品质类型体系化的可能。

清雅酒韵的美学呈现表现在以下几个方面。

1.体性

清雅韵酒体体性超越一般对象化发掘本味，也超越主观化酒韵范式的"实验性""设计性"兑现，而是凸显为多维度、立体时空和审美性、艺术性的整合韵致、趣味。清雅型酒体既能满足人们对酒的原生质韵的眼、耳、鼻、舌、身、意等感觉和意识所求，又能从直观呈现的相状、品质跳脱出来，以非常之感觉、意识向当下和未来穿越，融入、带入异常丰富且秉具独特审美和意识品韵的因素，纳入自身机体与运作机制，进而实现酒体创造的自然性、社会性、人文性、技术性的统一。如此描述，似乎清雅酒体的美学标准，以清雅酒韵及其个性化的生命风格，达到了比单纯或侧重清韵、雅韵酒体更高的高度。从逻辑上说，也确实如此，唯有超越直观所得的客观性才更具客观本真性，唯有超越直接的主观目的性而因此升华到无目的的价值场域，才能得到更为诚挚，也更具历史性与思想性的创造成果。清雅酒体的酒韵，便从自然和文化、历史与现实、世界与个体、时间与未来、空间与虚无的纠结、对立、复合之关系中走出来，以现实性、个性化的

（而非试验性的、设计性的和拟仿性的）酒韵生命创造，在平凡的呈现中显现不平凡，疏通自然和文化堆叠的、不利于人的生命健康与成长的任何障碍，消除影响生命机理的杂质，使酒体在纯净高雅中赢得饮众感知与思想的狂欢，对人类文明的发展起到积极有效的酒化催动作用。综合清雅韵酒体的创造方式、思维维度和品质主旨，主要表征为：

清雅韵酒体的美学体性

级层	体性	描述	释例
1	清韵、雅韵的品质糅合	酒韵的自然原性、原味、原旨与"人化"之酒韵滋味，呈酒体品质性糅合。清雅品质是：①酒酿原料纯净，充盈自然的生命物质要素；②酒酿工艺遵循古法，具有传统酿制的"天人合一"的品性机理和结构；③酒曲与发酵方式，具有持存酒生命活性的原生整一性；④人的感觉、情感、意志、理性和非理性因素的介入，并不作为品质生成的"第一规定性"前置，即酒体品质的"雅性"是依附于"清"而后成并延伸的；⑤社会化的持续运作拉紧了清与雅的内在关系，强化了清雅一体化的社会存在和消费方式；⑥审美性和艺术性力量聚焦于人的生命感性，与酒体品质构成能量对流性优化与循环；⑦因酒性纯净、活性集中而具有活性愉悦的感性形式和形态；⑧张力呈显鲜明而有润度、厚度，即扬清而及雅，雅化而濯清，凡所触外在诸缘皆以柔性化合，复体中正，故和谐为其归趣，适度为其法度	酒酿古法的显明特征是手工酿制。手工酿制在古代经历三个阶段：一是"齐而不清"，如"五齐"（泛齐、醴齐、盎齐、缇齐、沉齐）之"齐"谓"同一"的样态，"泛"取活性被激活，"醴"取甜味——指向酒原料淀粉质的糖化，"盎"取其声，"缇"取其色，唯独"沉"为"造清"，也从直观而言，故远古之酿，及至三国、两晋南北朝和唐代，醴酒仍为酒体品质的极致品类，其"清"求而不纯，或色清而质未至。二是"清而不雅"，宋代社会文化的人文雅化氛围浓郁，但酒体品质尚未臻其境，宋人朱肱撰《北山酒经》记载通过浸、烫、蒸煮和酒曲与酸浆合酵为酴米，再通过发酵和压榨、澄清使酒体杂质清除，酒体品质趋于清纯。但原料、酿制者与人文雅化氛围的结合，只限于狭小的或表面的范围，并未使酒体的质韵、韵质构成与饮众对象的对流与循环机制，从而清雅呈萌芽生成状态，并未达到成熟洽合的程度。三是"清雅和合"。清、雅韵酒体的质韵、韵质的融合，促动清雅酒韵的个性化形成。而个性化的清雅酒韵，标志着酒韵作为精神化、思想化的风格格调，在社会化工艺成熟、人文化思想产生协和情境下与酒庄文化与生产面向消费者推广达到一致。因此，清雅酒体、清雅酒某种意义上，是农业文明向近现代工业文明转型期的产物，它意味着酒体不仅仅是社会精神娱乐和富豪家族、私人家庭的生命、生活调剂之物，而且作为拥有个性格格、韵味与风格追求的产品创造者，它在把产品的生命活性高跋为社会生活的流动性物质力量和精神力量，使其在超越农业生产的酿者与饮者相对固定、稳定之关系基础上建立起新型的酒体产业者与消费者关系，让酒的价值属性凸显出来，用于表达珍奢、交往、休闲、寄情寄志等复杂意义，作为一种对等互动，产业者获得利润，消费者满足对酒体酒韵的审美期待，从而也很自然转入新型的生产与消费关系中。之后，工业化、后工业化背景下的清雅酒体品质发生进一步变化与提升，就是基于新的历史文化基础，不断拓开清雅酒韵的思想格局，而使之成为近现代以来最遵循传统，又融摄现代革新因子的酒体新形态和新品类

续表

级层	体性	描述	释例
2	生态活性为存在本体	生态活性超越生命活性成为清雅酒体的本体驱力。生态活性是一种超主客，尊重自然质韵，亦尊重人的主观能动性，但并不主张"唯原质论""唯社会意识论""唯人文主义论""唯介质论"，却又将它们都有机涵容，其思想境界更加旷达超逸，酒韵气质、能量和韵味更具柔韧的活性机制，酒体生命处于更为自在、自由的境遇	酒生命活性贯通酒体生成全过程。生命活性与酒体韵致的关系，取决于存在运动的形式，后者又决定了风格韵味的表现形式。清韵以自然有机菌为基底，发掘这种菌类的自然活性成为清韵酒体的主要存在方式；雅韵主要由中介性质"媒介体"促动而生，人文化"范式"控制活性精华转换，从而雅韵酒体的运动形式主要表征为自然生命活性的文化化和社会化，因此雅韵带有浓郁的文化精神气息；清雅韵属于全息性"宇宙生态活性"驱动的产物，自然活性、社会活力，都被无形的超越其上的观念、程序所牵制。故而，远古至现代，屡经变迁，环境、原料、工艺和符号，都在其中浸润、转圜，得以成为可借助最前沿科技及学术、人文话语呈现全新韵致的酒体存在。 清雅韵酒体的生态活性具有超强的否定性机制。以精粹为酒体品质、韵味的极致，反对自然原性进行"似是而非"提摄；追求酒体要素、形式的整体感性，而不是追求单纯直观的香味或色泽之愉悦。同时，这种整体感性又是宇宙力量、社会力量和自然构成等综合运动的结果。对生命活性的总体态度，生态活性强调从根本上阻断其原生态势，以便实现用更完整的运作方式把生命活性提升到生态统一境界。为此，反对酒酿方式过度，反对复杂而高频次的复合设计，强调酒体的最终效果与人的生命肠胃环境和吸收功能、机制均能达致物质与精神上的双向协和。因此，清雅韵对清韵原性和雅韵衍生在本体论意义上实现超越，在有效熔解它们各自优势的同时，又展现出自身的特殊优势，得以在现代化生产语境和文化流势中，呈现自主持存、绵延、突变与跨越的价值增值节奏
3	清雅韵质的独在优势	清雅韵以时间性的逆向收摄为韵质宗旨。清韵、雅韵皆重时间性，但都是顺向的，即清韵酒强调生命活性的成熟，以酒体韵味生为熟时；雅韵酒体强调生命活性激荡、播渗的时间含量，以社会化接受的成熟程度为最高尺度；清雅韵则逆向理解，反向操作，以自然生蕴熟为不熟，以人为化累加的操作程序所生酒韵为不熟，以雅韵酒体有以成品为熟，	清雅韵是中国酒美学发展到农业文明成熟、工业文明萌芽阶段的新生形态，与清韵、雅韵酒美学形态同属中国酒美学的典型形态。清雅韵形态的文化、美学优势体现在：①回归传统简易旨趣。立足于社会文明发展的新知识生产趋势，摄取清韵、雅韵的美学精蕴，突出精神质的精粹性、丰富性和多元可能性，对传统美学的简易化旨趣，以酒韵风格统摄诸要素、形式达到哲学美学高度，通过回归传统，将清、雅韵转换为现代社会所能接受并弘扬的主导精神旨趣。②审美的运作范式、过程与中国人的现实生活期待和情感意愿具有更强的适配性。中国文化具有对审美性、历史性和超越性异常侧重的美学特征，这种文化注重审美意蕴、意韵和风格、个性的表达，在历史积淀中追求多样化绽出。从而，优美与崇高，壮美与雄美，古雅与清纯，柔和与曲婉，和合与扩张等美学化韵质，均成为"人文化"发展的内在深度需求，清雅韵酒体适应这种美学

续表

级层	体性	描述	释例
3	清雅韵质的独在优势	再将之封藏入库,视为雅韵时间性的延伸及转酒韵质的异化操作,从而主张酒体韵生于产品宇宙生态中的回向醒酝。由此所决定酒体成品的完成,也必然经过生产产品完成后又还原其生态原性的漫长周期过程,如此清雅韵所绽现的风格、韵味,才既是自然性具足的,又是人文性的,能够满足人们对酒韵风格的各种期待	发展趋势,使之与饮众受体的口味所求、肠胃所感、精神欲求、饮后品味要求,具有本质上较完满的适配性。③风格表现心灵,价值源于创造,体现古典酒美学非物质文化的思想精蕴。韵质基于质韵而挥发和延伸,这在雅韵酒形态也有非常优异之体现,但清雅韵酒体、酒形态不单单重视质韵的精纯化创造,而且从宇宙生态活性本体出发,将质韵与韵质的关系化合为一,在社会、文化"介质"助力下加持质韵的韵质化,从而披染所及,俱从人的情致、心性而起,使清雅得以自主、自觉地张显生命的本质力量,很现实地呈现于人们的平凡而伟大的酒生活盎然趣味之中。④现代化的新精神、新性格的倡导。清雅酒体对塑造现代人的精神、性格,起着新的价值导向作用,由清雅超越旨趣所决定的否定性机制,对现代化技术力量、后现代精神"潜能"释放力量,都留有可发挥但又牵制之灵活机制。从而,工业化流水线、数字化精准控制、图像化韵致呈现等,皆可以被清雅韵酒生产所发挥应用,但其精神主旨却能从这些装置、设计、模态和显象中跳脱出来,凸显清雅酒韵的精神个性和美学追求,不断推动酒美学的境界攀升与价值实现

2. 体式

清雅韵体式所展现的模态、形态,是内约力与扩张力交叉的统一。一方面,清纯极向逆向性由当下情状、生产与储藏向酒性原旨发掘,呈相对恒定、静态地往时间源始处流动;另一方面,纯雅极向把酒话语构成推向精神领域的高端,借助宇宙生态的客观性,让酒体获得充分的现实性与生长性,从而仿佛无限生长的巨树,蓬勃地伸入到社会、人文的已有和未知地带。清雅韵的体式,在其仿佛矛盾的结构——收缩与扩张状态中,似乎不及清韵和雅韵酒体的体式更加直接明了,如对感觉的刺激、精神韵味的复合,聚焦于酒庄文化的话语表达,都鲜明地亮出自己的旗帜。而清雅韵酒体则不容易展现自己,因为,除非自身的美学特质在凝合清雅韵方面,已经独立成体,可将清雅韵融合的风格、形式,以独立主体的思想、构成、品质、话语等进行品类化、细目化的创新表达,否则,清韵中有雅,雅韵中有清,人们很难进行有针对性的识别,而酒庄文化也因此缘故在古典时代的大部分时候成为清雅韵酒体"酝酿"的前奏,清韵、雅韵酒体的自然性、社会性和人文性,作为巩固中国酒文化的统一精神"底盘",对清雅韵酒体就具有溶于其中，却并不彰显其真韵的境况。当清雅韵酒体从酒庄文化的"底盘"锐出之后，酒菌的滋生、酒酿工艺的操作，诠释酒体特性的话语表达，便打破了传统的专业化、私密化乃至复杂化、精致化路线，在其之上复增一种清雅韵的体式逻辑，让酒体韵味获得回压反弹式的迸发，进而自然、历史、人文、科学、艺术等话语也得以别开生面地涌现出全新的酒韵形态、语境、模态、级层，对社会实体性政治、经济、商业、娱乐和民生产生独特而强有力的影响。根据清雅韵体式的创造方式与运作情状，可归结为如下四种模态、形态：

清雅韵酒体的体式和表现特征

级层	配置方式	表现特征
1	精纯清雅	清雅超越直观性酒韵形式，酒体模态、形态不以味、香、色的直观显现作为酒性烈、绵、柔的标记，或作为风格、韵味的衡量指标，而是以酒体内在的品质（涵容质韵、韵质的酒体质量）为基准，追求透过品质呈现清雅，通过风格表现清雅，播渗韵味张显清雅。其中，精纯清雅即清雅之内在的基准，也是清雅地平线意义的品质存在，在其为酒体时，以质料之精纯无杂而凸显清雅美韵，在其呈现清雅风格、韵味时，则沁发的是精纯物质的酒生命活性，当其品质与风格、韵味 精纯之至时，则归之于太极元初，清雅如阴阳两仪摩荡互推，催生酒体清雅气息的精、气、神，在氤氲中不断熔炼、化合、完形
2	别致清雅	清雅酒体的品质、风格、韵味的和合，形成基于精纯质料而生发的独特酒体风貌，在新的宇宙生态活性的激荡之下，通过引入与酒体质料相近的非粮食类精纯酿料，掺入酒体的酝酿，遂有别致清雅的诞生。别致清雅酒体，依然以内质清雅取胜，如清雅花、果，特殊草本，野生菌殖等，使清雅风格别致而韵味绵连，与宇宙生息建立更全面的深结构关系
3	特趣清雅	清雅酒体生成于酒曲的制酯，以及工艺流程对生态环境还原的复酿，同时，对清雅品质、韵味的人为加持，采用特别方式改造器皿，使之对酒体产生外铄作用，也属酒韵创造的机制构成内容。譬如，西方用橡木桶酿制葡萄酒和白兰地，橡木气味、纹理和烘干、加热、烫洗等手段带来的特殊风味，都会对葡萄酒与白兰地的风味特性、风格产生影响。中国酒，包括黄酒、白酒、花果酒等，均有适于清雅趣味、韵味生成的特殊方式和手段，如利用野生草本或其他可食性材料，掺入酒酿过程，就会酿出特具清雅质韵的酒品。某种意义上，酒医同源，不仅在于酒可医用，也在于医用食膳对酒体特质的加持，清雅酒体的模态、形态，由于采用了突破一般酒体对原料、手段等的限定，从而具有无边界刷新、自主酒韵增益的形态或形势
4	简易清雅	清雅酒体的抽象模态、形态，是清雅质韵、韵质和合的"平均"值，即消除了酒体个性化标记，以酒质清淡、匀和、清柔及酒体气质的优雅、文雅，显示纯粹精神性品味、品位的酒体风格。此种酒体，在不同清淡而成熟的品类中，或能均有所呈现，因其简易不繁，纯粹无杂，在饮用时往往能满足各种高端社会交际，品酌酒韵，交流心神，与时光相长短，任性情之徜徉。简易清雅亦具有清与雅的互动结构，虽简至易，但不可理解为酒体清雅太极，因任一品类均有其精纯之质、至妙雅韵匀和其上，若浮若影，若即若离，逐之弥远，舍之恒存，故酒体凡能不逾其极，不落沉滓者，皆有简易清雅之韵致，而能与冰、水、火等无形消融，因如此清雅属抽象性存在，非一般手工工艺和机器、智能化工艺所能离析，故一般属观念性酒体，很难用现实酒体完全对应地印证

清雅韵超越清、雅韵的偏至内涵，在逻辑上似兼容两胜，独领风骚，可高蹈酒林，但实际上，曲高和寡，韵深味渺，因此必须返其内而得其外，才能充分切合大众饮酒的情怀，发挥出自身的潜能。这在现代和未来境况中，愈来愈有突出显示，因此，清雅酒体的模态、形态，也愈来愈群众化、年轻化和时尚化，就从延续传统主脉而不大受主流生活主体关注的尴尬境遇中突围出来，日益赢得普通大众和先锋群体的接受和喜爱，这大概也是清雅酒体精神性韵味优势的突出体现。

3. 功能

清雅韵酒体的生命感性赋值，及其对社会和生命体的能量激发，主要侧重表现在生命感性对社会、文化和人类生存语境的气息灌注。它以主体化力量对社会、文化语境产生反作用力，由以激发主体化的社会文化总体格局的换新改容，疏导被遏制的生命机制和活性因素、力量，故而清雅韵之于主体，属于一种人为能动性的延伸，其文化、美学功能也因此丰富多样，既承载酒韵能量转化为精神性气质的物化变现，又直接作为社会生活不可忽视的生命力量，径直进入社会生活的滚滚洪涛。清雅韵酒体的功能呈现，依主体化呈现情态有不同形式表现：

清雅韵酒体的生命感性功能赋值类型

效应	施用对象	解释
舒缓的、优美的消化韵律	身体感官、机能	生命本能以驱动欲望、生命活性激活并驯化生命欲望。生命活性处于活性生态低中端，宇宙生态处于其高端。清雅韵的基础美学功能，在于赐予人舒缓而优美的生命存在韵律，而此韵律聚焦于生命机体的诸生理感官和机能，是通过清雅韵的注入和消化生命沉滓而实现的。故对于饮酒人，清雅韵构成生命存在与成长的一种基本保障，即使是不擅饮酒人，在清雅韵酒体弥散的氛围中，也能将这种从常态生韵转换为极其"无为""无虑""无得"的韵味风格中，体验到生命的崇高与伟大。至于政治、经济、哲学、伦理、宗教、美学和文学艺术等，也无时无刻不应和并强化这种仿佛很抽象，其实很现实地发生于人的生命中的韵律和节奏，让生命在一种从容、开放、自信且有力量的机制中前行
精神感觉与理性的反极向调节	身体和心理、精神的"内封闭"系统	身体和心理精神的关系，虽受七情六欲、风霜灾祸侵扰甚多，但它本身属于自具"闭合""启闸"机制，即"内封闭"的系统。寻常饮食的刺激，不能打破与生俱来的身、心密合性。然而，清、雅韵酒却能打破这个系统，清韵激发生命本然之气，直接而激进；雅韵酒干预生命活性，用奢靡和强制的方式打开"内封闭"的系统，以致生生本韵，反而丢失，清韵难以断生，雅韵过耗生命效能，清雅韵克服这些弊端，让浓、烈、香、焦、苦等质韵、韵质迹象，均不至于偏颇，促发精神感觉与理性对极端走向的调节，成为自在且运作良好的系统

续表

效应	施用对象	解释
精神韵味的扩张与涵泳沉味	精神缘缘，合外境而生之韵味	清雅韵的韵旨，主要是精神性，偏重自由、闲适和轻奢、简淡等风格意蕴。在人饮酒醉或饮半、小酌时，其韵味、风格呈现为酒、人、境、物等因素的综合，而缘合之境又反转过来让饮者心性沉咏思味，进一步推高清雅韵的精神性功能，使清雅韵的扩张颇有幅度，韵味的内敛丰腴而且温馨
高贵气质的反工具性呈现	约定的精神品质及其存在方式	清雅韵酒体属于高贵的主体化气质。引车卖浆，贩夫走卒，樵夫村姑、渔翁钓夫，若不自贱，则清韵荡漾，若心无俗欲，劳力而无心累，则雅韵天成；汲汲于石泉化雪，捧饮甘醇，则品格高齐于山岳，气质沾润于天地。清雅韵酒体具有稳定而成熟的酒性，绵延化成；清雅韵酒体持续熔炼饮者的气质、风度，对工具、机械、智能等具有本然的抗拒力，即任凭工具化的设施、手段、话语如何极力强化、扭转、变异酒韵的流向，其自身的品质、气质都清纯自洁、优雅崇高，不会因辅助性的工具、语言而发生本质变异。因此，清雅韵的精神品质、气质是本然高贵的，仿佛天赐风流，可荡漾挥洒，在雄武、恢宏、典雅、幽默、婉曲等品质、风格之上。解此意者，对清雅酒韵深品妙悟，身心与宇宙共律动
无对象之精神超越	精神自我的存在与实现	清韵以超越客体自然的物质性，实现生命活性的有机性价值；雅韵以超越主观自我的社会化、人文化生命活性，实现酒生命力量和文化精神的内在价值；清雅韵以超越主客体的宇宙生态活性，实现人的生命自由和恒定的精神解放之价值。清雅韵酒体的价值指向是无对象的，它让酒品质成为精神兴致的载体，仿佛倒置过来，由酒表现精神一般，其实理当如此，不可能精神来溶化、稀释或泻溢酒，酒自身的超越性否定和酒体置于清雅韵味的生态活性机制，让酒成为精神表演、人格操演、社会活动演习的"中介"。因此，在清雅韵的精神氛围和意趣里，是不以具体的超越情境为对象的，也不以具体的主体超越为内容的，它宣示一种境界状态和方向状态，展示人受宇宙活性启迪而爆发的意志和潜能
生命"行囊"的博物馆	产业化情境及其美学主体性	清雅韵酒体依托于特殊的"酒乡""酒庄"文化而生成，酒生产的产业化让生命以"清雅韵"方式、造型、韵味、风格显示出来，这种展示是一种特殊生命机质的流动，拥有自身的演变规律。从美学意义解读，产业化让生命活性介于基因密码"封藏"与"解锁"之间，在酒体未成熟前，酝酿永远是生命密码的一种"封藏"，而当酒体面向饮众成为作品（产品）时，则意味着对"封藏"的"解锁"。由此"封藏"与"解锁"就构成产业化情境的核心内容，由此情境所衍生的生命存在，不断摄取宇宙中各种能量，仿佛生命旅行的"行囊"在无限制地添加。其实是宇宙生态活性的巨大场能，将有价值的因素、信息收摄为精神化的"博物馆"，由此而使生态活性自身表现出美学主体性，引导或包容了清韵、雅韵的相当精神构成

二、中外酒美学清雅韵流势

中外酒美学清雅韵的历史渊源、发展路线和趋势，一直以来，因所归属的文化逻辑系统不同，在价值理念和生产实践上相应地存在不同。但这种不同主要是基于文化逻辑的认识不同，而对酒体性质及其生产方式、呈现形态也形成不同的认知系统。但若把清雅韵从超越文化逻辑个性的基点跳脱出来，发掘其内在底蕴，就会发现很多时候清雅韵标志一种很普遍，并且对世界上所有人都适用的精神状况、趣味、境界和风格，以至对酒美学的清雅韵流势进行考察，从起始到最终环节，都不能不考虑到这种依从于人类文化共通性与宇宙生态同一性的极限性基础、目标与价值。

《中世纪的秋天》封面

针对不同文化的酒韵历史形态，还要还原历史语境做出具体的分析把握。从西方酒美学发源上讲，最初古希腊的酒美学认知，借助万物分有"共相"逻辑，表达了"清雅"归于神圣观念的意识，酒因具此"清雅"而有万般功能，其清雅涵义的表征，以"纯一"为"清"，以"至上"为"雅"。到了中世纪，上帝的神圣性拔高了清雅酒韵的神圣性。在王室里，御膳总管和职司人员都要经过严格的遴选程序方能就位，排序时将面包师和斟酒师的位置列在炒肉师或厨师之上，因为"面包和美酒是举行圣事的圣物，是圣餐礼中的圣物。"[①] "圣物" "圣餐礼"与"酒"这个词语搅在一起，不仅因为酒可佐餐，酒能助食，主要还在于酒能表达既严肃又有精神味道的内容，而这种味道是与粗陋低级的餐饮、喜剧式表演和语言有明确划界的。而一旦进入到"圣餐" "圣物"阶位，则意味着进入严格而高级的知识系统，运用高级的基础学科（语法、修辞和逻辑学）来探讨酒的"共

---

① 约翰·赫伊津哈著，何道宽译：《中世纪的秋天 14世纪和15世纪法国与荷兰的生活、思想与艺术》，广西师范大学出版社2008年版，第41页。

第四章 清雅酒体的存在方式

相"①。尽管中世纪的清雅酒韵不免蒙上神秘的宗教衣纱，但酒是"圣物"这种思想，在现实生活中很流行，人们崇拜酒，通过饮酒表达精神、情感的寄托。于是出现分化，一方面是"自12世纪起直到文艺复兴，以英雄主义理想的形式来严格培育美好的生活一直是法兰西宫廷文化的显著特征"②，法国对贵族化酒韵的崇尚，还延续了酒是"圣物""最后晚餐的饮料"这种象征高贵的理念；另一方面是其他国家，意大利、英国、葡萄牙等，酒成为生活不可或缺的东西，"酒出现在所有的餐桌上，所有的房间里，所有的酒窖里，而且到处都是这样的。"③在这些地方没有像法国喜欢对酒的种类和品第进行区

木桶

别，显示一种超越旧的等第意识、向生命情怀的靠拢。并且，几乎所有地区都在喝白葡萄酒，也包括法国（只有波多尔红葡萄酒犹如红色的玫瑰，执着地显示特别高贵的声望）。那么，是生产不出红葡萄酒吗？显然不是，而是酒体的色泽与当时人们普遍的心境、情绪相吻合，他们更喜欢白色的清雅和纯净。至于酒的质量，当时还没有达到现在这样精纯提炼的工艺高度，"依然采用传统的酒酿工艺，酒精含量最多为7%vol到10%vol，被放在树脂木制作的木桶里（不到一年，

---

① 格罗赛特斯特很深刻地表达了一种具有"清雅"内涵的"共相"理解："共相的永久性之所以能够在一个无常的世界中得以保持，乃在于，相对于所有有效的一般词项，总会在某处存在着至少一个真实的个体，它能够作为所指事物而被视作本体论的基础。就是说，尽管进入冬天时会有一些事物死去，但在地球上的某处总存在着夏天，那里同样种类的食物依然茂盛。"（约翰·马仁邦主编，孙毅、查常平等译：《中世纪哲学》（第3卷），中国人民大学出版社2009年版，第232页。）

② 约翰·赫伊津哈著，何道宽译：《中世纪的秋天 14世纪和15世纪法国与荷兰的生活、思想与艺术》，广西师范大学出版社2008年版，第38页。

③ Robert Fossier, *The axe and the oath: ordinary life in the Middle Ages*, Princeton University Press, 2010, P64.

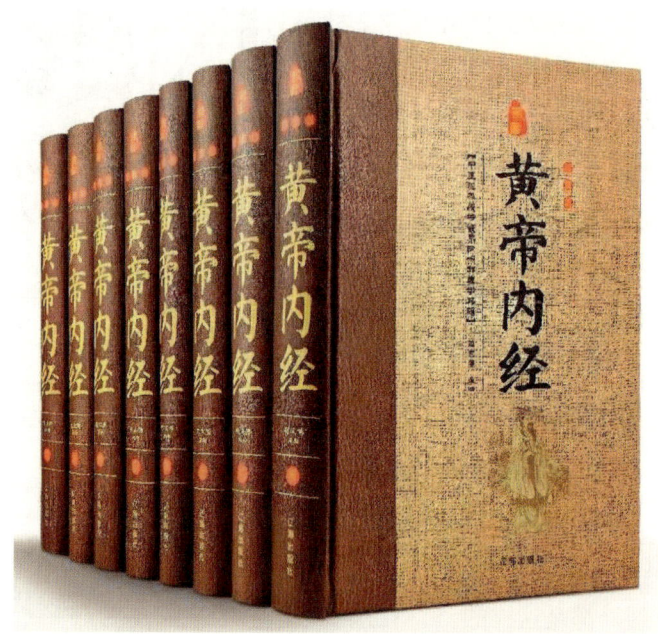

《黄帝内经》，辽海出版社2015年版

再轮换新酒）"[1]，木桶的味道外铄于酒体，味道辛辣微苦。葡萄酒的销量非常大，大约每人每天1到3升，妇女和僧侣也饮酒。这种饮酒的时尚，表明先前对酒的形而上"共相"探讨的冲动，正转化为生活美学的现实行为，酒让人们更多体验"统一的形式"和似乎很单纯的精神韵调。这种情势持续到18、19世纪，酒美学的精神蕴含捩转到复杂而幽暗的心理状态，虽然浪漫主义依然几度欲起，但现实人生命运更多与世间的黑暗关联，神圣性也就不再成为单纯的或理想化的理解，而是转换为与真实相对的、凸显人性真纯意义的方面。于是，到19世纪下半叶，乃至20世纪、21世纪以来，西方酒饮的文化、美学理念、韵味、格调、风格，就在"多声部"交杂的奏鸣中，对于酒体是追求清纯还是雅致，也伴随着资本主义向世界的扩张，和现实中因人们生存、存在的多样化而展现出丰富精神内容，表现总体崇尚酒体清新雅致，又对品类甄别不无苛求，进而被商业化（拜物教与神圣物化）

---

[1] Robert Fossier, *The axe and the oath: ordinary life in the Middle Ages,* Princeton University Press, 2010, P65.

所吞噬，逐渐形成以质论品、因形式之细微精致成就分别的流势。

与西方相比，中国酒美学缘起甚早。传说中的仪狄酿制醴酒，就从人类嗜甜的天然倾向表现了对清雅旨韵的本能靠拢，酒作为祭神敬祖的稀珍之物，又使这种酒味感觉神圣化了。醴酒出现于公社酋长制向家庭私有制交接之际，关于那一段历史，许多传说都与酒有关，表达有的直接，有的隐晦。后人辑补提到的猿猴酿酒说，与自然采集和野生酒酿有关，表明中国人对酒的

原始采集

理解，最初是从自然、从生命活动开始的，由此而对酒的元生态及其生命活性产生体悟。所以，醴酒就是人们生命体悟体现于生产活动的一种升级形式。后杜康"始作秫酒"，懂得酒酿的物质原料特性，自觉地劳作产酒，以酒为美，敬奉"神""祖"和"人"享用，逐渐地，对酒体感性形式和特征有了整体概念，到商周时能够用"六必""五齐"的标准进行裁判，在这种裁判中，"清"无疑是重要的"感性确定性"[①]，"雅"未免还依从于"神灵"，但已然开始向"人"这一层面滑动。就是说，属于酒韵基质的"清"与"雅"，已经初步容纳于整体的文化观念，在阴阳和合的宇宙论模式下完成其根本的逻辑体性。比这更重要的是，"清"与"雅"已经由想象的或神性的，朦胧的或本能直觉的，向生活化的生命感知与体验迈进，这是一个很好的起步，预示着中国酒美学的"清""雅"韵基于自然元生态，产生了一种对社会化"清""雅"分化的积极支撑：一方面使酒体物质性（质韵）更趋优化；另一方面，促使精神性（雅韵）能动反作用于酒体创造，且对社会存在力量产生酒韵发散效应，标志着一种适宜于中国人的酒体存在方式，正以稳定、健康的步履大踏步成长。

---

① 黑格尔著，贺麟、王玖兴译：《精神现象学》，商务印书馆1979年版，第63页。

为此，总结商周至秦汉时期酒美学的清雅趋向，为"玄酒"神圣之旨与社会美善之义的集合：一是花果和曲蘖之酿，酝酿之制"体内""体外"互渗；二是个体品性养成与社会礼仪对酒酿、酒饮提出规范要求；三是酒体储藏和饮用都得到与时代文化相应的酒器容纳，制式典雅恢宏，显示了很高的社会性期待值。这些方面统合起来，酒的清雅意韵，即物质性和精神性的意味（酒体形式并未达到完全协和）被有意识糅合一体，并自觉在主体的生命活动中呈现或投射，或精心琢磨酒酿配方，或摸索酒体与他物、环境相与之方式，或以歌诗赞咏酒，以酒为生命俦侣，饮酒尽

离骚·东君

兴，倾吐内心之狂躁……值此情形，酒体的存在，伴随一种社会化的附体，像酒的副身，以非液态实体性倾泻出或清或雅的精神恣韵。

秦及两汉"气化"思想对清雅酒韵的内涵，多在理论上有内在发掘。《黄帝内经》《淮南子》《吕氏春秋》等主张"食从饣出"，酒本为口所食，若酒为阴阳之气所化，则酒味渗流、弥漫、挥发、袭人心神，便产生特殊精神功用。加之，汉代"五行说"流行，糅入了阴阳理论和观念，导致对酒体的生成和酒性、酒韵的理解也多从阴阳五行得解。"五行相生""五行逆顺""五行相生相克"等表达的宇宙循环复合、流动结构，对酒生命活性的摩荡抟搏起到很好的理论引导作用。在这种观念模式下，酒的医学、人学、艺术学意蕴获得宇宙辩证规律的遮罩，开始绽发中国文化特有的灵魂妙慧。

三国两晋南北朝时期，在"天人合一"理念下，酒实体质韵与非实体意韵向本土区域化方面深度凝合。一是"清、医、浆、酏"四饮，在酒体色感、味感和酒性饱和度上，在中国各地均有独到的突破。二是"醴""醪"区分，"醴"倾向酒体的清澈和味道的甜爽，"醪"则是渣滓所出之酒液，也代指色泽浑浊、味道辛辣的未熟之酒。"醴酒"内在地注入了清雅意识，只是这种酒糖化程度高，酒

精含量少，还不属消化到位的酒。不过，从曹操的"九酝法"和《齐民要术》所记的酿酒"消化"之法可知，这个时期酒酿工艺受社会人文观念操控，已对传统酒酿的"古法"进行了幅度较大的改造。反复投料、高温酿曲、时久消化，已成为酒酿依时序操作的套路，说明时人对酒品质的理解，比之前更复杂了，也更深入地切入到对酒内在韵味的理解上了。与此相应，对酒的社会化、人文化雅化诠释和表达，在诗、文和传记、志序中也上升到新的规模和境界，酒赋比两汉时期有更浓郁的情感色彩，人们开始把生命感受寄托于吟酒的诗文书画，在文学语言和艺术画面的渲染下，酒的精神韵味得到托举，文人志士的高雅情怀受到推崇，出现文人与酒相偕如一、高蹈踔厉，风流酒韵潇洒挥发的奇妙景观。

隋唐至五代时期，宫廷酒宴、市井酒肆、野庐酒家迸发活力。酒是饮食生活的重要内容。在朝野宴饮狂欢的美学化氛围中，酒作为审美对象与文化艺术产生广泛的关联。士人和市民阶层比以往更显得活跃，大量的社会活动、节庆活动都以酒饮为内容，促动酒雅韵致丰富多彩，酒体雅韵变得更有内涵，更趣味横生。同时，禅宗思想深入渗透饮食，虽然佛教十戒中包括酒戒，但酒亦称浆，故法戒虽有，实际却并未受到严格遵循，尤其中国僧人穿梭于都市佛教和山野精舍之间，酒、茶常常成为激发禅慧的佳物。至晚唐五代，酒韵沾溉了十分深厚的禅思色彩。

这个时期，酒体雅韵蓬勃生长，与酒体清韵各逞其秀。概言之，一是酒酿技

《韩熙载夜宴图》五代·顾闳中（宋摹本，绢本设色，故宫博物院藏）

术的本土化工艺臻于成熟。"五齐""清酒""旨酒"皆为佳酿;二是酒品质受益于药食同源而在营养构成、功能方面有空前掘进;三是文化艺术对酒韵的延伸,在诗歌、书法、绘画方面达到空前繁盛局面。可以说,尽管清雅和合还没有充分到位,但清韵与雅韵已经开始了联动,美化的技术话语、文化话语、艺术话语,呈现出非凡的生活活力和想象空间,趋向于多元化、精致化和空灵圆成。

宋代酒韵与饮食美学主潮一致,倡导清雅风格韵味。文人作为饮酒主体,对酒韵的风味、口味和审美趣味起到积极的导航作用。宋词婉约风格对酒与人生无常命运和男女情爱的关系,极尽搜肠刮肚之绝妙表达,咀嚼百味,珍惜真情,酌红映绿,不免向释怀之体味清雅风情的方向流转。宋词豪放风格气韵高迈,虽蕴藉稍显直露,但大雅之作,为酒体民族化底蕴砌砖添石,使宋韵在人文化话语美妙圆成方面达到了极致。

宋代清、雅韵之间的距离或相互契合程度,取决于酒工艺、品质的发展程度和酒美学认识的深度。宋代酒工艺发达,曲种良多,朱肱《北山酒经》卷中载专论制曲,称普通制法"于六月三伏中踏造,先造峭汁。每瓮用甜水三石五斗,

果熟来禽图　林椿

苍耳一百斤，蛇麻、辣蓼各二十斤，锉碎烂捣，入瓮内，日煎五七日，天阴至十日，用盆盖覆。每日用杷子搅两次，滤去滓，以和面。此法本为造曲多处设。要之，不若取自然汁为佳。若只造三五百斤面，取上三物烂捣，入井花水，裂取自然汁，则酒味辛辣。"①三伏天高热、踩踏、瓮中锉捣、搅拌等，在外温、内晤及强力捣击下，取出自然汁，酒味辛辣。另有内法，配以香药，匀以水脉，曲心内青黑色，酒味醇甜。从踏造至出场子，制曲一月余后，后续再置当风处堆垛，放十余日，曲心干燥，再放日中暴晒，待放冷收曲，置于高燥处放49天才可用于酿酒。从此过程看，两种制法，采用了多种外力和曲料配比工作，能使酒味"辛辣"或"醇甜"，已使酒质呈现不同品韵风格。但是，两种酒曲的质韵并未糅合，其第一种"清韵"多气，第二种"清韵"不清，杂以香韵和合而成。用此法制"顿递祠祭曲""香泉曲""香桂曲""杏仁曲""瑶泉曲""金波曲""滑台曲""豆花曲""玉友曲""白醪曲""小酒曲""真一曲""莲子曲"等，表明：酒母掺酿之酒品类异常丰富，十分讲究酒味出韵，客观上为酒体雅韵的持续化生、延伸奠定了实体对象性基础。

朱肱关于酒曲工艺的描述，强调了从酒酿的"源头"发掘美韵。宋人懂得酒与自然，酒与人和文化、艺术的复杂联系。在浓郁宋韵氛围中，清、雅韵自然也受到熏染，讲究酒味的细腻婉曲，但总体上清雅还没有很好和合，主要是匠人与文人认知没有达到很好契合。匠人制酒因宋代榷酤严苛，榷曲、官卖和民酿三种形式并行，再加上对官卖和民酿的课税，匠人受雇只发钱不发粮，因此，对酒的快乐、幸福体验与文人相差甚大，自然影响酒酿的创造动机。而文人则善饮者颇多，苏东坡自酿自饮写《酒经》，称制曲以糯米和粳米杂以花卉做成饼，要"嗅之香，嚼之辣"，酒曲之后投粮，要反复对酒味以舌权衡，知酒之萌、酒之正、酒之少劲，终之以"酿久者酒醇而丰"为酒之成，对酒韵要求很高，带有很强的个人色彩，与匠人的酒酿理解应该差别很大。这种不一致，表明尽管宋代酒酿工艺较之前进步，但生存需要是生产的主要驱力，而文人追求的是精神的感觉愉悦，体味"味外之外"，如苏东坡般视晨饮如浇书，欧阳修"以醉能述其文"而

---

① 朱肱：《北山酒经》，中国戏剧出版社1999年版，第3页。

为乐的幸福体验。两者不能契合，雅韵就不能很好渗透于酒的酿造，从而给人宋代酒韵不免精神孤高的感觉。

南宋时期，江南一带受惠于自然条件的富足，原本就对清雅美韵偏爱，现在经受北宋和南宋与辽、金、西夏的战事不断，对逐渐南移的北方彪悍食风加深感受，从而对于清雅审美食尚更多了感悟。酒饮方面，遂得冬酿古法以"冷酝"①发清雅先声。传为"于田居杂事最为详悉"的明人宋诩撰写《竹屿山房杂部》，内中《酒制》条注曰："酝法不同，各出方土，惟不用灰者为佳。"②此"不用灰"，显示

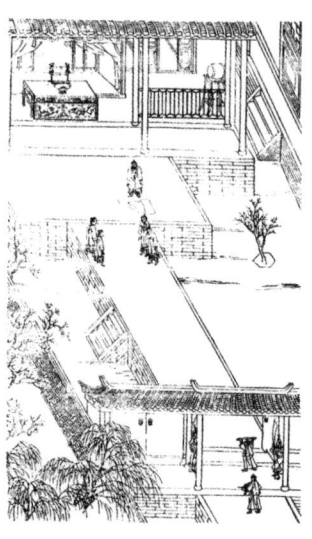

清晏受福．因缘图

---

① "冷酒"，其实即"冬酿"之酒，也即古酿法所称之"清酒"。宋人吴淑（江苏江宁人）撰《事类赋》为"冬酿兮夏成"自注云：《周礼》曰：'辨三酒之物，一曰事酒；二曰昔酒；三曰清酒。'注云：事酒如今之醳酒也；昔酒，久酒，今之旧醳也；清酒，今之冬酿夏成者。"（《事类赋》卷十七）

② 《四库全书》标《竹屿山房杂部》宋诩为明人。明人述前朝事，也成其理。此处"不用灰者"与其"饮茶"条云"清者为上"，语出同韵。其意茶韵之清，以真纯为清，制茶时"荔枝、龙眼、枣柿之类大不宜投之也"。而酝酒"不用灰者"，当指不以次等原料、渣滓等已经耗尽活性之物酿酒，故其"清韵"与一般重曲主张有别，对"酵"法多有讨论，俱重"天时"，"传酵酒"为"至腊月乃造酒"，"浮酵酒"亦"腊时用……俟寒捣曲"，"无酵酒"皆俟寒而酿之也。则制"曲"可于热时，发酵则重寒时，皆益于酿物生命活性之"醒动"，至于原物用一种或多种，则与制茶以香浸入不同。可在制曲时便糅合多香，或合以麦、糯米之粮香，使酒酝出"雪香"之清、"栀曲"之雅，得"金盘露"之清雅细韵，溢"碧清酒"之清雅芳香。

第四章　清雅酒体的存在方式

《清明上河图》（传）明仇英绘（中国台北故宫博物院藏）

一种酒酿"适度"思想：既不能生涩如醪，又不能曲酝挥发殆尽，要保持酒韵活力的清新，以适口悦情。据学界考察，元代始有如今意义的白酒，称为"烧酒"。我们看到，在该书中，"烧酒"条云："用腊酒糟或清酒糟，每五斗杂砻谷糠二斗半，内甑中，以锡锅密覆，炀者举火聚其气，从口滴下，即烧酒也。锡锅上储以冷水，太热必耗酒，遂宜泻去而复易之，视酒薄则止。"①烧酒的原料用的是黄酒冬酿的醪糟，掺以谷糠，在甑内放锡锅，锡锅有口收取蒸馏之气即烧酒，烧酒废头尾，"头"上所聚蒸馏酒气所滴，因过热，酒性发散多，杂质顺着滴下，故不用，其"尾"则酒蒸馏之"气"的酒活性已出，剩余酒味薄淡。从烧酒的制法看，并不及黄酒精细，用料也为醪糟，但工艺先进，对酒质通过蒸馏提纯，要比单纯液态发酵的自然消化"清"很多，加上元代系蒙汉双制，蒙古人善饮，汉族人受到感染也豪爽能饮，北方如此，南方也如此，对此笔者在《中国饮食美学史》中有相关记述，不再赘述。时人能饮，观赏杂剧、曲律之后，众客聚饮，评点品韵，

---

① 宋诩：《竹屿山房杂部》卷1，《景印文渊阁四库全书》第871册，（台北）台湾商务印书馆股份有限公司1986年版，第117页下。

南北相习成风，尤对"雅韵"别有新求，这样就使原有的清、雅韵似有分离、且多半是雅韵有余、清韵为缓变常态的格局有了大的改观，一种基于高酒精含量的白酒应运而生，激发生命清雅之歌，在中国大地上开始新的酝酿之旅。

明清之际，承宋代已有的"清雅和合"萌芽，在酒体风格、韵味的制造和文化、美学趣味的评价上，对清雅有了更清晰的并且奉为时代"狂飙"的提倡。明代朝野文人皆推重性灵，以神隐志遁为雅韵，连在朝堂显赫有名之士亦不能免。此风对酿酒者、饮者俱具浸润骨髓之效，对酒体也积累为自然需求，而能在历代酒工艺积淀基础上更上一层楼，对清雅酒体的白酒酝酿，基于清雅风格涉及诸多酒品类的品评，从树立新生活美学风范角度有了重要的落实与推进。胡俨《皆山堂记》采用汉赋问答体记叙进士李时佐所居之堂的"结庐读书"之对，当时有人用钦羡口吻，要李时佐谈谈感想，李回答说：

> 自幼至长，奉亲读书于斯堂，未尝一日不与山接也，然对之密迩而见之寻常，不知其为可爱也。一二年来，与山违远，缅思畴昔之居斯堂，不能无动于其中者。鸡鸣而起，初旭东出，山光发而岩霏开，岚烟苍苍，树林阴翳，谷鸟集而溪云还，此吾定省之时也。撷芳汲涧，举网而渔，具饔飧，洁酒浆，以吾供养以自力也。优游暇日，诵诗读书，考槃而歌，鼓琴而乐，此吾修业以自勉也。至于登高丘以遐观，见八荒之洞达，揽云霞，挹苍翠，油油然心畅形释，此吾所自得有不能语人者。今之所言，历历犹梦中事耳！[①]

山人李时佐过着陶渊明式的隐居生活。这种生活清寂、自由，可满足士人高雅的文化情怀。实际所体验的或许未必如此，但在诗化描述里，这种生活非常理想化，能赢得当时士人的普遍向往。酒在其中的角色和地位十分重要，一是酒与优美景致相偕而在，增强耕读生活的怡乐娴雅气氛；二是山人自称酒

[①] 胡俨：《胡祭酒集》卷九，《北京图书馆古籍珍本丛刊》102集部·明别集类，书目文献出版社印制，第77页。

第四章　清雅酒体的存在方式

家具图样．万寿庆典汇总画样附清宫家具建筑图样

为"洁酒",给酒以类似敬神、敬祖之类敬语之词。"洁"字兼含"清""雅"二韵,以自酿自饮之酒为清雅洁酒,赋予酒韵以与人生自由价值偕同的韵味。又,明人冯时化引前朝文章,宣扬酒德,历数酒事,将"酒品"排为第二,所选篇什特别欣赏清雅诗人,认为酒品象征心性,品韵寄诸其间。冯氏所引历代咏酒名篇,用词华赡,兼涉酒质与功用,兹录其佳句,以窥明人识酒品味之眼光:

(1)晋张载《酃酒赋》 题注:"衡阳东有酃湖,酿酒甚美,所谓酃酒",其文赞酒曰:"故其为酒也,殊功绝伦。三事既节,五齐必均。造酿在秋,告成在春。备味滋和,体色浮清。宣和御志,导气养形。遣忧消患,适性顺情。言之者嘉其美味,志之者弃事忘荣"[①]。

[①] 冯时化编:《酒史》,《酒史　糖霜谱》(冯时化撰《酒史》,王灼撰《糖霜谱》),商务印书馆1936年版,第6页。按:所引(1)至(9)均自此书,第9—11页。

135

（2）宋苏轼《中山松醪赋》 题注："东坡守定州时，于曲阳得松膏酿酒，因赋。"其辞曰："中山之松醪，救尔灰烬之中，免尔萤爝之劳。取通明于盘错，出肪泽于烹熬，与黍麦而皆熟。沸春声之嘈嘈，味甘余之小苦，叹幽姿之独高，知甘酸之易坏，笑凉州之蒲萄，似玉池之生肥，非内府之烝羔，酌以瘿藤之纹樽，荐以石蟹之霜螯。曾日饮之几何，绝天刑之可逃，投拄杖而起行，罢儿童之抑搔，望西山之咫尺，欲褰裳以游遨，跨超峰之奔鹿，接挂壁之飞猱。遂从此而入海，渺翻天之云涛！"

（3）宋苏轼《洞庭春色赋》 题注："安定郡王以黄柑酿酒，名之曰洞庭春色"，赋文甚叹饮酿妙韵："揉以二米之禾，籍以三脊之管，忽云蒸而冰解，旋珠零而涕潜。翠勺银罂，紫络青编，随属车之鸱夷，款木门之铜环，分帝觞之余沥！"

（4）金人杨庭秀《生酒歌》："生酒清于雪，煮酒赤如血。煮酒不如生酒烈，煮酒只带烟火气。生酒不离泉石味，石根泉眼新汲将，面米酿出春风香，坐上猪红间熊白，瓮头鸭绿变鹅黄。先生一醉万事已，那知身在尘埃里。"

（5）苏轼《桂酒》："捣香筛辣入瓶盆，盎盎春溪带雨浑。收拾小山藏社瓮，招呼明月到芳尊。酒材已遣门生致，菜把仍叨地主恩。烂煮葵羹斟桂醑，风流可惜在蛮村。"

（6）宋韩子苍《茅柴酒》："三年逐客卧江皋，日与田工压小槽。饮惯茅柴谙苦梗，不知如蜜有香醪。"

（7）南宋罗大经《红白酒》 题注："酒有和劲，太守王元邃以白酒之和者、红酒之劲者，手自剂量，合而为一，杀以白灰一刀圭，风韵顿奇。"其词曰："小槽真珠太森严，兵厨玉友专甘醇。两家风味欠商略，偏刚偏柔俱可怜。使君袖有转物手，鸤鸠杓中平等分。更凭石髓媒妁之，混融并作一家春。"

（8）梅圣俞《腊酒》 题注："韦氏《月录》云：腊酒造成四月。"其词云："汲井辘轳鸣，寒泉碧瓮盛。欲为三伏美，方俟十旬清。梦忆黄公舍，徒闻韦氏名。熟时梅杏小，独饮效渊明。"

（9）曾茶山《家酿红酒美甚戏作》"曲生奇丽乃如许，酒母秋华当若何？向人自作醉时面，遣我宁不苍颜酡。得非琥珀所成就，更有丹砂相荡磨。可怜老杜不对汝，但爱引颈舟前鹅。"

……

冯时化引用历代咏酒名篇，呈现了酒韵雅化的历史景观，还原了酒审美与酒美学的感受与认知积淀，具有表达自我的特殊意义。其著与沈沈撰写的《酒概》，均受宋代以来类书编撰风气的影响，喜欢将所有名言妙句瑰集，凸显览胜之功，对当时各种生活和文化场域的影响均产生效果。譬如，元杂剧语言、明曲律等产生的功效，除极少数如欧阳修之类"醉翁之意不在酒，在乎山水之间"，似乎以酒的美妙作用在于人文雅韵的力量所在，对于大部分文人，包括与他们来往的官员、百姓来说，主要还在于对酒本身的真切感受和倾心热爱。这就从另一个侧面反映出明代酒酿工艺的历史特点和水平，它说明酒这种生命物质正作为人们喜欢的一种凝聚物质与精神之力的流动体，新鲜活泼地，像浪水一波波涌来，蔚然形成其大观！这种热烈、狂劲的审美浪潮，显示了明人对酒品类、酒品味以及酒韵风格、意韵，具有超乎寻常的感知。尤其是，能够把这种感知与时代前沿的审美主旨结合起来，使酒审美与酒美学具有了新的时代特性。对此，从总体趋向上说，即明代审美先锋体验和时尚主要是倡导的精神性灵韵，本具有的空灵、优雅旨趣，内在地切近了"清雅"的意涵和趣味、韵旨。具体说，前后七子的"性灵""神韵"说具有开阔、轻盈的意趣，竟陵派的"性灵"向陡峭、险峻处探寻。陈继儒与人所撰《酒颠》，对这些风格情状、酒闻轶事做了淋漓酣畅的展示，足以标明明人以及清初酒人，在把酒审美狂欢当作生命的"风流之举"进行标举，力图通过否定世俗观念、平庸作为、枯燥乏味的生活经验，来展示精神的超逸绝伦。因而不论是记事之怪诞、用词之夸张，还是描述对酒饮之艳羡、对酒醉之恋恋，都比之魏晋酒徒，唐代酒仙、酒圣有过之而无不及。因此，自明代中叶起，酒风炽热，酒酿技术堆叠推新成为现实，审美时尚浓郁地浸润浪漫主义精神，异常恢宏、富丽地表现了酒能富含高跋、超逸精神品韵、风格的意味，把清雅酒韵异常突出地带到了突破既往传统酒审美、酒美学趋势的前沿，并且做到了以清雅酒品类的丰富多样，满足该时代审美的志尚追求，让清雅酒韵成为新趋势跃上历史前台。

清代酒韵顺承明末清初趋势，酒酿水平呈现集成气象。之前的工艺和文化积累，在理论上，因依托传统工艺水准和人文化审美经验，很难在科学化提炼方面取得突破，即理论和实践都不能够跨越文化系统设定的阈限。然而，历史的本质深藏在表象之下，就明清酒美学而论，一方面，经验性的、诗化的路线，拥有自身"理论"的基础和体系依据，生命有机性整体涵容的是中国文化，这奠定了酒美学不容否定的本质特点；另一方面，到清代世界文化格局发生根本改变，其迹象始于明中叶之后，西方传教士陆续来到中国，带来了葡萄酒，清代西方文化在中国的渗透越来越深，酒文化也不例外受此风影响。到民国时期，北京、上海等重要城市都有洋酒销售，当时国人视为新异，聚餐往往产生尝一尝的冲动。可以说，晚清和民国时期的酒美学话语已不再是传统酒酿独撑天下，而是随着半殖民地化的扩张，中国近代工业和商业开始改变传统饮食美味格局。典型表征是国人开始用科学、健康和美学理念理解饮食，理解酒和茶等。在这种氛围下，不仅中西饮食和酒味、酒韵的竞争与鉴赏产生冲突，而且酒韵品鉴日渐成为中国传统酒美学固守的一道底线或壁垒。正如一位西方学者总结说的："美食随着广阔思想潮流的变化而不断变更，但关注的核心仍为香味、健康和美味。美食的整个发展过程是在一个模块下的无穷变化。"① 明清之际的清雅酒韵，通过工艺与人文话语的历史性糅合，让两者相辅相成，波高浪涌，又开创了酒美学新的时代潮流与趋向。

三、清雅酒韵的文化分阶与标高

清雅酒韵在清代开始成为酒美学的独立形态或类型。作为一种综合性的酒美学尺度，清雅酒韵包含了物理的、化学的、生命的、社会的、文化的、艺术的认知因素。其中，酒体对象的实物存在方式决定了酒物质性仍然是最基本的构成要素，但精神感知、品尝和领悟的内容被突出出来。另外，物质、化学因素作为对象化形式，不是就其某一方面要素、特性而论韵、味，单个物质元素、特性不能决定主体对酒味、口味（饮者主观感知之悟）、风味（地缘条件赋予的酒质味道）及香味（主观所愉悦之酒味）、美味（能给饮者以精神整体享受感的味道）的判断，因此更加自觉地探索超越具体的味（味性、味象），也超越主体当下的直观感知，而能给主体精神带来恒久愉悦和某种触类旁通启悟的韵味。由此展开来，

---

① 保罗·弗里德曼主编，董舒琪译：《食物：味道的历史》，浙江大学出版社2015年版，第98页。

就上升到对人生幸福的审美体验与价值判断。那么,对于清代初始成型的清雅韵酒体认知与判断,就有必要对其规定酒体物质性与精神性的内在尺度的价值境界,进行专门的讨论和揭示。

(一)清雅酒韵的文化基点

清代清雅酒韵对前代体现出某种综合,即清雅酒韵在历史上存在文化与科学的底蕴,属于传统文化里本来就有的东西,但它没有成为独立的酒体类型。清代的文化与科学水平,相比于前代,在各方面皆具备相对充分的条件,因而能够独立出来,成为表征清雅酒韵的独立类型。另外,前代酒体对清与雅韵的偏倚,现在因为清雅韵独立为另一种主导的类型,因此与清韵、雅韵酒体在逻辑上并列而在,人们对它们可以分别甄定、说某酒是清韵,某酒属雅韵,某酒为清雅韵。至于事实上或仍然不能彻底截断、分界如黑白,但至少从韵味、风格上,人们的认知上升到更高的层面,超越了陷在酒水色相和品尝直感的本能感受层次。

确认清代清雅酒体的现实,判断、分析其后来的演化趋势,需要对历史上人们对酒韵形态的文化认知进行回溯,从中国文化整体性的角度,给清雅酒韵以切合其存在的定位。就总体认识而言,清韵酒体的文化基点,或谓之文化基础意蕴主要归属于道家。道家主张"人法地,地法天,天法道,道法自然",道家追求自然的原质本蕴,透过阴阳互化的妙旨体悟道蕴、道韵所在。道蕴是道理,道韵则是道的具化。"道家酒哲学的认知,一方面,天然与自然、世间具悖论关系:当其有赖于天地人之道,成就自身时,转化生成自身独特的理蕴,其象、气、味、韵的具化,以微妙别在独异于自然,独异于人世间的心、事、象,酒味溢香,形态似水,其性如火,饮之醉狂如痴如癫。……另一方面,酒道的具化是历史中的生成,它不是抽象本蕴的具化,累叠的积蕴促成自身的优化机制,使得无论本蕴的绵延,还是本蕴物化的显于酿造和享用,都体现出随机性和应变性,顺逆反和,独化整合,游悠于至大至渺,智能张力十分强大。"[1]在我国古代,追求原料、水的品质,追求酒韵的生气、劲道,以自然质韵所生香韵为主的酒体,

---

[1] 赵建军:《古代中国"酒哲学"文脉钩沉》,《南国学术》2022年第1期,第88页。

都可归入此种酒文化路线。当代"清香"型酒体、酒品类，主要出自北方一带，不论带有酒劲的冲辣之味，还是经人工化酝酿缓和了这种"生"味，其本旨仍以自然清韵为主，以道家文化为清韵的内蕴基点。雅韵酒体的文化底蕴主要归属于儒家文化。儒家的核心价值理念是"和"，采用的技术方式是"中和"，施用的对象范围是人伦关系。以酒促亲亲人伦之和，使酒成为社会化"仁""礼"的驯化和实现方式，是雅韵酒体的文化价值基准。由于中和的条件、因素可以是不同的、多样的，不限于二元之对（道家则以此为生命之化的根本），从而，它可以是"和而不同""美美与共"，中和诸多同与异共在于和谐存在体。缘此之故，儒家文化机制内可以容纳道家的二元对立统一元素，但生命演化的本质和趋向却不指向自然生命的原质、原趣，而是指向人文化的伦理秩序和被公共社会体认的生命感性冲动。由七粮、五粮合酿演化的杂粮合酿和多种精食合酿，以及酒体酝酿追求复杂调度、以"适口性"主观味觉需求为评判尺度的多属此类。古代中国的雅韵酒品类甚多，不胜枚举。当今"浓香""酱香"酒体占据雅韵酒体的主导地位，因雅韵有正雅、大雅和小雅、奇雅之分，而"浓香""酱香"主要是从"口味""风味"的"香味"特征出发做出科学品类划分，便不能将"浓香""酱香"简单与儒家酒韵审美画等号。不过其作为酒韵质的基本方向是符合儒家主导趋向的，茅台酒、五粮液显然在这方面各领风骚，赢得头魁美誉，其中五粮液以"中和"旨趣的"醇厚香柔"，体现精粮合酿的韵味极致，茅台酒以工艺的"变雅之和"体现雅韵酒体的"以奇至胜"和"以奇返正"的大雅至韵。清雅酒韵的文化底蕴是佛家，是中国化之禅学，其核心价值理念是"空"。本来，佛家思想在汉末永平年间就已传入中国，历经两晋南北朝，到隋唐已普遍渗透，其用于解释生命、物质世界的"缘起""和合"观念，也通向否定现实存在的、以精神的平静和清寂为宗旨。但在传入过程中，由于一直受到中国本土文化的阻挠，后来才逐渐转向儒道释统一。在汉末到唐代这个过程中，佛家思想并没有影响酒酿实践，至少到中唐前没有从根本上改变中国人对酒韵、酒风味、酒审美冲动的趣味和观念。然而，中唐以后，中国化禅宗壮大起来，以南方六祖慧能倡导的"即心即佛"，"空"即"心性本净"观念在中国普通百姓中普遍传播开来。从此，佛家思想尤其是中国化的禅宗观念对酒文化、酒美学等基本观念产生很大的影响。根据佛、禅空的观念，酒体并无自然原性（自性），也不受主观执念（烦恼是，喜乐是，其他诸念念皆是）的驱遣而合成，它的生成是缘起的，因缘而生，因缘而灭，生生灭灭，其性非是、非否、非是否。简言之，是一种以生态本然的合理性给予物以存在合法性的理蕴。故极微小之物，亦存宇宙大道理，极无限之宇宙，亦可比作微尘世界。酒体亦然，是一种生态中的生命存在，它按照自己的因缘和合或生或灭，并非自然给定的，或纯然由人的思维模式设计的产物。酒韵是一种因缘和合的产物，因缘和合散发出的，既有肯定蕴含又有否定蕴含，既把物质性仿佛稀薄化、消解化，又把精神韵质仿佛浓郁体现的存在。当然，因缘和合之酒体及其酒韵，在我们常人的感知中，它是确然存在的，的确有其物质性和精神性存在，因为酒体本来就是生命物质和精神韵质的因缘和合统一体。

现在我们结合明清时期酒韵观念的发展，来看看为什么说在那个时期清雅酒韵会萌发并独立为酒体形态。从明代中叶到清代，自然、社会、文化条件都达到农业文明的成熟水平，给清雅酒韵提供了儒道释统一的文化底蕴。这种文化底蕴高度整合，将清雅酒韵的佛禅基础意蕴更彻底地中国化了，形成为生态活性本体观。在此生态活性本体观驱动下，以自然原质的本真和社会化、人文化的人的生命本质力量的协合，达致超越主客体认知限制，将生命、存在的生态有机潜能释放出来，有意识地在时代思想氛围里感悟并实践着。思想决定现实，文化决定呈现，正像西方没有德莫克里特的原子论哲学，就不会发展出卢克莱修的原子论科学，更不会有物理学和力学、光学、量子学；没有爱因斯坦相对论突破牛顿古典物理学，就不会有宇宙飞船驶离地球卫星轨道。酒微生物学和细菌发酵理论，也属于西方哲学、文化系统下产生并应用于生产、生活的子系统，在具备了现代的文化、哲学理论之后，才有可能产生新的生产创意和实践产品。明清清雅酒韵也是如此，它并非简单将清韵与雅韵叠加在一起，而是在一种文化和合中，将先秦易道哲学的阴阳互化之理，道家的对自然本性透彻感悟的士人理性，很好融合在一起，让自然本性、原旨从自然原始状态解放出来，升华为审美化的、趣味化的道体和韵味。在这个提升过程中，儒家士人、卿大夫躬身实践的人伦亲和至理，通过"德化"教育的系统教化手段，很好地诉诸酒生产实践和酒品形质、样态的享受情境，使清雅酒韵的价值底蕴趋于醇正深厚。至于中国化的佛、禅意蕴，也通过清雅韵独特的滋味、品味，凝成自身不可替代的优势，用否定性消解繁缛，用否定性意识简化、淡化清韵、雅韵的俗浅因素和内容，令之更符合清雅酒体的价值主旨。从而在明清之际，清雅酒体应运出现，成为一种与清韵、雅韵并列存在的酒体类型，并在酒文化、酒美学历史中也成为一种必然和可能。

（二）清雅酒韵的物质性与精神性

清雅酒体超主客的酒韵品质，是一种生命潜能在新的时空关系中获得释放的生命存在，这也是宇宙生态活性和合品质特征。从宇宙视野来看，无机物没有生命活性，有机物的生命活性存在等级高低之别，一棵树、一叶草的生命活性，无法与牛、羊、马、狮子、虎的生命活性相比，而这些又无法拥有人的生命活性，因为人的生命活性在精神智慧系统的调控下完成并表达自身。那么，在一般意义上，是否具有精神机制参与到生命活性的运动之中，就成为生命活性品质、本质的关键。而酒的生命活性是一个非同一般生命存在的特殊存在机体，酒菌一方面基于无机界的最大约数而来，即酒菌涉及物质无量的支撑生命存在与成长的元素，这些元素并非门捷列夫的化学元素周期表所能够确定参数的原子、分子物质，而是宇宙运动活态中或震荡或移动或分化或异合的元素，犹如水中石砾不同于泥中沙石，千年地质层钙化之有机体不同于风雨浸润之有机体燃烧之灰烬，酒菌所汲摄的无机物元素，蕴含着宇宙运动的频率、幅度、弹性、密度、温度等信息，是一种具有生命存在潜质与可能性的基质性存在。另一方面，酒菌的生命有机性，处于有机界生命关系链的元始端，可以视它为生命活体，但它没有一般生命有机体可无限扩展细胞体量，进而让生命细胞成为具有生长功能的植物或动物性存在。它不能以生命细胞的雌雄同体实现自体繁殖，它永远保持一种仿佛无机物一般的简单机制，以最简易又最活跃的形式完成菌体的增殖。这种增殖仿佛永远是数量性，却又具有运动物质的所有生命存在性或可能性，如黏性、滑性、味性、跃动性、分解性和聚合性等。简言之，即它是以最简易的生存形式存在的物质，是以最丰富感性存在的最简单又最复杂的生命，从而它可以对所有的存在物，包括无机物、有机物，植物和动物，产生很强的刺激、撩拨、溶化、冲击等作用，却除非自身分解为"虚无"一般的非菌体元素，否则它永远都不会改变自性，始终以酒菌的生命活性对宇宙中存在的任何机体产生其自具的功能。在人类采用程序化的酝酿程序，有效地促成酒菌的大量衍生而成为酒体存在时，酒菌的生命活性都受限于人类指定的存在与生成方式，也朝着适宜人的方向释放着它的生命机能和物质元素的生命潜能。然而这种释放由于脱离了酒菌自然生成的原始轨道，它也在人的意志操控下，让自身的某一方面放大，如味性、黏性、火性、水性、滑性等，凡其酝酿环境常所沾之物质特性，均能收摄于自身机能，而使酒具有了火之烈性、水之柔性、植物生命之酸性、受高强度挤压和高温煎化之热性，以及碰撞、挤压、震荡达到极限之爆发性和忽遇稀释之环境的涣散性等，这些都是在人类设置的"程序""环境"里实现和完成的酒生命活性。而清雅酒韵的生命活性，指既超越了自然原始生态下自体生成的生命存在关系，又超越了人类设置的"手工化""机械化""自动化"等人为控制的生命关系，让酒菌的活性突入到一种精神化的、想象性的，又充满活性运动的方向与意趣的新生态关系。在这种关系里酝酿生成的酒菌仿佛不再是介于物质与有机生命中间地带的"游牧民族"，倒像是恍惚中醒觉已被移居到"另一个星球"的生命活体，精神性充实弥漫的酒菌这时真的具有了生命活体的特性和本质，它能催化最高的生命存在体的精神情感，以一种非同寻常的方式爆发、倾泻；它能激醒迟钝的灵魂、疲软的意志，解放郁闷而死寂的精神。简言之，它能以精神化活体的生命形式，与最高级生命形式——精神和灵魂展开互动和对话。同时，它作为清韵、雅韵和合的生态活性生命存在体，又在它最饱满而丰富的精神恣韵里，提摄了物质存在最基本的形式，即以最简易又极具张力、可能性的物质性，将自身的存在与其他一切存在相区别开来，包括与无机物、植物、动物，自然也包括人，都鲜明地区别开来，证明自身之生命存在，从此始终是精神性的，也是物质的，是物质与精神的统一体，是生命的物质质韵和精神韵质的完美和合体。

  以生态活性为自身本质和生命驱力的清雅韵酒体，由于出自对主客关系、纯自然和社会化关系，也包括人文化关系的超越意志，从而足以表明它是一种源自精神化逻辑关系的存在。这似乎意味着，此种关系只能存在于思想和精神里，在现实里根本找不到这种关系。其实，思想是颠覆现实的逻辑，精神则充溢了现实对未来的想象。如果在现实里，找不到与生态活性相对应的生命关系，正说明现实的生命关系依然沉溺在过去，至少没有获得普遍性逻辑。但想象的、思想的逻辑从来都不是由已然的普遍推导来的，它是一种应然，它要容纳必然，展现多种可能出现的或然，表达潜能完美释放的自由与可能。从这样的精神意志出发，思想和逻辑是属于创造体的,但它的超越对象却是过去或现实。这样说,并非说思想和逻辑转化为超越性现实可以一蹴而就,一下就臻至完善,而是以颠覆现实的针对性对自身也设定具体的目标,从而以相对的目标化、现实化体现对既往和现实的绝对超越。正如西美尔说:"我们能够用甚至非常棘手的方式设想一种我们简直无法想象的世界现实——这就是精神生命的自我超越,它不仅是对个别界限,而且是对精神生命界限的突破和超越,是一种自我超验的行为,这种行为首先确定内在的——不管是真正的还是可能的,反正都一样——界限。"①在西美尔看来,精神性的超越并非指抵达普遍性和必然性的一种完美结局,而是恰恰在自身的"局限性和有限性"的突破中,找到了精神生命的价值意义。"并非由于我们直接置身于这些界限之中,而是因为我们意识到这些界限,而且超越了这些界限。因为我们不仅了解自己的知与不知,还很可能无限地了解这种包罗万象的知,等等——这就是精神阶段生命运动本来的无限性。"②清雅酒韵就在超越清

暗物质

---

① 格奥尔格·西美尔著,刁承俊译:《生命直观:先验论四章》,生活·读书·新知三联书店2003年版,第5—6页。
② 格奥尔格·西美尔著,刁承俊译:《生命直观:先验论四章》,生活·读书·新知三联书店2003年版,第6页。

韵、雅韵的"界限"，完成了对自身生态活性的"知"，并且也通过这种超越了解并完成了对清韵、雅韵的"知"，了解它们的优势与不足，而将所有可能趋向精神化酒韵生成的条件、因素，尽可能吸摄进来，实现清雅酒韵的精神和合境界。

为此，我们需要进一步对清雅酒韵的"自限"，从酒体的现实存在给予阐释。就清雅韵和合的酒体存在而言，它依然要呈现为物质，即作为液态的、有生命活性的、秉持酒滋味的、人们因享受它而愉悦的物质存在。不过，清雅酒体的物质性，特指具有"清雅"品质的酒体，从而对一般酒体的物质性描述，它都可以拥有，却不限于它们那些，它还拥有一般酒体，乃至清韵酒体、雅韵酒体没有的东西，它是一般酒体，乃至清、雅韵酒体生命活性的超越与升华，是酒生命物质将其物质性能量转化、提升为精神性存在的美学化表达，它以清雅韵潜能的自由绽发，证明酒体精神姿韵"介入""澄明"现实世界的力量与品格。

清雅韵酒体的精神性、物质性相当程度上是重合的。从饮食审美属性抽离、跳脱到酒审美属性，再从一般酒审美属性抽离、跳脱到酒美学属性，清雅酒韵的物质性已然具备了酒体个别性存在的价值抽象性，而价值又是从属于精神性范畴的，从而清雅韵酒体的物质性与精神性达到了某种相当程度的重合。谓之"相当"而不是"完全"，是因为酒体存在的具体境遇或在物质性与精神性两种有所偏倚，则必然使偏倚的一面充分凸显，另一方面则相对不那么显豁。若就酒体自身独立存在而言，则其物质性与精神性是一体的，重合的，犹如硬币的两面，一面朝上，另一面则朝下，若不论正反面，单独视硬币为存在之存在，则两面即一面，硬币即为"一"。

清雅韵酒体具相当重合性的物质性与精神性，在其个别化、个性化存在中，依照酒体美学"清雅韵"和合的内容、形式和方向的不同，区别出自身物质性与精神性的具体内涵。即是说，"韵"是美学化的，但它可以表现于酒体"介质"，以物质性韵味呈现出来，亦可以表现为酒体"气韵"，以精神性意韵呈现出来。清雅酒体的物质性，主要通过酒体的清雅品质表现出来，它是酒体清韵、雅韵生命活性的集萃、超越和升华，是酒体生命物质上升为"自由"的生命体，而能以活跃、化解、涵容、转异的物质性能，表达属于酒的精神意志、激情和思想力量。从而，它能具化为美学化的感性"液态""流体"形式，让生命潜能以物质性运动的存在方式，"介入"人的生命和社会存在运动中，起到"澄明""匀和""和合""净化"所遇之自然与物质力量，乃至精神力量的超凡品格与气质。

而清雅韵酒体的精神性，指酒体气、味、香、色、形、质等美学感性特质与形式，在极其独特、个别之"和合"方式的作用下，将自身生命构成的活性潜能自由地释放、解放出来，金蝉脱壳般跃入更高的生命场域，表现出酒体独一无二的风格气韵——宇宙生态活性的气质、韵味和风度。这种风格、气韵展现着精神的韵味、滋味，似乎无目的地、又有目的地活现着，对所遇之精神状态的有限性和遏止生命的症状，积极地突入其中，增益快乐、激发快乐、体验和享受快乐，消解思虑和烦躁、忧患和不安，让精神也成为自由的生命，自在地跻临洒脱无碍、自由愉悦的美学境界。

（三）清雅酒韵的美学分阶

清雅酒韵比一般物质发散出更丰富的精神信息，这是其美学价值的一种体现。同时由于从一般物质到特殊物质、从生活饮物到特殊商品，从特殊商品再到和人的生活、生命广泛联结，似乎无所不在地存在着，酒的精神韵味、价值就远比其他食物、物品、工具乃至信息载体，如光能驱动之电灯、电能驱动之车载、数据驱动之计算机等，更有生命和情感的"温度"，更具"搭乘"的便捷与爽快——它可以"乘载"于人的兴致、情感和或动或静的思虑状态，"乘载"于无忧无虑的悠游中——将酒的美学信息、能量传输给饮者，使之因酒而发生感觉、情绪、情感、思想、行为和幻想、体验等"内感"的某种改变。也因为酒在人类自古而今的历程中与人的联系愈来愈深，涉及面愈来愈广，其自身也受人的精神意志的反作用力，而在社会化、人文化生产中出现繁多品类，从而对清雅酒体的美学品韵提出了不仅要超越既往酒韵品类的内在要求，而且也从现在及未来的历史与文化可能提出一种逻辑愿景，即，希望清雅酒韵能够而且应该成为最适宜于人的一种酒美学品类。在酒韵美学的分阶上，它应该站在高端，而不是次高端或中低端，或换句话说，清雅酒韵若为诞生，它在美学逻辑上，就不存在次高端和中低端之说，清雅酒韵可以呈现出不同的韵味、风格，但它的内在价值体现了美学的逻辑合理性和目的性，是一种很高很高的酒美学品位设定。

清雅酒韵立于酒美学的高端，是由酒美学内蕴及其关联性所决定的。价值可以从存在境遇中超离出来,但支撑价值存在的,恰恰是它的历史和境遇。清雅酒韵美学分阶的依据,包括内外两个方面,"内"为自身的韵味、风格,其逻辑上显示高端品位趋向,美学呈现可以有多样化表现;"外"为历史、文化和生活这三个方面与酒韵的美学交涉,总体显示逻辑趋势的走向与选择,也包括现实、未来对酒韵的美学考量和期待。

1. 清雅酒韵相位的美学设定

尽管人类对酒的口味嗜好,会产生多种个体趣味偏好的选择,同时,人们的民族、职业、性别等身份标记也会对一定地缘、风俗的酒味形成依赖,进而对某类酒体特别青睐。但从酒与人总体的关系考量,从人的生命感性、潜意识、幻想和情感因酒而发生的变化、起到的功效,如对生命感性的驱动、激发,对情感的抚慰、治愈,对健康状况和生命质量的影响等来看,都存在是否与不同的个体,在生理、心理接受方面完美契合、呈正向效应的问题。因此,对酒韵阶位的美学设定,在逻辑上也总体倾向于以清雅为上,贵在清雅,始于清雅,行于清雅,终于清雅,以清雅酒韵之促人精神清新活跃,而使生命愉悦超跋;感于清雅,品尝清雅,乐于清雅,以清雅酒韵之纯洁无瑕和合圆成品格,而使饮众生命存在境遇乐于、敢于迎接不同人生境遇,激发昂扬兴致,发掘优雅情怀,传播高雅思想,清廓精神渣滓,让生命情志饱满而爽朗,豁然而通达地随一切可能之变化,发挥正向的美学效益,让酒韵归之于善,亦归之于真和美。

清雅酒韵的这种相位设定,因为基于根本逻辑出发,来对"使用价值"进行实效性规定,从而使其酒韵的精神价值,具有纯粹完善的逻辑指向,在价值归趣上属于一种纯正美好的信仰。据此,则应该确信,清雅酒韵对人的精神、心灵,对身体、生命,对社会和人类存在"共同体",都具有值得充分倡导的合理性、导向性和应用实效的典范性,相对于其他酒韵风格,如浑浊、酷

爵(古代酒器)

烈、伪雅、虚淡、怪诞、恶俗等，其美学逻辑的内涵具有毋庸置疑的高价值、意义。

2. 清雅酒韵品位的历史选择

古今中外，对清雅酒韵都给予很高的品位定位。西方拉斐酒庄的波多尔葡萄酒，以清雅柔润被誉为"法国葡萄酒王后"，其得天独厚的气候、地理条件，让葡萄具有了先天的"纯熟"品质，然后在酿造工艺的提纯复合和陈年储藏的消化下，酒体呈现鲜艳的酽红色，优雅高贵。日本的清酒，据说从中国的"浊酒"改造而来，清澈如玉，品之淡雅，又不失芳香，一直是日本人视为上乘的酒品。中国上古仪狄所酿"旨酒"，是有甜

鼎（古代酒器）

味的酒，还不足论清与雅。商周酒酿出"五齐"之品，注重酝酿过程的酒体象状，其中"醴齐"出糖化甜味，"缇齐"出酽红品相，初涉酒体质韵范畴，不及清雅之格。汉代酒酿清韵不足，雅韵游离于酒体之外，促诗赋"欲丽"。六朝、隋唐、宋元时期，中国黄酒工艺渐臻成熟，白酒蒸馏技术也应用于酒品生产，但黄酒酝酿追求醇厚适口，仍在品质清纯上有所局限，虽品类开发有余，古法回甘润滑考究，却未将酝酿理念提到韵质形态的提高上面，导致虽比之前手法精细，口味宜人，但终究不算归于酒韵的系统酿造。白酒更是用料、制曲和蒸馏出酒，还处于起步阶段。惟对于酒的人文话语表达，洋溢着充分的清雅姿韵，显示了向这个方向萌发创造意识的趋势与可能。明清时期，清雅韵和合，在黄酒和白酒上均根本拓进，在某种意义上，明清对酒韵的关注和倡导，与其对情韵、心韵、灵韵的倡导相一致，从而使古典时代的中国酒，借助酒庄和大量饮众的社会接受，具有了超越一般民酿自饮和榷曲官卖的限制，具有了商品的抽象性质，得以更好地收摄饮众的饮食回馈意见，并把酒酿与酒饮与更为高雅、恢宏的目的联系起来，一系列老品牌酒体成为中国近现代名酒的前身。其中清雅酒韵显著的酒品，或聚焦于风味、或聚焦于香型、或聚焦于实然口感，已经现实性地存在，有了向不同方向的创生。但作为清雅酒韵的美学概念，一直并无明确地提出，因为在历

史选择上，酒品属于饮食系列的饮品范畴，限定了人们对它的阐释路径和精神想象，这是迄今仍然存在的现实问题，也是我们面对中国酒史必然要深入省思的问题。

3. 清雅酒韵味的文脉推演

酒韵味的文脉是文化、精神范畴的轨迹。文化、精神与自然的根本区别是，它拥有自身独立的发展路线。一方面，在自然、物质的支撑下确立自身的存在，使得精神韵味似乎也是自然的、物质内蕴的散发；另一方面，它从自然、物质中抽离、超跋出来，遵循人的精神愿景创造文化和精神，并将这种创造的原则体现于物质生产中，使物质也变成文化的、精神的产品，进而也使自然成为人化的自然。中国的清雅酒韵味的精神、文化的发展轨迹，在春秋战国以前主要通过经验性感知与直觉，来体味通达自然本蕴的几微，其文化基础是民间巫术形态的智慧与禁忌积淀，易理是这种智慧的升华形式。所以商周到战国时期，由于对宇宙阴阳运动的转化之理，中国人在酒方面有很高的直觉体验，但局限于感官的直接捕捉和主观精神的推衍猜想，人的创造意志总体是被动的，很难厘定清与雅具现为酒是何种质韵表现。两汉时期，与实际酒酿结合甚紧的巫术文化，在儒道文化的统摄下加强了感性征兆和构成因素的文化结构组合，让酒酿工艺变得复杂，绽出质韵丰富，刺激精神效果显著，从而有力推动了清雅意趣在诗文话语中的荡漾。但一直以来，意韵和意蕴在中国人的观察与理解中，是现实地以生活和生命的情绪、情感投入的程度为裁判尺度的。当精神、文化与百姓生活的情绪、情感发生某种游离，纵然文化呈纵深推进，也于物质实体的韵味开发，仿佛平行的存在，两者并无实质性的改变。这个情况在佛教入华后600年间，表现得尤为明显。佛理是思性气质，对饮食欲望采取抑制态度。但它在中国本土文化的驱动下，不得不与儒道文化融合，从而反映到酒酿上，多粮合酿，注重饮酒后的社会效果，在文化上颇受重视，但对酒体焕发特殊精神气韵，并能促人生命态度发生根本转化，在很长时间并没有得到主流文化的认可。也就是说，包括清韵、雅韵以及清雅和合之韵的酒酿生产，其韵味文脉依然依循着古老的经验、智慧，在适当酌取当下文化理念和思想要素中发生局部性改变。到晚唐时期，儒道释的融合向中国化逻辑回归，清雅韵味开始由自然质韵向精神韵质弥散，宋人和元人，清雅风流，雄气勃发，以十分绚烂而幽婉的文化、精神形式，展现了中国人对清雅美韵的追求与向往，但这时尚未回向具现于酒酿实践。宋代的酒论水平很高，元代的酒文化语境气势很大，明代的酒话语空灵美妙，清代的酒观念集合大美，成就酒精神文脉姿韵四射的局面。这是非常令人惊喜的现实，但不能将文化和精神形态的酒韵理解与表达趋势，视为酒体物质形态的酒韵也同步获得表现。精神逻辑领先于物质生产理念，预示着物质生产理念也会汲取精神逻辑，转过来促成物质形态及其生产的全新变革。中国清雅酒韵味的发展也如是，在经历漫长的文化、精神体味与锤炼之后，终于在20和21世纪，迈开了向清雅酒韵味精神化的历史脚步，拓开了中国酒体以更高的逻辑概念和感性面貌，向世界展示自身无限底蕴和魅力的新时代。

4. 清雅酒韵风格作为生活方式或时尚

清雅酒韵是一种美学化的风格，而风格标志着精神存在的方式和个性。美学风格的现实外化，就是生活方式，它可以成为一种习惯，也可以成为某种时尚。在中国古代往往是一些追求精神滋味、韵味的人，把他们的生活用独特的精神化的行为表现出来。风流的魏晋名士、唐代酒饮"八仙"以及宋代的欧阳修、苏轼、柳永等，他们饮酒不是为了满足身体的某种欲望，而是让饮酒与自己对自我的体认，在一种超越现实的自由情境中一同愉悦、遨游。这类人在古代主要限于士人、文人阶层，数量不多，却难得地把酒韵作为生活方式来感觉、体味和享受。由于他们这种享受无功利目的，因而是美学化的，是超越了外在的自然和具体时空环境的限制的，达到了某种超越内外有限性的境界。而相比之下，有的也追求精神性的韵味，也把韵味作为生活方式来对待，但可能是理性化的、激情化的或梦幻化的、情绪化的。理性化的或成为古希腊哲人会饮的"媒介"或讨论对象，也可能成为中国古代儒士严格规范化的酒礼践行，在伦理化的精神韵味中，也能体验到人际和谐的快乐与优美。还有其他，我们不一一讨论。最不堪的是，片面地将酒韵作为生命激情和自我情绪的载体，以当下瞬间为倾泻之时刻的所谓"痞子文化""叛逆精神"对酒的理解，在这种冲动生活方式下，似乎酒体也弥漫于狂躁精神氛围中，成为"嘻哈"的享受内容，其实并非表达生命本质的生活方式。因为生命本质并不被瞬间所决定，它是生命历程的价值和意义，因而这种激情化的、梦幻化的、情绪化的所谓时髦生活方式，无非是一种把酒作为欲望投射的对象，仅具有极低的生理满足的意味。而美学化的生活方式，把韵味理解为精神性的、文化性的,一方面,它并不排斥理性、激情、情绪、梦幻的介入,甚至把它们作为美学化情境的重要主体参与能量和因素;但另一方面,美学化的精神方式要追求高的境界,唯有哲学、宗教或艺术的境界,可以用来形容这种境界。正如法国学者皮埃尔所说:智慧的生活方式,"它邀请我们专注于生命的每一刻,一旦我们从宇宙的视域取代了它,就会领悟到当下每一刻的无限价值。生命的智慧实践需要一种宇宙的维度。普通是丢失了宇宙维度来联系世界,不把世界当作世界本身来看待,而是把世界当作满足自己欲望的手段,而智者却从不停止把整体作为生命智慧的对象不断地呈现于脑海中,因为他从宇宙的角度思考和行动。他因此获得超越了个人极限的生命归属感。"[1]把清雅酒韵作为生活方式的精神韵味,选择一种轻盈而珍奢(讲究精神质量)的生活,在古代只有少数人具备这样的条件和意识。在当代,物质生活极大丰富,人们满足欲望的方式异常多样,倘再仅仅滞于酒性、酒力、酒香的刺激层次,则于酒的品质和潜能不能充分体味,并且等于仅仅把酒作为一种饮物,一种调适生活的"兴奋剂",或者是当作"麻醉剂",以及作为某种实用目的的"迷魂汤"工具等。这些皆使酒韵无味,失去对精神感召的价值和意义。其实,酒体一旦以酒韵浸染人的生活和生命,当其为清雅韵致时,能召唤相应的精神个性呈现,仿佛它承载了人的精神风貌的定格作用,让人们自主选择清雅的生活方式,来体味一切属于清雅酒韵的性质和能效,感受其性状和氛围。特别是,清雅酒韵对精神风格的定位,在统摄酒体物质质韵的同时,又以一种宇宙生态活性唤醒饮者的生命意识,赋予他们对人生和世界以更客观的宇宙角度的认知视点,来反观现实的一切存在,从眼前酒体的感知开始,无论酒液光泽的闪烁,酒线的飘动,抑或酒味的袭来,酒香的沾唇沁齿,酒意的醍醐灌顶……这一切都促醒饮者的审美直觉,使他把感知的"细节"都纳入宇宙、生态、生命的有机存在"整体",来让精神深切地体会到空灵、清爽、雅致、婉丽、峻烈、旷远、聪颖、灵静等美韵。此时饮酒随心,清凉滋润如雨雪飘洒,炽热灼烧如火焰燃爆,心律、血脉、体温可骤然升高,伴

---

[1] Pierre Hado. *Philosophy as a way of life: spiritual exercises from Socrates to Foucault*. edited by Arnold Davidson; translated by Michael Chase. Blackwell Publishers Ltd, 1995, P273.

随激情洋溢而观山河齐舞；或心思缜密，呼吸匀细，意志冷硬，观察宇宙数字之精微而酝酿风起云涌；或悠然自在，款款品韵，见酒珠而微笑，观杯痕而凝视，闻酒声而醉听，心往神驰，近及场、景、物，远涉天、地、人，俱入韵境，和谐共存！如此清雅韵境之中，精神展示出生命的尊贵和自信，对所有人都能获得，不趋即来。譬如，对于奔波不休、疲惫困倦的人，他会因饮清雅酒而悟清雅理，知一切困苦、磨难之沉重，原也是生命必然的一种负重，精神不是砝码，无论多么沉重的感怀、思味，都掂不出生命必然的分量，但清雅的精神状态是本然超越这种沉重的，从而坦然面对，临渊如镜，游味旷远，既是一种释放，也是一种自解；对于生活如意的人，饮清雅酒得清雅之美意，懂得休闲难得，乘桴潇洒，何尝不是一种风流！总之，不论是什么样的人生情状，饮清雅酒，以美学化直觉摄取清雅酒韵，能够获得清雅情怀和清雅愉悦的无上自由。不仅感官和心理，意识和意志，不再受狭窄的执念之苦，而且能从宇宙天地的无极限，备感生命存在的庄严与珍贵，而深知生命原本受宇宙规律之节制，不必逾清雅而赴滞重，弃精神而蹈阴郁，当以自信和从容领受酒韵的天赐之福，让当下之每一刻充溢酒韵的芳香，使生命瞬间在微醺、饮半和饮足中与生态活性发生勾连，得永恒之理，葆蓬勃活力，在愉悦中感动自我和世界，欣赏生命存在的尊严和价值。

（四）清雅酒韵的文化标高

酒体美学的逻辑存在和存在逻辑不同。黑格尔说："凡是合乎理性的东西都是现实的，凡是现实的东西都是合乎理性的。"[①]酒韵是酒体美学的逻辑存在，它的现实存在及其存在的逻辑，依托于文化和美学获得个性化生存。任何酒体存在都不是独立的，在人类社会整体机制运作中，酒体的文化、美学合理性取决于它在何种程度上吻合文化、美学的逻辑存在，而这意味着一种理想化局限目标往往是达不到的。但另一方面，酒体自身的现实存在表现出相当程度贴近或吻合文化、美学的逻辑存在，尽管不够完美，但拥有了个性化的文化、美学逻辑。这种

---

① 黑格尔著，张企泰译：《法哲学原理》，商务印书馆1961年版，第11页。

趋近逻辑存在本质的潜质，以及现实地表现出的特质、机制和形式，就具有了文化、美学标高的思想内涵和价值意义。

酒韵的文化标高，是中外酒发展史普遍存在的现象。从古希腊酒酿为上帝创造的万能妙剂，可用于饮醉、医病、调味、助产、消毒、润肤、除涩等方面，到中世纪、文艺复兴时期以酒为宫廷贵族炫耀爵位和"上流社会"礼仪的宴饮珍品，再到浪漫主义时期把酒视为情感流泻的精神"伴侣"，以及18、19世纪以来，把酒作为搜寻和掠夺殖民地区"野蛮"民族志的方物"标记"，并进而将西方传统酒酿对世界各地进行符号化、标准化形式的文化推广。这一切都使酒被贴上"神圣""尊贵""高等"的文化标签，努力在扫荡其他酒体的世俗基础和影响力的同时，巩固资本主义世界对酒的文化倾销政策和价值阐释垄断权力。中国酒体的文化标高，到20世纪甚至今天依然没有获得世界范围的普遍接受，但局部地区有了相当程度的改变，这与中国酒文化与美学拥有悠久而独立的古典形态密切相关。在漫长的农业文明发展期，由于地理位置特殊，西面高山阻隔、北面沙漠横亘千里，东面、南面有海洋屏障，致使中国酒所仰仗的文化标尺，也带有鲜明的民族文化与美学标记。从世界空间的横向传播来看，古代文化路径的封闭和文化形态的相对独立，在当时缺少了外部文化因子的介入而不具备"杂交"文化的所谓国际化优势。但也因为独立文化形态与系统的持存，使中国酒酿的经验感知和创造方式，拥有了比西方更为坚实的文化、美学积淀和自足自化的生命力。当这种传统在当代面向世界打开，仿佛一本学理深厚、蕴藉饱满无限的书籍向世界呈现，必然展现出无比的诱惑力和巨大的"逻辑存在"与"存在逻辑"的合理征服力。至于中国酒韵的文化标高，也就在打开这本书时，闪现了它一次又一次登临古典历史巅峰的璀璨记录：第一次是史前奉献酒旨于"神灵"的神秘精神感应；第二次是建立完善的酒酿官制，用宗祖圣仪披戴酒酿、酒饮、酒器，使酒韵在政治意识上拥有神圣恢宏的典仪；第三次是士人阶层的思想加持，让酒酿在崇高的伦理规仪下产生"趣味完善"和"和谐人伦"的分化，并由此推动中国酒文化标高降次幂的历史化现实改造：醉酒风流和可以逾越日常礼教法度，是酒韵文化意念的第四次历史狂飙；"阴阳五行"用于阐释酿法机制，儒道释文化内蕴促生酒酿美学化"和合"机制萌生，是酒韵品味、观想趋向酒审美文化标高深度的第五次重要突破；"宋韵"和元代民族化酒蕴的变革，促成中国酒美学存在"边缘"与"中心"的界限模糊化，矗立起南北皆重酒饮，酒美学的韵味、时尚向偏重精神化趋向转化，是第六次划时代超越；明清酒酿与文化、美学的民族化整合达到圆满、极致，酒酿的文化标高由古典极盛转向工业化、商品化经营与推广，是为酒韵的文化表达与阐释所臻之第七次辉煌与掞转迭合的时代。总之，中国酒韵的文化标高，在古典农业文明基础上，以蕴藉深厚的古典文化和审美时尚为引领形态，获得先行的精神体验与表达。尽管这种表达与体验与酒酿实体，或许仅仅涉及表象感知，或者只是粗掠酒体质韵，还属于一种与酒实体相对分离或不尽吻合的"精神化"酒韵，虽不完满，也可视为酒韵的"精神标记""精神形式"，它们对中国酒酿实业和产品的冲击，对酒美学文化标高的攀临高峰，起到了理念信息可以自足反馈、创造机制循环增益的十分关键的品质保障作用。

近现代以来，酒酿科学发展迅猛，逐渐占据酒体品鉴、品评的主导地位。酒文化的学科化以科学对酒体性质、香味成分、酝酿方式、品类特征深入研究，为近现代酒品质的测定提供依据。在20—21世纪，科学先通过实验和实证的支撑揭示自然界、物质界的奥秘，然后将实验、实证成果的向社会推广。从而，科学作为酒体质量的裁判权威性不仅具有理论上的支撑，也获得了实践上推广证明的效应。在这种形势下，传统的酒酿文化却只是作为辅助性的或经验性的参照，以并不典型也不很清晰的方式参与酒科学的实验与品鉴测定。例如，1953—1989年共举行五届全国评酒会，主要是根据品尝酒体的滋味感觉来确定香味、香型评判标准，尤其是第3届确立"香型"为测定尺度，更是被普遍接受，迄今已公认有12种白酒香型成为标杆。这12种香型包括：①酱香型：酱香味感，酒体醇厚，色泽微黄，回味幽雅，香气浓郁持久，以茅台酒为代表；②浓香型：芳香浓郁、绵柔爽口、尾净余长，以五粮液酒为代表；③清香型：采用清蒸二次，清蒸和地缸分离发酵，酒体清香甜柔、香味净爽、醇和回甜，以汾酒为代表；④米香型：又称蜜香型，酒体清纯、蜜香清雅、入口绵软、落口爽利、回味怡畅，以桂林三花酒为代表；⑤凤香型：酒体清澈透明，醇香秀雅，甘润挺爽，诸味谐调，尾净悠长，以陕西西凤酒为代表；⑥芝麻香型：酒味独特，先甜后苦，呈现出芝麻香气，融合了浓香、清香、酱香的酒体特点，"一品三味"，以山东景芝白酒为代表；⑦豉香型：大米为主酿原料，酒质玉洁冰清，晶莹悦人，豉香纯正，诸味协调，入口醇和，余味甘爽，以佛山石湾"陈太吉""玉冰烧"白酒为代表；⑧特香型：酒体无色透明，闻香清雅，饮后浓郁，醇甜绵软，酒体协调，恰到好处，兼酱香、浓香、清香三种香型口感，但不典型，称为"兼三型而不靠"，以江西四特酒为代表；⑨兼香型：指至少兼有酱香、浓香、清香等两种以上香型的白酒，香气馥郁，窖香幽雅，富含陈香，以湖北白云边酒的酱兼浓、黑龙江玉泉酒的浓兼酱两种白酒品种为代表；⑩药香型：制曲配料添加有多种中草药，酒香有突出的药香香气。口感有酸味，醇甜悠长，以贵州董酒为代表；⑪老白干香型：酒体芳香秀雅、醇厚丰柔、甘洌爽净，以河北衡水老白干酒为代表；⑫馥郁香型：口感特征为"前浓、中清、后酱"，称为"一口三香"，即兼含浓香、清香、酱香三种香型的特点，以湖南酒鬼酒和阜阳金种子馥香酒为代表。①这12种香型的品评，显然采取了科学化的"香气""香感""香味""香性"的分类方式，而"香"在中国文化里是兼涉食味享受和精神享受涵义的，似乎具有一定的综合性。不过，这个概念随着酒业的发展愈来愈凸显自身的不足，一是如果"香型"随原料、酿法和器皿、储藏方式等不同，再新出现N个新的香型，是否还需要一一命名？所以，第五届全国评酒会之后再没有开过类似的会议，以免陷入丢弃"香型"评测标准和再增加新的香型酒品的两难境地。二是"香型"虽具有涵义的综合性，但着重点还是"饮食风味"，而且是具体化的食味标准，在科学上它属于游离了酒体成分的微观测定而摆到了气化口感的主观品鉴一端，具有很大的主观化因素。就是说，科学可以从事这里面的精细化研究，但最终的结果却无法避免主观化不确定性度很高的定论，这必然使科学结论的精准性受到质疑。三是从文化标高来说，它不能够充分体现中国传统酒美学的文化本质与核心价值理念，你很难说这一种香型有价值，那一种香型没有价值，因为任何一种香型都有喜欢它的接受群体，而一旦一种产品只是就其"物质"特性形成标记，那么，它和其他的饮食品类在文化蕴含和价值效应上，就很难做出文化价值的深度裁定了。

---

① 这12种香型综合现有公共性描述话语，代表酒型除个别系笔者添加，其余皆循惯例。

清雅酒韵的文化标高，以美学价值为内在尺度，所关注目的重点不是直接的酒香味感，也不是对酒体香味物质的个别测定，更不是以不确定描述饮后精神反应，这些方面——酒原料构成、香味物质、生理反应、心理感受等都是酒韵必触及的基础条件和因素，但它们都不能替代精神化的酒韵风格。或问，不品尝酒，何以知韵？没有眼、耳、鼻、舌、身、意的感触和认知，何以解得酒韵？这就是因为酒韵是质韵和韵质的统一。质韵是物质存在及其结构、形式的特质、意味，韵质是酒体溢发的精神性特质、情味、意境和呈象等，质韵和韵质统一于酒体，在一种审美把握中凸显出酒体的价值本质。而清雅酒韵是一种独特的酒体审美价值，它所追求的文化标高，是清雅融合的美学境界。这种境界超越一般的是非判断，并非科学的、日常的知识性判断，也非伦理性的酒礼行为准则，它是基于酒审美所实现的酒美学意涵和韵味，它是含摄具象的抽象，统揽感知的直觉，超越直接感受的深度生命体验，是涵容了深刻文化价值理念和系统思想解读的一个"超实体"存在系统。对这一存在系统的精神姿韵，我们通过观照酒韵风格的美学境界，可以获得更深入的认知与领悟。

四、清雅酒体的美学境界

清雅酒韵之"清雅"为何？在前面论述酒体"清韵""雅韵"和"清雅韵"的美学特质时，我们阐明："清韵"质地纯而无杂，显现纯粹、纯净、清新、透明、淡和的精神趋向；"雅韵"以人文化精神极向，塑造酒体形态和形式，雅韵的历史性、人文性和技术性尺度，设计满足精神韵味需求的多样化形式，呈现精神姿韵的丰富性和深邃性，精致而细腻，饱满而有灵性，具足如此精神需求特性的韵味、风格，或浓郁或醇厚或馥合或回味或奇特，故"雅"有大小之别、正奇之变；而"清雅韵"是清、雅韵的融合，兼有两者之美，扬两者所长，同时，又具有两者之所无，能"反本追原"，也自呈"螺旋式上升"的逻辑节奏，清雅合体迸射独特无二的韵旨。由于理论概括不像具象描述好理解，加上一般对口舌之感更多与身体感觉的舒适联系起来，很少进行深入的精神上的关联。为此，我们试以诗韵的品评作类比，从诗韵的清雅风格来间接体悟酒体清雅的别致、奥妙之处。

明高棅编辑《唐诗品汇》，在《五言古诗叙目》卷二称赞初唐的诗韵"品格渐高，颇通远调"，盛唐诗韵"雅正冲澹，体合风骚"①，认为盛唐是诗韵达到鼎盛的时期，诗圣杜甫和李白的成就最高，杜甫"尽得古人之体势，而兼昔人之所独专矣！"李白的诗"高怀慕尚""如无法度，乃从容于法度之中"，在杜甫、李白之间，名诗人达数十人，各个有独特的诗韵风格："今观襄阳（孟浩然）之清雅，右丞（王维）之精致，储光羲之真率，王江宁（王昌龄）之声俊，高达夫（高适）之气骨，岑嘉州（岑参）之奇逸，李颀之冲秀，常建之超凡，刘随州（刘长卿）之闲旷，钱考功（钱起）之清赡，韦（韦应物）之静而深，柳（柳宗元）之温而密，此皆宇宙、山川、英灵间，气萃于时，以钟乎人矣！呜呼，盛哉！"②这里提到孟浩然的风格为"清雅"，孟浩然擅长写田园景致，抒发自我真实感情，诗韵清新自然，不刻意琢磨诗的音韵格律，也不"掉书袋"，堆砌历史典故，故称其诗"清雅"，其他诗人的诗韵有没有"清雅"的特点呢？高棅用了别的词语概括形容，王维的诗优雅精致，高适的诗雄浑有气骨，岑参的诗奇逸难料，李颀的诗冲和秀雅，常建的诗有超俗意趣，刘长卿的诗有从容疏旷的雅致，钱起的诗清新而富赡，韦应物的诗静谧幽深，柳宗元的诗柔雅而周密，如许描述表面上似乎与清雅诗韵并列者颇多。其实，正如诗人概括"此皆宇宙、山川、英灵间，气萃于时，以钟乎人矣！"，意思是，这些风格都来自对自然审美气韵的把捉，用最适宜于人精神接受的形式表达出来。那么，"清"多指向自然极向的题材韵旨，"雅"是"钟乎人"，用来使人感动因之而钟情于彼、忘情于我的一种表达倾向。由此，诗韵清雅与其他雅韵内在相通，但自然的原汁原味的审美传达更占据中心。对清雅诗韵的理解，我们还可以参照《四库全书总目》总叙元璟《完玉尝诗集》的概括，该"叙目"称元璟的诗"以清雅为宗，时有秀句"，如"才怜孤峤远，斗转一峰迎。浅碧胶鱼沫，残红落雁声。""水绕西施浣纱石，云藏子敬读书山。二月草堂逢社燕，一春花事到山茶""一笛破寒渚，千帆凑夕阳。船如米家小，水似瀼西偏。秋思啼螀集，归心落叶知。"③古人对诗韵的品评非常

---

① 高棅编选：《唐诗品汇》，上海古籍出版社1988年版，第46页。
② 高棅编选：《唐诗品汇》，上海古籍出版社1988年版，第48—49页。
③ 永瑢等撰：《四库全书总目》卷181，中华书局1965年版，第1640页。

考究和精致。在这段话中,《总目》编撰者认为元璟的诗把"清雅"作为个人风格的"内核""根本",让不同题材的诗作都表现出清雅的风格特点,但又同时具有不同诗作的表达侧重,显示了清雅风格的多样化。"孤峤"和"一峰"对应,满池清碧,鱼吐胶沫,残红落叶无声,飞雁飘过有声,此景繁丽而清雅;水边石墩如西施浣洗轻纱,水绕涟漪波纹,山上有人耕读,云雾缭绕掩映身影,春天的草屋燕子衔泥飞来,整个春天从花野处处鲜艳到山里人忙着采摘春茶,一派熙和美丽的气象,此情与景悠澹而清雅;寒冬里有人在小洲上吹笛,水湾里千百只船沐浴着夕阳。看上去,那船像农家的稻米般微小,水也变得瀼瀼含露,似往西面移过一般,而这时候秋思浓郁,寒蝉啼鸣,归心似箭,惟落叶归根同心有知,此景与情幽婉深彻,内敛清雅,蕴藉深远。从对元璟诗的点评,可知清人所理解的清雅,是一种使各种风格、韵味可以归旨的根韵,若无清雅为底,则繁丽变得俗艳,悠澹变得疏浅,幽婉变得冷涩,情和景都不耐人寻味,诗作也轻顽造作,流于戏作。清人崇尚清雅诗韵由此可窥一斑,事实上,从宋代到清代,对清雅韵味的追求,成为文人化的精神趣味和境界的一个主导趋向。这种精神趋向和文人化的清雅审美趣味,反映了对精致优雅生活的理解和生命对悠然和谐的现实以及自由充实的精神理想的本质追求。它不仅反映在诗风诗韵的审美和美学观念上,也深入浸透了饮食生活,自然也浸透了酒事与茶事的精神曲韵。宋人林洪的《山家清供》即"以清雅为宗",通过罗列丰富的食单呈现饮食的清雅韵味。随意拾取任一食单,便能体会到清雅提摄的盎然美味。如"太守羹",是用自家种的白苋、紫茄,添加苎姜制成,用作者的话,这些食材不过是"常饵",为"世之醉酡鲜而怠于事者"所不屑一顾,但苋菜和茄子性俱微冷,经

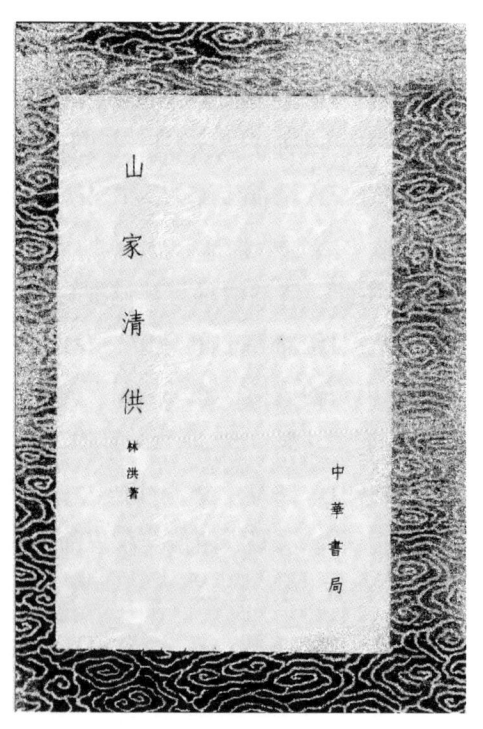

《山家清供》图片展示

芼姜调和，冷性转热，做成汤别致清新，成为佳肴上品①。再如"酒煮玉蕈"："鲜蕈净洗，约水煮少熟，乃以好酒煮，或佐以临漳绿竹笋尤佳。"作者引诗云："幸从腐木出，敢被齿牙和，真有山林味，难教世俗知。"②"胡麻酒"云："旧闻有胡麻饭，未闻有胡麻酒，盛夏张整齐赖招饮竹阁，正午各饮一巨觥。清风飒然，绝无暑气。其法：赎麻子二升，煮熟略炒，加生姜二两，龙脑、薄荷一握，同入砂器细研，投以煮酒五升，滤粗去水，浸饮之大有益。"③"假煎肉"云："瓠与麸薄切，各和以料煎，麸以油浸煎，瓠以肉脂加葱、椒、油、酒共炒，瓠与麸不惟如肉，其味也无辨者。"④……类此不胜枚举，均以日常新鲜食材，与别的貌似"不搭"的食料和佐料，用寻常烹饪法调之制出，新意难以意料，韵味陡然奇妙，让日常饮食别添异常丰盈的美食趣味。这种以材质的"清"和合工夫、制法和口味所求的雅，在酒体酿制上也浸透很深，从宋至清酒韵愈来愈精致美妙，格调愈益显高雅醇甄。《北山酒经》曰：

> 曲之于黍，犹铅之于汞，阴阳相制，变化自然。《春秋纬》曰："麦，阴也；黍，阳也。"先渍曲而投黍，是阳得阴而沸。后世曲有用药者，所以治疾也。曲用豆亦佳。神农氏：赤小豆饮汁，愈酒病。酒有热，得豆为良，但硬薄少蕴藉耳。
>
> 古者醴酒在室，醍酒在堂，澄酒在下，而酒以醇厚为上。饮家须察黍性陈新、天气冷暖。春夏及黍性新软，则先汤[平声]而后米，酒人谓之倒汤[去声]；秋冬及黍性陈硬，则先米而后汤，酒人谓之正汤。酝酿须酴米偷酸〔《说文》"酴，酒母也。"酴，音途〕、酘醹偷甜。浙人不善偷酸，所以酒熟入灰；北人不善偷甜，所以饮多令人膈上懊侬。⑤

---

① 林洪：《山家清供》，王云五主编：《本心斋蔬食谱及其他三种》，商务印书馆1936年版，第4页。
② 林洪：《山家清供》，王云五主编：《本心斋蔬食谱及其他三种》，商务印书馆1936年版，第19页。
③ 林洪：《山家清供》，王云五主编：《本心斋蔬食谱及其他三种》，商务印书馆1936年版，第22—23页。
④ 林洪：《山家清供》，王云五主编：《本心斋蔬食谱及其他三种》，商务印书馆1936年版，第16页。
⑤ 朱肱：《北山酒经》，中国戏剧出版社1999年版，第1—2页。

朱肱以"阴阳相制,变化自然"为酒的清韵依据。麦、黍各有其性,阴阳俱有其清。制曲、酝酿均可清雅融合,一是配料,可添加药物草木,或配豆类也有很好的效果;二是制曲方法,先曲后料,阳得阴而沸。若为用药物草木和加豆类制成的曲,则阳有缓减,而不懂得此理的,浇以红豆,红豆性热喜温,使酒性愈加沸腾,酝酿无徐缓消化空间。故相比之下,以豆调度为好,只是豆类也有不足,结构疏松,质地较硬,使酒性变得不够蕴藉。朱肱认为,古人在这方面积累了丰富的经验,清雅糅合,须结合时令,发挥物性的优长,并且在酝酿时懂得水与料和曲的和合机制,以酒性酝酿得饱满醇厚为佳品,不足则辅以其他手段。像古人"玄酒在室,醴酒在户",意思是酝酿没有时间过程,则只是"玄酒",接近于饮用之水,一般家庭都有;"醴酒"是有甜味的,糖化发生的酒,这要在懂得酿酒的人家才有;而"醍酒"是颜色鲜红的浊酒,有糖分也含酒精,可以摆在堂上孝敬长辈;惟"澄酒"是酝酿相对足时,酒质量好的"清酒",可放在"下面"储存,供祭祀或其他重要场合使用。在这个酒品质由粗到精的分别过程中,酒体醇厚的根本,是处理酒的香味和性理,其中酸甜最为重要。作者在解释这一点时,结合了"五行"学说,认为天南地北,六合所化之物,都具有自己的物质结构和体性特征。因此,不同地方的人酿酒,应该辩证把握,在酝酿方法上既要发挥出酒料物质的原有性味,又要适时调节,为此他主张:"酝酿须酴米偷酸、酸醽偷甜。浙人不善偷酸,所以酒熟入灰;北人不善偷甜,所以饮多令人膈上懊恢。"[①]意思是,酝酿把握好酸甜之味,是把握好酒品质的关键,也是酒能否超越物质的结构、性理,形成自己特有的韵味的关键。"酸"一般是酒物质生命活性发散的体现,在适当的温度区间,酝酿发酵,物质发散菌的活性、气味,因之生涩,不柔和,加之发散中有新的凝合,使分子相互摩擦,平添发散中的回旋、淤积,从而味性呈酸;而甜味中酒生命活性不仅发散而且碰撞生电的反应,故而物质能量在燃烧状态,炽热匀发,有一种整体和谐的存在感,故而味性呈甜。但在实际酝酿中,因北方酒原料(高粱、小麦等)质地偏硬,南方糯米质地柔软,所以在酝酿时,北方的物料挥发力度大,而北方人不懂得用软质

---

① 朱肱:《北山酒经》,中国戏剧出版社1999年版,第2页。

的米曲来勾调酸性，使之少酸，南方人也是，不懂得在投放曲料时，减弱热性，使甜味适度，从而北方人的酒酿饮了酒气直冲两膈，生味浓烈，南方的酒则因曲料酝酿没把握好，能量耗散过多，酒性涣发，饮之索然无味。我们引用这段话，目的在于说明宋代对酒韵已能从原料和酝酿方法上理解清雅的融合与转化，在人工酿制条件下，没有绝对的纯粹的自然之"清"，人文化发掘自然的原质，使之具有人喜欢的滋味，这便有了"清韵"。而"雅"主要是对自然原质用人文的、社会化的方式加以改造，使自然原质发生改变，成为新创造的、同样也为人所喜欢的滋味，则属于"雅韵"。《北山酒经》立足于阴阳五行和中国农耕文明的生成转化之理，将生命哲学在制曲、酝酿、饮用诸方面表达得十分详尽，其中也渗透了以粮为主、南北有分，乡饮重酒礼的儒家思想，对道家的重自然、重本味、重阴阳相制、重酒性柔调的辩证思想，也有相当吸收，而且对佛家的思想也有一定汲取，如"合醅"发酵面撒米糁，拌以曲末，透风阴干为干醅，拌入浆米粥，置入酿饭瓮中，发酵过后，即成酒醅。天寒汤发，天热水发，只需取酒醅二三杓，酒便造出来了。此法称为"传醅"①，中间似免掉了酒发酵环节，体现了融合诸种因缘，因有及无，方动即静，若续若断，无醅有醅，非酿得酿，酒成于韵味和合，也是一种很高明的文化体悟。如果说，《北山酒经》对酒韵的清雅和合，体现了对酒蕴之道，对酒体清韵、雅韵及清雅韵和合的探寻意识，那么，这对以后是一个很重要的基础。因为元代酒宴繁盛，明清热衷于追求酒的灵韵，与这种意识、理念一脉相承。这样，尽管古人也很重视酒的日常饮食之用，但对酒仍然体现了较高的超越意识，除了以"经"冠名，如《酒史》《酒概》《酒癫》等著述，也多涉文学、历史、哲学方面的思考。只是这种思考附着酒在生活中的广泛接受，逐渐地也倾向更关注酒的酿法轶事，传扬营造的传奇，饮酒的风流韵事、率性之举等，导致后期的思考反不如南北朝至宋代这一段更加朴实入理，融入酒酿的实践感悟，体现对酒深致的时代哲学。而宋至明清的酒文化、美学理论，看似延续而下，细节偶或奇妙，在品类名目和细节填充上多惊人之笔，其酒体的酿造已走向销售的经营，甚至

---

① 朱肱：《北山酒经》，中国戏剧出版社1999年版，第10页。

达到商业化的酒庄文化，然而它所拓展的理蕴建立在另一种基础上，与传统是有分别的，对此须有一个清醒的认识和划界。从而就能够理解，明清酒酿技术或经营可能有了大的发展，但在酒审美和酒美学内蕴的升华方面，罕见根本的突破。

即便如此，我们仍然要对宋至明清之际的中国酒美学的内在精神，进行切合其所面对的现实基础的价值判断[①]。在发掘酒质内蕴和酒体韵味、滋味方面，中国酒在宋以降达到了成熟阶段。这种成熟，为近代酒美学观念的萌发，奠定了很好的物质和文化理解基础，也为酒韵通达更高的美学境界，提供了思想与话语阐释的可能。

基于此，我们从历史和逻辑的维度，确定清雅酒韵的美学境界。从历史维度来说，古典时代由清韵、雅韵的有所偏重、分化，走向清雅韵融合。清韵、雅韵都有酒体物质基础，以质韵为韵质的前提，但质韵之"韵"也精神化了，反映人对酒物质的精神审美和美学态度，而韵质偏重于精神表达，所以，清韵、雅韵通过酒体和饮众享用的言语、行为，涵盖质韵与韵质两个方面，使之更侧重对酒物质的感知、感受、延递、转化为精神性的感悟、体验和观念。古代到近代，酒韵的发展深刻记录了这种精神发展的轨迹。尽管说，酒体作为物质实体，用作精神载体，在表现力上无法与语言及其他艺术手段、形式相比，但它是生活的审美化、艺术化语言，从而能够真实且丰富地表达人们（包括群体和个体）的思想感情和精神体验、理念。于是，当清韵、雅韵在新的酒体的不断创造中，凝合为新的潜质和特质，自然与人文更紧密地聚合于酒体的性、气、味、相等形式时，一种建基于酒文化历史积淀的清雅韵酒体，便在更高的社会形式中诞生了。这种社会形式即市场化和商业化，唯有这种社会形式能够打破个体对雅韵的偏嗜心理，进而使雅韵的文人化、个性化面向大众推广开来；也只有在工业化、社会化生产规模条件下，清雅韵才能更自主、自觉地摆脱传统的酒酿模式，使酒韵的人文化

[①] 价值判断这个词，在美学是指感性的蕴藉，即无目的的合目的性。人文科学以真善美为终极价值，故而几乎所有具有感性形式的存在，包括人的思维影像、意绪，倘若与一定的意义语境关联，则必显现出价值。但此语之使用须谨慎，如说酒体追求美学价值，商业上则追求销售的利润价值，两者并非一种价值，那么美学在讲价值时，就必须与实用性的、目的性明确的价值涵义区别开来。

理解在更高的美学尺度指导下，突破传统理解的局限，譬如那种局囿于小规模饮众、韵味、风格仅为自然质韵的人格化模拟，或将人性本能、真实性情进行诗意酒意交融的诠释等，上升到更高的层面——不仅仅是天人合一（清韵比较典型，表现古朴的巫文化及道家的思想主旨）、人伦和谐（雅韵比较典型，表现儒家的中和思想主旨）、法性统一（清雅韵比较典型，表现佛禅的和合思想主旨）的境界，而且是近代民族工业崛起态势下，实现的融合科学与传统文化精髓的人的生命主体思想、宇宙生态思想协合的思想理念与境界。在20世纪中叶至21世纪20年代这七十多年间，中国酒韵的美学境界，又经历了大的历史跨越，可大体上分四个阶段：第一阶段，20世纪50年代至20世纪70年代末，以酒饮满足人民生活之需要为价值理念，在粮食紧张的情况下，依然调动资源，加大茅台酒、五粮液生产量，并制定勾调型白酒适饮标准，为白酒作为中国人酒饮的主要品类，加强了生产设施的建设，奠定了群众接受的基础。第二阶段，20世纪70年代末至20世纪90年代，统一酒酿科学的基本认识，制定白酒的香型品鉴标准，为酒类产业的腾飞提供了科学化的理论依据和实践指导。第三阶段，从20世纪90年代初到21世纪初，白酒产业出现群雄逐鹿的局面，以中央电视台春节联欢晚会酒类广告夺魁为引力，全国各地酒厂争创名优，推动了白酒类产业空前繁荣的局面，在这种局面的后面，是各种酒物质资料和精神资源被纷纷调动起来，预示着酒价值随着认识理念的深化，话语、形式趋于多样化。人们不仅接受媒介的暗示、诱导，也自觉调动对酒的内在精神欲求，从而酒文化的美学表达开始体现不同文化风貌的精神境界表达：有的追求类似《红高粱》饮酒情节的野性、原始生命力；有的探寻酒韵与民族文化渊源的缔结，"孔府家宴""秦池酒"等广告夺冠一时风光无限；有的追溯思乡思亲幽怀，在酒体特质上探索现代乡土酒韵味；有的彰显逍遥淡雅的高蹈雅韵，酒体韵味绵柔软细，香、味、色均若有似无，以供自酌品酩之乐，足慰士子缥缈游仙之心……这个阶段酒体韵味出现差异化竞争，各地新酒品如雨后春笋纷纷涌现，媒体鼓噪名牌，你方唱罢我登场。同时，西方葡萄酒、白兰地也带着西方酒韵的"绅士化""贵族化""庄园化"名牌理念，与中国白酒争夺市场，本土酒韵"中国化"呼声和西方酒品质"高端化"推广趋势形成强烈撞击，导致接近20世纪末阶段，"众声喧哗若无主"，中国酒韵既呈现空前崛起态势，又面临严峻的市场挑战。第四阶段，21世纪以来，中国酒类回归酒文化、酒美学本体，各种酒品出现高端、次高端和中低端分化，名牌酒、新创产品和贴牌酒、私酿酒、粗制酒"各占一方山头"，在酒韵内涵追求上，以白酒和黄酒为代表，形成了明显的东西南北中各地酒体皆呈风韵，又都怀有危机感，从而对酒体美学愈发重视的局面。

酒韵的现实发展，为清雅酒韵的美学建构提供了历史契机。在逻辑上，清雅韵体现清韵、雅韵的和合，以自身酒韵特质兼具清韵或雅韵，又区别其任一而成就独特创设。如同清韵、雅韵的逻辑形成一样，清雅韵也从酒体构成、创生机制、享用效果和美学价值诸方面，完善自身的美学构成，使之成为更适宜于人类的生活需求，更具精神性的酒美学表达载体。不过，在进行这样的理论创设时，虽然理想很饱满，现实也并不骨感，因为从近现代酒韵发展现实来看，并非完全与清雅韵没有关联。事实上，已有酒体在相当程度上涉及或表现出清雅韵酒美学的逻辑特征，为此，从对现实有所概括角度，我们可就清雅韵酒体的美学境界，给予总体的认识归结。

（一）根本韵旨

清雅酒韵聚焦中国酒美学的韵质和气度，是中国酒质韵、韵质肌理的学理概括和系统表达。在根本韵旨上，清雅韵以宇宙活性对酒性的醒活，使酒生命活性成为人类身心健康的重要因子，有利于改善人类的精神文明生态。中国依托于传统文化的深厚积淀，在培植、创造、提升、完善酒酿机制基础上，以清雅酒韵为新时代酒体风格、韵味的新形态、新风范，弘扬清新活泼的生命力和蕴藉深厚的人文价值。清雅酒韵之所以成为酒美学根本韵旨的逻辑依据，一是它能将自然物质和社会科技文化资源，给予酒体品质的风格化凝定；二是它能汲摄清韵、雅韵酒体美学的极致，在一种更高的酒体美学理念下，推出最具传统本土韵致、又最具酒美学本体自主性，以规避和消解酒酿过程不合理因素、负面影响的优质产品，具有面向中国广大地区和世界推广的潜质与实现可能；三是它以传统儒道释文化的和合筑基，在生态美学的整体运筹中合理调动最新的科技文化和其他社会、人文文化，使酒体的存在形态在更宏观的动态性整体文化系统中，以"介质""符号"的能指作用为功能价值的主导构成，从而对于促进形成良好的现代生活方式和博大、柔韧、灵动、自为的精神风貌，起到了异常有力的冶铸作用。

（二）风格界限

清雅韵的韵味呈现是个性化的、表达生命本质的，因而其酒体风格也是高度鲜明和个性化的。这标志着清雅韵酒体美学所建构的，是一种个性化的文化、美学风范。既然是个性化的，它就有自身的文化、美学疆界。以酒体美学具有通、特、别三种体式而言，在通体层面，清雅韵与清韵、雅韵互有相通，即清韵、雅韵的极致形态，在圆成自身体性，使清韵得到饱满之表达时，也内在地蕴含有清雅韵的美学意蕴、意韵。但内在于极致性清韵、雅韵酒体中的清雅韵构成，并不能标志为该种酒体的独特风格和足以成为Icon造型标志的韵味特征。例如，清香型之汾酒，在美学上以酒体自然质韵的清新、匀和，显示了优美而自持的清韵美学的精神影响力，但陶缸酝酿和对酒气、酒性的自然原生质性的口感追求，带来的是更偏重于对生命力的直接激活，其清雅韵成分只是在优质酒品上体现出调和、美悦精神的作用，这方面的效果相对于前一方面不构成主导，因此不能形成清雅韵独特美学韵旨。同样，酱香型之茅台、浓香型之五粮液，其复杂而精致的酝酿作业方式，对酒物质的原有自然质韵已然进行了根本的改造，从而酱香很难呈现自然清韵，浓香则中和诸粮之香，且浓香和美也主要得益于酝酿，两者均呈雅韵美学极致，与清雅韵不在同一系列。因此，清雅韵与非清雅韵形成鲜明的酒体风格区别：清雅韵以清雅和合之品质、风貌为其主要特征，清雅质韵、韵质的内在构成，或有清重雅淡或雅重清淡的体性差异。然而在本质上，清雅韵酒体的清雅和合体性都达到一种基本值，即清韵之质韵的纯粹、集中度足以支撑韵质的生长，并且后者与前者并不构成线性的对应展开，而是从人文化境遇拓开话语空间。而清韵酒体不具备这种潜质，通常是在质韵基础上聚焦确定性的韵质内涵，以自然韵质的阐释施于饮众对象，固其人文化境遇始终局囿于传统的或诗意化的或直感性的生发。类此，对于雅韵酒体来说，则不具备回归自然原有质韵、韵质的优势，它通过工艺力量强调自然原质在人文化境遇中的存在和转换之美，也能够将这种人化的质韵作为精神性的美学力量，以相当爆发效果的话语阐释来凸现价值影响力，但终究是离开了"家园"的游子，可以在怀恋中感受柔性幽情，或在畅想中体味现实与未来的缤纷，却因为雅化的路径、方式在酒体生命历程中已经定格，只能沿着既定的方向加持强度、力度和活跃度，使酒体韵味、风格更切近于现代性的精神本质，却很难自我消解、朴散化，自然也很难超越酒体自性的客观局限性和人文定向的主观性，来达到超主客的宇宙生态活性，即酒生命活性更高境界的空韵活性。

而清雅韵自身内部，也因为清雅韵和合的情境、构成比重、"介质"特性和风格境界的不同，形成了高低不同的品阶。在阐明酒韵文化标高时，我们曾指出这种"标高"是对一种酒价值高度之"就"，是质韵和韵质的精神性统一，当清雅和合为一种价值"造型"、精神化品韵、风格时，它虽然是统一的、和合的。但促成统一、和合的情境、构成、"介质"和意志，让具有清雅性质的不同酒体不得不将自身定位在一定的品阶，有的站得很高，有的站位就比较低，有的能够完成对"情境"的酒美学语境突破，与时俱进，有的在"介质"上也能生成新融合机制，使清雅韵美学风格不断超越旧我，绽现出清雅韵酒体的精神生命力，而有的则不一定能够做到，究其原因，或因为"介质"的固化，始终将深藏若虚和合凝固在某一种方向维度，或停滞在"情境"上。如黄酒的清雅韵和合性质，在古典时代就已经达到诗意醇厚和谐的境界，但及至今天，酝酿方式的"六必"持守和液态发酵的自然消化，都给黄酒的风格、韵味划定明确的壁垒界限，导致很难突破传统的生产和品饮方式，来进入更具时空凝缩化的现代空间和否定消解韵味更浓的后现代酒韵空间。

（三）精神境界

清雅韵体现有科学、文化、人文和美学等不同的精神境界。科学的境界为技术手段实验并测定的清雅香型成分，带给人口感和心理上特殊的体验。科学手段指向具体的物质成分，但由于酒酿科学向生物化学、生命量子学和工程应用学的拓进，单纯香味物质已不是酒体性质的绝对尺度，更多时候注重香味成分的复合方式及其生命化学组合方式会对人的饮食感受和生命健康，包括精神体验产生怎样的影响，这样便使酒酿科学也具有了基于技术实验与评测而介入的主观价值判断。它为酒体的基本质韵划定一种物理界限，酒体依此形成品类和种类的风格、韵味个性，即最切实的也最稳定的精神境界。清雅韵的科学境界，以某一种清韵性质的香味物质为主体构成，同时复合多种辅助性香味物质，构成统一的清雅韵酒体风格。若仅仅为单一的香味物质成分，或单一的酒体香型，则不符合清雅韵的和合性质。因为雅韵的质韵基础，必是一与多的同一，唯有一才有其清，唯有多才具大雅、正雅、变雅之多种可被社会、人文接受的体性。纯粹菊花酿酒是出清韵的，但菊花若无微量元素丰富之水质和其他人工加持的手段，丰富菊花原有之性，使所出之酒具有更宜于人的口味、韵致，则此菊花酒韵单薄，不具备雅韵风格，自然不属清雅韵风格之酒。清雅韵的文化境界是酒体韵味、风格呈现出时代文化的融合气质。古代虽无典型的清雅韵酒体，但唐宋以降，儒道释文化融合形成趋势，体现于酒体上，宋代探索多粮混合，乃至粮与肉合酿（羊羔酒），或粮与植物合酿，已不是个别现象，这就具备了基本的科学精神境界。而在此基础上，酒韵也表现出明确的文化价值趋向，虽然儒道释的和合并不明显，但伴随南北饮食、交通的对流，这方面的融合开始显露，到明清酒话语中的文化意涵表达得已很充分。其中对清雅韵的文化表达，在明清呈现得较为突出。到现当代，在文化韵致上，清雅韵与清韵、雅韵各致其极，通达四方，形成了一些明确的文化和合概念，如民族性、中国酒、国缘、国台等。但酒体是更细微的概念，文化精神境界体现文化标高韵味，对酒的销售、推广具有打通观念、认知上的"共性"作用，却并不等于酒体也因此就具备了文化质韵与雅韵融合的风格特性。从而，纵然到现当代清雅韵表现出了文化意识融合的趋势，也依然停留在酒韵科学境界的认知尺度上，在相当一个时期没有达到自主自觉的改变。到21世纪以来，这种状况开始发生改变，文化融合意识被人文化的酒意识所超越，人文性清雅韵风格，在不同酒体话语表达中都有不同程度的表现。茅台、五粮液、国窖、汾酒等，都从人本主义理想和价值出发研究、开发主体的品质特性，在高度酒、中度酒、低度酒各个段位推出新的酒种，一时间形成酒香四溢，举国热衷酒饮的浪潮。然而，21世纪第一个十年之后，计算机互联网逐渐成为销售的主战场，在大牌酒厂、老牌酒厂纷纷争创名优品牌的同时，各种新兴酒厂，贴牌酒销售公司和不具备完善条件的酿酒小厂、私人酒坊也参与进来，鱼目混珠，泥沙俱下，酒体品质和实际销售价格、市场份额出现"各分一杯羹"，假冒伪劣的酒对酒韵人文价值形成严重干扰的无序局面，在某种程度上，导致酒人文价值境界并没有如同酒市场的热闹、繁盛——包括酒上市公司股价直线飙升那样也呈现整体良性的有序上升，反而在现代化市场竞争与商业化氛围加剧之形势下，感受到空前的生长压力，各个酒品类、各体酒韵概不能免。虽然在这个时期中国的酒酿科学研究已跃入世界一流前沿水平,但在酒韵人文精神价值境界的追求上,越来越陷入一种不无迷茫而单纯追求产业利润的状况。在此情形下,进入21世纪第二个十年,酒界开始反省酒业自身生存与时代、国家、民族和人民的命运联系,意识到新时代酒文化的发展必须在酒韵"各具其美、美美与共"的良好生态氛围持续下,求得自身的存在与发展。为此,对酒体品质和酒韵风格、韵味的研究开发,进入了追求美学价值境界的新时代。清雅韵酒体美学,在回归酒体、酒韵本体上,属于与清韵、雅韵酒美学共存并列之独特类别,它坚持酒本体的超主客生态活性本韵与注重酒体客观性和人文主体性的酒韵美学价值追求,共同促成中国酒品质、风格多样化拓新的新局面。而酒美学价值境界,最根本的在于将酒韵精神通过酒体品质、酒品类的形式细化,类似举措得到了更具学术化、学科化话语阐释的有力支撑,意味着酒体个性化生存,不再是简单的文化标高或人文主义诗意化的自恋满足,也不再是唯科学实验的"权威式"标准的绝对印证,而是酒体不仅建构精致品质的酒物质质韵世界,而且要建构关于酒体的思想、理论与实践体系的酒物质享用之酒韵精神世界。清雅酒韵及其独特的风格、韵味呈现,在新时代酒美学潮流中,正作为一种新的崛起力量,愈来愈凸显出它对现实生活和世界的有力影响,对提升新时代生活品质与风貌,愈来愈成为一支不可忽视的重要力量,展现出它卓越的思想价值深度和美学境界高度。

第五章

陈太吉酒的清雅尊享

陈太吉酒是清雅酒体的典范文本,其酒美学文脉渊源悠久,既在中国传统酿造方式上锐意革新,又弘扬江南雅韵之风,以独到恢张的文化生态,将酒韵特质发掘推到新的高度。玉冰烧作为陈太吉酒的龙头品种,清雅品质鲜明,风格蕴藉深厚,值得深味和咀嚼。

清雅酒体推进了新时代酒体美学的创新，展现出新的酒体品质和精神风貌、韵味，是优秀酒文化传承与新技术、新人文融合的典范。在白酒、黄酒阵营中，酒品类的美学潜质和生长趋势，如何趋向清雅酒体质韵和韵质的整合、融一，依酒体美学逻辑衡量和评定，并非一定以这种融合为市场主导型风格类型。但酒体美学逻辑也并不排斥清雅酒韵的融合，也不排斥这种酒韵风格超越传统主流风格，成为新的代表性风格形态，毕竟文化的生命，主要通过个性化的风格、韵味来表达的。但一般规律上，新的风格在起步阶段，无法占据数量上的优势，从中国目前酒品各类的状况来看也正是如此，只有屈指可数的酒体贴近清雅融合的标准尺度。

酒工艺的传承与创新，对于新的酒体美学韵味呈长远而潜在的支撑趋势。近现代以来，科学、工程学应用引导酒体酿造，分工细化强化了清韵、雅韵酒体的精益求精，因为人们对清雅韵不太了解，也因其风格新创的不可替代性，在较长的时间段还无法与清韵、雅韵酒体相抗衡。即在人们的接受意识，也包括品鉴、评定酒的专家认知里，香气、酒味物质的甄别，是要通过已有的概念来认定的。其结果是对酒体的终极裁判不得不还原为工艺程序的分化裁定标准，让酒曲、酝酿以至酒品的整体特征，也最终归属于对已有酒体的偏倚或混合方面，很难从认识上把清雅和合视为一种酒体、酒品的新形态、新种类来看。因此，尽管在19世纪末中国就有了成熟的清雅酒体风格了，却直到21世纪该种酒体一直不火，未能引起专家和饮众的认真关注，清雅酒体的品质、效能、价值被长期严重低估，导致人们关于酒韵风格及特质、韵味的普遍认知，一直受到传统偏颇的干扰，而未能将酒文化传承引致创新、突破方向，促成酒体品类"美美与共"的竞逐卓越态势，而且也未能在酒美学及酒体美学的逻辑理蕴上，提出超越甚至跨越传统美学理论和话语的新体系与思想谱系。

前述清雅酒体美学，着重就其质韵、韵质的精神表达本质进行论证和阐述，发掘其品类构成的风格特性和美学内涵，揭示清雅酒体美学化历史存在的流势与近现代以来愈益走向酒美学前沿的语境与创生可能。本章将从酒业态现实择取具有清雅酒体风格、韵味及美学定向的典型范例，结合其审美和美学生成，梳理清雅韵美学个性化生存的机理、机制，与美学价值凸显之可能。我们认为，无论是酒文化，抑或酒美学，在未来的市场上其理论与实践话语的表达将会愈来愈个性化，这种个性化不是对清雅韵美学和合普遍原理的颠覆，反而恰恰是在个性化的表达生长中，清雅韵美学臻至充实和完善。因此，有关典型范例的剖解与阐释，从清雅美学角度进行的重点，不在于对典型酒业实体历史和生存现实搜罗殆尽的叙述，那样无异于打开酒业厂家的"账本"，似乎通过历数成长的"细节"，便能窥察其赢得饮众和市场的奥秘。其实不然，纵然是处于尚在发展中的酒业实体，即使它不属于"龙头""虎腰""熊背"之类威猛抢眼，只要具备了典型的清雅韵酒体美学特征和趋势，就具有聚焦其理论和实践的不二价值。当然，倘若该企业的发展，已经显示出不俗的气象，并且业已展开惊人的创新功夫，从而已经成为中国酒品类不可忽视也不可替代的存在力量。那么，我们的讨论就越发具有了典型性和论证与阐释的说服力。

我们要关注并切入研究、讨论的对象，即广东佛山石湾酒厂的"陈太吉"酒，它是一个历史老品牌，在公元1830年就诞生了。约130年间，"陈太吉"以鲜明卓绝的酿造方式和酒体特征，赢得中国南方和东南亚饮众的喜欢，并且在中国其他地区获得广泛的赞誉，目前是中国米酿白酒出口到世界销量最大的品牌，这是该酒体影响的基本状况。目前佛山石湾酒厂的"陈太吉"品牌，就清雅韵美学特征确定的品类或品种，一体分三，为"陈太吉""玉冰烧"和"清雅型"。各个名称的美学意涵指向，我们在后面再进一步讨论，这里需说明的是，"陈太吉"是老字号品牌，也是酒业实体和酒庄创立之初酒体的总称；"玉冰烧"是陈太吉在19世纪末对酒品类研发、细化而产生的一个新名称，20世纪中国评酒会认定为"豉香型"酒的代表酒种；"清雅型"是近年来从国际酒体香型、品类和业界美学化态势出发，融合科学与人文、美学的深度思想提炼，所确定的与特定工艺生产方式、饮众享受美学效果、社会效益价值意义相对应的一种酒体风格、韵味定向名称，因以"清雅韵"为酒体美学的主导趋向，从而既独立化为酒体个别品名，又与陈太吉、玉冰烧酒韵形成体系化相通，对"陈太吉""玉冰烧"及其相关酒种，给予清雅酒韵的"备注性"开发，构成独特、别致的清雅韵酒体系列。下面，便从陈太吉酒及其所属系列的文化、美学生成、个性和趣味等着眼，对其美学特质和内蕴给予集中阐述和讨论。

一、酒庄文化与美学个性

陈太吉酒庄位于广东佛山禅城区石湾镇，东北接广州荔湾、越秀、白云诸区，西北为三水区，北面为南海区，西有高明区，东为顺德区，与广州番禺区及中山、江门、肇庆、清远、东莞诸市毗邻。"酒庄"一词近年业界使用频度颇高，其概为酒业集团对回归传统的一种自谓，或对酒产业历史文化的一种传承。然而，"酒庄"并非与当下产业实体重合的一个概念，而是更多负载着文化上的理念和期许。因而，酒庄文化在某种意义上，就像提到某地之酒，必言其酿造原料、水及工匠和饮酒生活习俗等，酒庄亦自带产地自然、人文综合信息，超越单纯酒酿之家、作坊及铺、店、厂的生产主体意义，而指向了一定的村落、乡镇、集市、城镇、城市的范围，因其对所在区域形成的文化覆盖，对酒文化理念、乡饮酒礼采取的共同遵循、倡导的精神态度，而成为酒文化、酒美学公共意志的承载主体。因此，我们称酒庄文化是聚焦于酒生产主体，与所在区域形成深度文化凝合的一种总体文化，它具有超越一般社会学、民族学和地理学的人类学意义，又具有自身历史持存的、稳固的地理、民族、风俗、语言等公共文化基因，同时还标举酒酿主体奉行的酒文化、酒美学精神主张与酒韵味理想，从而将各方面因素熔铸为异常鲜明并迸射酒韵活力的一种总体地方性文化形态。

石湾陈太吉酒庄的历史文化积淀十分深厚，由此决定陈太吉酒庄美学精神和酒体美学个性也带有浓郁的地缘生态、传统文化和民族生存个性色彩，虽然酒庄

康熙南巡图卷（无锡至苏州）（绢本）
清·王翚等绘，阿尔伯塔大学博物馆藏

及"陈太吉"老字号诞生始于1830年，石湾玉冰烧工艺及产品也早在1895年就已创出，但其所延承的文化基因和美学意蕴、韵致，却与中华文化血脉相通，气息相接，久经磨砺和淬火，最终成就了近现代和今天的陈太吉酒庄文化。因此，我们唯有更好地发掘陈太吉酒庄所延承的历史文化基因，才能更深切体悟其鲜明独特的酒美学个性追求。

（一）独到恢宏的文化生态

佛山具有独特开放的文化生态，自然、人文和民生有机交融，现实与理想统一于人们活泼泼的生存命运当中，能够将传统和现代最优质的文化基因伴随生命发展的节奏有机地凝合为一体，铸就佛山独到恢宏的文化生态。

首先，浓郁的民间巫文化与道教思想，被凝合为儒化的宗祠文化，构成佛山公共文化的一个基础。这种文化的神圣象征是祖庙建筑，它坐落于禅城区，目前为中国，同时也是岭南最早修建的北帝庙，占地约3500平方米。该建筑布局遵循儒化中正风格，沿南门牌楼向北延贯中轴线，依次有万福台、灵应牌坊、锦香池、钟鼓楼、三门、前殿、正殿、庆真楼等排列，结构严整，恢宏瑰丽，充满神秘灵动、肃穆生动的气蕴。作为各族姓敬奉神仙、先祖的宗祠，过去各族姓的渔业、漕运、贸易等重大族务也在这里议定，颇似西方城邦的政议厅，它起着由各乡族姓拥戴，兼治经济、文化、风俗、人伦和生活的功能。因而，祖庙象征和宣扬的文化理念，不仅是佛山禅城一带的文化基础，也对岭南文化生态具有标志性意义。祖庙象征的文化意蕴，从所敬奉北帝为宗祖之神可知，它是民间社神和道教天神的复合。一方面，北帝是水神，以龙罔象，以水治火，消灾得福；另一方面，北帝又称黑帝、玄武天帝，魏晋南北朝以降，有关北帝的道教心法、方术及道场醮仪的经文连篇累牍，思想资源十分丰富，其中有关北帝为先天元精元气之神所化，能以道心为龙，在运行变化中与佛山百姓同祖同宗，转化为生死人生通达玄关秘窍的真身。这种观念在当地人心中十分蓬勃，它不同于专注心修、咒法、符法和其他道法的纯粹道教，而是被百姓认同的一种世俗宗教，洋溢着注重生命力量的、以超世间之宇宙生态为生命律令的客观宗教。从而，祖庙对佛山民生的作用，覆盖了情感和心智各个方面，自然也影响到了生活和产业的精神环境与气氛方面。

刘晨阮肇入天台山图卷.
元. 赵苍云绘，大都会艺术博物馆藏

根据历史记载，祖庙对岭南，尤其是佛山所发挥的文化"定海神针"作用，早在北宋年间就已确定，至少从建庙之元丰年间（1078—1085年），围绕北帝形成岭南独特的文化圈，使巫、道精髓纳入儒化宗族格局，已经形成共识。据《五礼通考》卷30记载，南宋开禧二年（1206年），对北帝神位在明堂的排列，加强了与五行观的联系，将其列入西朵殿，与金神列为一系，相对东朵殿为木神、火神、土神。东朵殿五行之属的木神、火神、土神，与青帝（伏羲）、感生帝（天父）、黄帝等同殿，主人间生生化韵，具雅格属性；西朵殿的则以白帝、黑帝居首，另有神州地祇、夜明、北极、金神、水神诸神，偏属自然清格属性。而在祖庙中，灵应位序严谨，颇体现神的身份为巫，"进而为祝，为宗，再进而为南正，为宗伯"①的通达天人的职能，从而五行意蕴被宗庙和道教仪礼和道场形象强化，催发民众对超自然意志的向往，遂作为人们精神自信的基础，逐渐演为恢宏有力的传统！

其次，禅风在岭南的熏染，以佛山为集中的体现。佛山在五岭之外，广东中部，其与广州紧密毗邻。《广舆记·广州府》：广州"春秋为南越地，旧称羊城，

---

① 许地山：《道教史》，上海古籍出版社1999年版，第127页。

秦置南海郡，赵陀窃据，汉武帝收复，三国吴曰广州，隋曰番州，唐宋曰清海，元明为广州府，领州一县十五：南海、番禹、顺德、东莞、增城、香山、新会、清远、新宁、从化、龙门、三水、连州、阳山、连山、新安、花县。"[①]佛教入华即有广州，所辖州县含佛山，但佛山名称的由来却与一段传说有关。据网载，唐贞观二年（公元628年）某日，某处塔坡旧址异彩四射，乡人奔走相告。于是人们齐聚到岗上发掘，竟掘出三尊铜佛，搬开佛像，便有一股清泉涌出。再根据碑文记载，得知东晋罽宾国僧人达毗耶舍曾在此讲经建寺。乡人遂建井取水，重建塔坡庙寺，供奉三尊铜佛，后将此地视为佛家之山，并将原有称谓季华乡改名为"佛山"。查佛经无达毗耶舍，另有昙摩耶舍、佛陀耶舍。佛陀耶舍，罽宾人，《四分律》译主，传载曾在长安传法，后辞归罽宾，是后秦鸠摩罗什之师，定非此人。而昙摩耶舍，《高僧传》记曰：

> 昙摩耶舍，此云法明，罽宾人。少而好学，年十四为弗若多罗所知。长而气干高爽，雅有神慧，该览经律，明悟出群。陶思八禅，游心七觉，时人方之浮头婆驮。孤行山泽，不避虎兕，独处思念，动移宵日。常于树下每自克责：年将三十，尚未得果，何其懈哉。于是累日不寝不食，专精苦到，以悔先罪。乃梦见博叉天王语之曰："沙门当观方弘化，旷济为怀，何守小节独善而已。道假众缘，复须时熟，非分强求，死而无证。"觉自思惟，欲游方授道，既而踰历名邦，履践郡国。
>
> 却多有罽宾人，号法明，"以晋隆安（公元397—公元401年）中，初达广州，住白沙寺，耶舍善诵《毗婆沙律》，人咸号为"大毗婆沙"，时年已八十五，徒众八十五人。……至义熙（公元405—公元418年）中，来入长安。时姚兴僭号，甚崇佛法，耶舍既至，深加礼异。会有天竺沙门昙摩掘多，来入关中，同气相求，宛然若旧。因共出舍利弗阿毗昙，以伪秦弘始九年（公元407年）初书梵文，至十六年（公元414年）翻译方竟，凡二十二卷。……耶舍后南游江陵，止于辛寺，大弘禅法。其有味静之宾，披榛而至

[①] 蔡九霞汇编：《增订广舆记》卷一九，康熙丙寅吴郡宝翰楼新镌本。

者，三百余人。凡士庶造者，虽先无信心，见皆敬悦。自说有一师一弟子修业，并得罗汉，传者失其名。又尝于外门闭户坐禅，忽有五六沙门来入其室。又时见沙门飞来树端者，往往非一，常交接神明，而俯同蒙俗，虽道迹未彰，时人咸谓已阶圣果。至宋元嘉（公元424—公元453年）中辞还西域。不知所终。①

昙摩耶舍与达毗耶舍到广州的时间接近，而早先西域僧人多从国姓，唯有罽宾国的僧人大多以僧伽、佛陀、三藏等冠名，说明东晋时有僧人到佛山弘法建寺可信。加上，佛山与禅城之名称的由来，多与罽宾僧人和禅教相关，而唐代恰是禅宗南宗在岭南辉煌的阶段，六祖慧能在岭南漕溪一带将南宗发扬光大，他自己还在公元676年入住广州法性寺，虽然稍晚于传说中唐人发现并重建塔寺的时间，但在地理学意义上，同在岭南，形成一种传法路线的过渡，是较为可信的，而佛山在广州和韶州中间，就极可能是唐代禅教的一个中心。目前，从史料找不到更多的证据，然而佛山或禅城之名，早已被历史所确认，使我们足可相信，至少在唐代禅宗在佛山及其周围地区，渗播是相当普及和深入的。

禅教的普及和深入，意味着在巫道并炽的文化基础里面，增加了一重禅的智慧因缘。但佛山地处岭南，虽在历朝建制之内，却并没有严格经历官府和士人的文化训导或说教，从而儒家思想可以影响宗族的谱系管理，却并不会对寻常百姓乃至学人产生僵硬的思想辖制。因此，正像民间有"未有佛山，先有塔坡"的神话传说，并且民间对北帝的信仰保持了比较原朴的风格，并没有五岭之内曾有过迷失于谶纬的偏颇一样。禅在岭南，尤其是佛山也是偏向于世俗化、生活化，而其中对人们精神面貌、行事作为影响最大的，莫过于禅的重视心性开悟，追求直截了当地以凌厉峻切的行事作风，表现出以智摄情的大智慧了。事实上，从唐宋以降，禅宗在岭南十分流行，禅宗理事圆融的智慧，已经成为文化血液的重要成分。清人李调元《南越笔记》记录广东水果曾特地用了"昧禅"的刻录笔法："一曰卍果，果作卍字形，画甚方正，蒂在字中不可见，生食香甘。"②佛山的禅寺星

---

① 慧皎撰，汤用彤校注，汤一玄整理：《高僧传》，中华书局1992年版，第41—42页。
② 李调元：《南越笔记》卷十五，商务印书馆1936年版，第163—164页。

罗棋布，对祖庙形成拱围之势。如三水明时有佛禅寺、塔有洪仁寺（唐建）、天王寺（宋建）、大像寺（元建）、福延寺（元建）、龙严寺（元建）、堡岭寺（元建）、悟空寺（明建）、宝塔寺（唐初建，康熙年间重修）及金泉寺（不详建年）及大、小塔等多处①；顺德诗庵在《寺郭志》《顺德县志》均有记载，其禅院多选景致优美之地，与当地时令、风俗、人情等融为一体，如"大觉庵在小里涌乡，古有南秀渡，渡旁有小径，曲折而入竹圣寺。庵则今改为庙，前环大河水，由东入日出则轮涌波中，故前人题其景曰：'大觉浴日，南秀僧归'。"②"奎福寺在福岸龟山嘴，与西马宁水角庙对峙，相隔一海，颇阔，时有烟雾气从水面上升，土人称之为福海烟波。"……这些寺在相当长时期，属于岭南的广州区域，佛山居其中，能够延揽诸胜，使祖庙和其他重要的寺、观及忠义堂、学院形成学义呼应，各呈其胜，乃至或某寺在岭南并不占据胜名，但对建寺之州县却影响非凡，如高明县延寿寺，"李春熙记高明之称治也，于成化十一年（公元1475年）析自高要旧有延寿寺，在邑东北，宋至道二年（公元996年）建也。寺建置先邑百余年宜，最占形胜，而其宇顾四乡震旦，道场瞻仰。"③南海县的观音寺（公元990年建）及佛山清代佛教四大丛林之一的禅城仁寿寺，都体现了以寺弘法，以寺系人、以人系法、以人体道的"真源一勺"④，从而充盈了佛山的文化基因与血脉，为禅化生活、言行提供了源源不绝的资源与可能。

再者，从海上输入的贸易文化，为岭南，尤其是佛山增添了海洋文化的基因。文化基因与物质基因不同，物质原子成分及其结构方式构成物质的基因，无机物是可解的，从而物质性的文化基因是朴散的，随其所在而显现的，石聚成山，土积成坡。有机物通过一定植物、动物机理吸收能量，促成自身机体成分和结构（静态或动态）存在方式，从而形成活性程度不同的植物、生物基因。当这种基因的活性存在完全不是机械，而是动态的，则有了生命。生命基因促使高

---

① 朱廷模修，孙星衍纂：《三水县志》卷五，（台北）成文出版社有限公司1970年版，第88—91页。
② 周之贞等续修：《顺德县志》卷十三，（台北）成文出版社有限公司1966年版，第176页。
③ 邹兆麟修，蔡逢恩纂：《顺德县志》卷十三，（台北）成文出版社有限公司1974年版，第1003页。
④ 顾光撰：《光孝寺志》卷六，白化文、张智主编：《中国佛寺志丛刊》第一一三册，广陵书社2006年版，第155页。

级动物，能够按照人的意志，也按照人的活动方式完善基因，造成DNA裂变与RNA重组的连续性构造生成。于是并非说基因永远是原生的，一成不变的，特别是对文化来说，它有母因，也有后续纳入生命机制的子因，都属于文化基因。岭南，尤其是佛山与内地其他地区，很大的一个不同是，由于山地阻隔它较少受内地和官方道统的辖制，能够自由发挥民心兴情，并借助海路的贸易输入，把一种海洋文化也纳入自身的文化机体，成为文化生命基因的底色之一。

明清时佛山属广州管辖。明洪武年间西方传教士和商人陆续涌入，将珍奇货物进贡，也与贵绅交易。明中叶，对海上贸易明令抑制，然民间走私及出海贸易频繁。魏源编纂《海国图志》："东南洋贸易之盛者，莫如暹罗（泰国）及新嘉坡（新加坡）"[1]，此外，缅甸、吕宋（菲律宾）、苏门答腊（印度尼西亚）及荷兰、英国、西班牙所属之东南洋岛国，也都有奇珍物产与中国贸易。于是，民间勇于闯荡者，成为与海外贸易的主要力量，他们用玉、陶瓷、茶、酒、丝绸、药材、器皿等换回洋布、丁香、苏合油、玳瑁、冰片、燕窝、海参、红木和机械产品如钟、照水镜等，酒类也属贸易对象，如南洋的花酒、椰子酒、槟榔酒、蜜酒等，均以其特有的香味输入中国[2]。新的生产力量中有大量的佛山人，他们闯南洋，开辟海外贸易市场，也将新的经营理念和生活态度带回来，佛山物产和加工行业空前发展起来。乾隆六十年（公元1795年），荷兰特使艾萨克·泰辛格（Isaac Titsingh）和商人范·布拉姆·霍克格斯特（Andreas Everardus van Braam Houckgeest）带着马来亚仆人，来为乾隆祝寿，游历各地，也来到了佛山。佛山给他们的印象非常震惊：

> 泰辛格和其他人特别感兴趣的是佛山（Foshan），它是仅距广州15英里，禁止欧洲人进入的城市。佛山有神秘的市场，欧洲人渴望的许多贵重商品来源于那里。
>
> 乘船很快漂向佛山，经过大麻田、桑树果园，只见"成片漂亮的砖房，

---

[1] 魏源撰：《海国图志》卷九，光绪元年平庆泾固道署重刻本。
[2] 魏源撰：《海国图志》卷十一，光绪元年平庆泾固道署重刻本。

一个个豪华的村庄"。船走进里面，越往前越挤，到一些地方几乎没有空间能进去。

占空间最大的船只，有达数百英尺长的大米运输筏。筏上建有几十个高筒米仓、保卫瞭望塔和多个房屋，整个家庭就在上面生活。他们在佛山一卖掉大米，就立刻拆除木筏，卖掉木材和竹子，然后返回上游，明年再次开始循环。

佛山是值得留恋的：奢华的房屋，滨海阳台，充满装饰感的彩色花盆和小树、寺庙、工厂、窑，还有海关大楼——两个当中的第二个特别大和漂亮。范·布拉姆估计，佛山可延伸约九英里[①]，声誉极响，也名副其实，其码头上船只熙熙交织，从商船到装满"酒坛酒桶"的游船。他们到甲板上，盯着他们一一经过。范·布拉姆认为，佛山和广州一样的繁荣。[②]

这是西方人笔下的一个真实记录，它揭示了佛山受海上贸易文化影响，经济生活得到全面的刺激，不仅和东南亚、南亚岛国有紧密的贸易联系，而且成为广州口岸向内地的贸易中转站。在明清时期，海洋文化在佛山民间的扎根，改善了这个地区的文化生态，在传统文化构成中又铸入了新的活力基因。

（二）陈太吉酒的美学个性

文化生态是酒文化的土壤。文化基因往往决定文化生命的个性呈现及其生长方向。酒文化是文化生态的一个显著侧面，既含摄文化生态的原生基因，也吸摄文化变异或被融合的异质性基因，并在不同的历史时段形成不同的文化生态截面。佛山文化生态发展到近现代，已经将原生的、后生的基因，熔铸为文化生态的生命"共同体"，它能够自具调节机制，让文化生命沿着生命个性的轨道自由生长。

[①] 按：约14.5千米长，为荷兰人据河运及所观察到的一个估数，原著对此有注，说吉纳士（Guignes）认为这个长度有些夸张，并引传教士说法，认为当时佛山长度不到范·布拉姆估计的一半。这是一种自我安慰性的补笔，以缓减范·布拉姆估计带来的强烈冲击。事实上，从荷兰特使的描述足可窥见当时佛山经贸的繁荣，并且城市发展也达到相当的规模。

[②] Tonio Andrade. *The Last Embassy: The Dutch Mission of 1795 and The Forgotten History of Western Encounters with China*. Princeton University Press, 2021. PP. 264-265.

总体而言，酒文化生态与总体文化生态的关系，犹如生命躯干与心脏、血液的关系，文化生态所具有的美学倾向性或美学个性，也必然地影响酒文化生态的美学个性。而通过酒庄文化凝聚的酒文化美学个性，正是文化生态美学个性通过酒酿活动及其美学呈现所展示的文化底蕴和生命有机力量。

陈太吉酒庄诞生于道光十年（公元1830年），距荷兰特使到访佛山相隔35年。这一年，美学公理会传教士裨治文（Elijah Coleman Bridgman）抵达广州，于1832年创办英文刊物《中国丛报》（*The Chinese Repository*），在长达20年的办刊时间里，该刊较全面地介绍了中国的政治、经济、文化、宗教和社会生活的方方面面，对于打开广州、佛山与世界的联系影响很大。陈太吉酒庄就在这个背景下开办起来，最初由佛山石湾镇莲塘村村民陈屏贤租用东平河畔朱紫街大宅，作为酿酒坊，配备器械和大缸埕，在生产稳定后，陈屏贤闻名遐迩，人人称其为"大吉"，因此给酒庄命名"陈太吉"。"大吉"和"太吉"，在中国文化里原本意思一致，古之"太"亦写为"大"。"陈太吉"的酒庄名称，似有贤达参谋，不完全因村民称呼所定。

陈太吉酒庄所在之石湾，距祖庙约2.8千米，所毗邻之东平河为粤北发源的北江支流，流经佛山地段，一河两岸，是禅城、顺德、三水、南海诸城的生命之河。石湾也因此在佛山具有中心重镇地位。道光年间，佛山是中国少有的特大城市，人口规模达60万，河网畅通、米稻充足，酒坊多到百余家。在通往海外、输入内陆的酒货船队里，陈太吉前身的酒坊酿品也常常满载，流向四方，以至到1830年，正式挂出"陈太吉"酒庄牌匾，酒庄闻名遐迩，成为佛山地区最大的酒厂。在这样的文化生态和海外贸易促动的背景下，陈太吉品牌的影响越来越大，但酒庄依然执着酒体品质的提升，终于在第三代庄主陈如岳时，于1895年推出"玉冰烧"品牌，此酒仍为陈太吉酒系，它延伸陈太吉酒庄的文化内蕴，形成酒庄独到成熟的美学个性。

1. 水火对激，质蕴纯净

陈太吉酒庄文化的美学个性，既由所属岭南（佛山）文化圈的文化所规定，又由陈太吉酒庄文化的美学追求所确定。在民间巫文化与道教北帝文化糅合的意义上，以自然生态活性为根本，驱动五行要素的生命之力循环内聚，并产生水火相激、奔突跃动的美学化生成机制，促成产品质蕴纯净，始终具有水火相激的内蕴，是陈太吉酒庄文化凸显的最鲜明的美学特征。岭南处五内之外，自古号为"偏隅"，但后又有"乐土"美誉。之所以如此，乃唐代置交州辖广东、广西及安南中北部以来，内陆"流窜"到岭南的人暴增，建制急增至45州，北学南移，加上禅风浩荡，对岭南的认识彻底改观，认为岭南是五行秉持之地，生生之韵特别润畅。宋人朱震《汉上易传》曰：

> 巽曰："坎离乾坤之变，交而生物。"离、乾卦，坎为水，故陆多走类，水多飞类。鱼浮游于水，有飞越江湖者，巽也。故巽在陆为鸡，在水为鱼，鸡暝而鱼不暝，离不足也！传曰："鱼与鸟同类"，其知巽之所为乎？岭南黄鱼或化为鹦鹉，巽变离也；泡鱼而刺者或化为猬，巽变坎也，震巽相易者也。故鱼或为龙，鱼而斑者或化为鹿。①
>
> 直言巽震为木；离为火。岭南属金，其主坎（水），而非陆生。坎何以成为生生之本？又曰：水何也？曰：离非水则明无，自而托坎；非离则明无，自而生。故水聚则精聚，精聚则神生。今焚薪为炭，枯枝成灰，朽木夜明，湿尽光暗，血为走燐，见于暮夜、阴雨之时，故曰离者，丽也！坎水尽，则离亦无所丽矣！②
>
> 水性劳而不倦，万物之所归也。③

北帝水神是陈太吉酒庄的酒神。北坎南离，水火对激；西方金位，得东方巽化，木生而为精聚之酒，焕然而丽，得甘醇美酒，土性为味甘，从而五行俱含，自下而上，酝酿巽化，循环飞越，质蕴在兼具毓化、冶炼作用下，变得愈来愈纯净，使宇宙生态美的本蕴和生生之韵得到了充分的挥发与呈现。

---

① 朱震：《汉上易传》卷9，《景印文渊阁四库全书》第11册，（台北）台湾商务印书馆股份有限公司1986年版，第285页下—286页上。

② 朱震：《汉上易传》卷9，《景印文渊阁四库全书》第11册，（台北）台湾商务印书馆股份有限公司1986年版，第290页上。

③ 朱震：《汉上易传》卷9，《景印文渊阁四库全书》第11册，（台北）台湾商务印书馆股份有限公司1986年版，第266页下。

因此，水火对激是陈太吉酒庄文化美学的根蕴所在。烹饪之鼎，下火上水，以金错隔，以用烹烧手段催熟。石湾美学的水火对激，犹如倒悬的天地之鼎，上火下水，水火相激相涵，互铄互成，故其化运行于水，以宇宙生态活性的氤氲摩荡，催化酒生命之震。震为雷，体现生命向高级形式的律动，同时也是宇宙精蕴的积淀与升华。因此，震使水神转为雷神，使水中精蕴变而为飞龙、鲲鹏，以其美丽绚烂，璀璨绽放人间。陈太吉酒庄奉北帝为酒神，既是水神原喻，也是雷神变喻，从而，"震雷，就是中国人心目中的祖神。""祖神，它大气磅礴，伟岸高巨"[①]，酿就酒美学纯净如玉的质蕴。

陈太吉酒庄文化，在水火对激意识引领下培养形成文化特有的精神风格和韵味，这种韵味体现于物质总体要素，即美学化质韵的纯净高跋。酒庄的美学之韵，水、稻米、野生菌等的质蕴通过特殊酝酿萃取为酒的质蕴，这构成了陈太吉酒庄文化美学个性形成的一个基础特征。

2. 蕴藉醇美，禅韵幽深

文化的美学，通过外在语境的自然和人文赋予，显现其独秉的精神气质。文化之美，呈现于存在物及其所属的社会生活场景，以内在蕴含、品质构成的形式和韵致、味道，给人带来美感享受。陈太吉酒庄受益于佛山乃至广佛同城圈、广东乃至岭南文化圈，甚至大湾区外扩到东南亚（曾称"南洋"）带的文化影响，而具有了自身迥别于大陆东南沿海、江南和内地，乃至西北、华北和东北等地显豁的文化、美学个性追求。其中，在佛教文化的吸收方面，禅韵的深度吸收和消化，给陈太吉酒庄文化带来蕴藉幽深、醇美的特征[②]。何以谓其幽深、醇美？一是中国禅的智慧，自晚唐、宋以降呈现与儒道生活化融合趋势，石湾在岭南能够径取南宗禅的精髓[③]，而在酒庄文化运作时，以禅的方式消解直观、肤浅的生活感受，探索对酒味的独到体验，以此响应世俗中人们精神的

---

① 王振复：《周知万物的智慧：周易文化百问》，复旦大学出版社2011年版，第274页。
② 按：有关佛山与佛教文化的关系，在刘正刚《佛山与佛教文化》（齐鲁书社，2015年）一书中，有系统的梳理和论述，这种紧密而深刻的联系，构成石湾酒庄特殊的文化背景和应用语境。
③ 按：请参阅拙著《中古般若与美学历程》（中华书局2023年版）和《论禅学的中国智慧》（《中国政法大学学报》，2023年第1期）对晚唐、五代禅慧演化的阐述。

高跋愿望，从而使酒不单单产出为酒品，而且要具有独绝的趣味、韵味。一旦这种意识形成，便渊默自成，经久展现品格、心性，即使低调不有意于高调亮相，也在饮众和民众的接受中会得到认可和拥戴。二是禅的智慧和精神，在深度中国化之后特别崇尚简洁、迅捷，直揭本旨，否定繁琐和造作，这也是南宗禅的精髓。陈太吉酒庄在酿酒各环节都凸显了禅韵，目前全国酒厂不乏仍有明代窖池，但就整体性的原址场景、酒酿氛围与旨趣而言，大概陈太吉酒庄是古风浓郁、工艺程序最为精简者。再加上其酒体的以阴柔化解、熔化阳性热能，保持低温酒曲的时间化酒性提升，使宇宙生态活性在酒体的具体化形式中得到饱满实现，便自然而然具备了蕴藉醇美、深厚，禅韵直简、润达的美学风格特征。

野外晒曲

3. 韵味和合，思致流动

陈太吉酒庄是清雅酒美学的典范释例，如果说，质韵纯净偏重于"清韵"的美学底色，禅韵蕴藉饱含人文"雅韵"的底蕴和形式呈现，那么，陈太吉酒体的酿造，则凝合了这两方面的美学韵质，并以清雅和合为统一的美学风格，打造了自身酒庄文化鲜明的美学标记（Icon）。于是，在陈太吉酒庄洋溢着一种积极乐

游客云集朱紫街

观的氛围和情调，它是民间文化、道家和道教思想与佛家禅慧在酒实体实现产业化融合的体现。人们走进朱紫街，望着高耸的米仓像高楼一样直入云霄，再看到其左侧有自古即作为酒栈装卸酒坛、米包的船坞和向远处延伸的河流，必然荡起富足、优雅、疏放、美妙的自信，而这种感觉就是酒庄独有的酒文化美学化"和合"体现。它从深度理念、心理经验，到现实感受和状态，或许在某阶段表现为对某方面有所倚重，如在制曲阶段，对自然和宇宙生态的珍重；在酝酿发酵阶段，对人文、科技文化与酒体生命规律的尊重；在酒品蒸馏、装坛阶段，对饮众口感与酒质、酒趣达到偕和美悦的一致的重视；在酒体入洞、深度消化阶段，对生命活性回归本原，从而充分释放酒生命力的推重；乃至在酒体完熟，开洞出坛，对民间风俗、社会文化与酒美协合所致之"天、地、人"欣悦狂欢效应的追寻；直至酒入千家万户，对商道、时尚和酒与饮食共飨美善的探索；等等。这一切都参透了"和合"的文化理念和美学意识，从而一面是严谨有序、精致科学，又极简至工、精蕴至化的酒生产、贮酿和销售、分享流程；一面是同时进行的激发本性、扬美促善的社会人文化酒庄语境，两者也形成一种"和合"的响应，使工与艺、物与品、性与心、情与理、个体与群众，均在酒的召唤下散发"水火相激相融"的力量，相辅相成，显现一种特殊的思致，既恢宏而有张力，又细腻而具反思力，从而能够始终体现"生生之美"爆满的活力。陈太吉酒庄这种流动的文化美学风范十分难得，即使不谓其特秉独具，也是将自然性与人文性、个体性与群众性、哲学性与审美性等融合得最好的之一，说它显示了独特的酒庄美学风范与个性，毫不过誉。

（三）"最传统"与"最现代"

2022年6月，石湾清雅酒研究院邀江南大学赴陈太吉酒庄考察，在行程计划里赫然印有酒庄庄主范绍辉先生对"最传统"的倡议。看见之刹那，笔者尚不能深解，之后又专门在石湾调研近半个月，结合对五粮液文化研究院《新时代酒文化的哲学基础》课题研究的体会，似乎觉察"最传统"提法的深在意味。"最"，一般作为形容副词，表达极限、极致之意，这个词与不可数名词连用，表达抽象的或文化的意蕴，能显示层级很高、思维向度达到绝佳，精神体验臻于绝妙状况

专家在酒庄品评陈太吉酒

的一个形容。那么,"最传统"的酒庄文化是什么?寻根索隐,人们或追问:酒何时在酒庄出现?白酒最初的酝酿标志了"传统"的建立没有?酒的文化何以成为中国人文化传统须臾不可离的存在?等等。对这些问题解答,往往在遇到具体细节的考古学论证时,变得犹疑和不确定起来。譬如,酒源于猿猴酿酒,抑或仪狄献酒、杜康造酒?类似说法不能透彻说明中国酒文化的文脉传统,而白酒蒸馏起于何时?东汉?唐代?还是元代才有?"烧酒"能否代表白酒的真正诞生?这个问题同样涉及中国酒酿传统的理念基础和酿造认知问题。为此,酒文化传统只有与中国酒类的文化"连续性"及其实际创造的机制、思想、经验、想象和享用的感受深入勾连,才能凸显酒文化总体性构成及其绵延——传统的意义。酒庄作为承载酒文化的主体,现实地担当着这一角色。不论酒庄名称起源于何时,或用了类似酒乡那样别的名称,现实状况是从有官酿开始,酒酿便集中在某村、镇,布局就有了一定规模,伴随着乡饮酒礼的完善,宫廷、贵族对酒庄的服务质量和数量要求不断提高,同时,百姓也把饮酒视为生命体验的极重要内容——不为饥渴而饮,更多出于精神需要。因此,酒庄文化从生产到服务的总体文化承载职能,就在历史中被不断强化,有力地书写了中国文化传统的核心内容及其历史演变。

为此,酒庄文化以其独特个性表征传统意蕴而具有美学化的趣致、韵味,其所发掘、体味文化、美学化"承载"的分量及所达到程度,显示酒庄文化在中国酒文化中的重要地位和价值。就中国酒庄而言,它散落于各个方位形成了不同的文化个性特征,其中能够达到中国式酒文化传统之"最"者,既可说很多,也可说非常稀有。言之多,是指或在某一点上秉承了传统,如制曲或酝酿方式,但除却所秉持的方面,其他方面如传统文化的内蕴、特色则可能表现不足,这样的酒庄很多。还有的则是能做出被市场接受的酒,但未必是传统的、中国"老式"的酒。说达到"最"的稀有,是给予总体文化性质、特征及美学性的衡量、评估,认为存在着本质内涵和品质特色不能归属于传统的缺憾,纵使酒酿也有韵味特色,但从酒文化传承的"道统""统绪"(文化属性和酒体属性)来讲,则无法予以传统之"最"的认可,包括其现实的文化身份,也要从另外的尺度予以裁定。

陈太吉酒庄文化"最传统"体现在四个方面:一是文化母体的归属性。陈太吉酒庄的文化根性，如前所述，阴阳五行有机糅入北帝（水神，雷神，亦酒神）崇拜观念，酒庄生产、社会氛围、人文化酒仪礼，以及酒体内蕴的人化培育等，俱达致民族传统文化的根蕴和理论高度，儒道释统一，倚重禅道和合，既拥有宇宙、自然和民生基础，又获得士人、僧人的文化回护，从而紧密地回归于中国文化母体，成为体现中国酒文化本质的重要现实形态之一。二是文化语境的耦合性。文化语境既是历史学概念，也是地理学概念。陈太吉酒庄文化的渊源可以上溯至远古，但就酿酒的环境和酒实体的生成语境而言，主要归属于岭南文化圈。岭南古称蛮荒之地，然广东和广西与海南，又各具地域特征，陈太吉酒庄居广东中部，在唐代以降对禅文化有"近水楼台"先得之便，从而在唐宋及后续历朝，能在文化语境上得地域之先，形成与传统文脉高度的协合。另外，广东地区，水系发达、雨量充沛，微生物菌种繁多，植物和粮食的黏度、活性较中国其他地区别具潜质。陈太吉酒庄尊重地缘文化特点，从中发现酒文化的地理学本质、规律，有意识地进行酒审美、酒美学的价值提升性改造，便使陈太吉酒庄文化与地缘文化语境深度契合，体现了酒传统的民族性和地方性。三是文化营造的独特性。陈太吉酒庄对酒实体的文化营造，达致中国白酒文化传统之"最"。陈太吉酒庄的白酒酿造，则是以精优籼米和糯米为原料，通过蒸煮，配以酒曲发酵，让白酒从原料到发酵，再到蒸馏和贮藏的回酿，实现传统白酒酒酿工艺的精致化和高标准化。不仅延续了传统酒酿的曲粮结合、经久酝酿的传统，而且独树一帜完善了中国式米酿白酒的工艺传统，这在中国目前的白酒酿造方式中，迄今具有典范代表性，体现了宋代以后白酒酿造规范、精致，臻于精优的最高水平。四是文化衍生的持续性。中国酒文化传统具有历史绵延性，但文化传承也是不断创新、提升的过程。在明代，中国白酒酒酿百花齐放，各地优质白酒品类如雨后春笋，各领风骚。而陈太吉酒庄在恪守传统文化精蕴的基础上，继续更新酒曲配方，完善工艺流程，在近现代充分融合现代工艺和人文思想，给酒品质以科学技术开发和现代人文阐释以空前开阔的生长空间，从而体现出强有力的衍生新美学韵味的品格特质，这是其在近现代文明背景下依然凸显传统优势之体现，是酒庄文化适应新时代促成传统新变之"最"的又一本质表现。

因此，"最传统"同时具备"最现代"的特征。"最现代"包含两方面的意思：

一是酒酿科学技术的现代化；二是人文哲学、美学阐释及其对象化实践的现代化。前者表明，酒庄文化在现代并非单纯以产品质量标准来衡量企业文化，或抽象规定某种企业态度、精神，以此为酒庄时代性之体现，而是依然表征为总体性的时代文化发展。这种文化以先进的科学技术为基础，确保酒体质量走在世界前沿，来带动产品走向世界。陈太吉酒庄与江南大学共建清雅酒文化研究院，开发清雅型酒的美学新风格，便体现了崭新的文化价值趋向。关于人文哲学、美学方面的阐释与应用，也是陈太吉酒庄近年来大力拓展的文化方向。第七代庄主范绍辉对清雅型酒的人文、美学建设，有很多深入的思考，在2023年"庄潮·雅风"论坛上，他提出："陈太吉酒庄蕴含了中国的中庸之道。作为广东地区清雅风格白酒代表的玉冰烧，因豉香'浸肉'工艺具有'荤'的特色，又因酒体'玉洁冰清'而有'素'的特点。石湾玉冰烧（豉香）既有'大米酿造'内生性的香，也有'肥肉酝浸'外塑性的香，这种内外兼备、阴阳结合的内涵也是中庸之道的一种体现。"[1]这是从酒体之道来谈酒庄文化，所说"中庸之道"其实即"中道"，既承继传统，又融合现代工艺、生活之美的"和合"之道。他还主张当代白酒要"反工业化思维""去香型化"[2]。反工业化，也是当代哲学和人文社会科学高度关注的问题，但一般从"后工业化和高科技商业化时代，人类仍然被实质上是伦理型价值的（在政治性、宗教性、种族性现象中表现的）冲突所折磨"[3]的角度来思考的，进而主张反对刻板、僵硬的工业化工具理性，但范庄主思考的重心是酒庄产品如何才能保证其具有符合"传统"的中国特色，且能为世界接受的美学韵味。他认为工业化批量制造缺乏精神与情怀，没有时间韵味的厚重感，不能表现精神、风格的个性，这种见解显然更切合酒庄文化现实。对于"去香型化"，这里暂且不做评价，仅就其对当代酒文化认识模式的批判，不得不承认"站得很高""看得很准"！类此很多，虽然庄主不是理论家，不必就自己的见解提出系统的诠说，但从中我们发现陈太吉酒庄文化的精神志趣，范庄主对酒体精神韵味

---

[1] 知酒团队：《鉴"庄"潮，观"雅"风，这届中国白酒酒庄文化峰会有看头》，https://new.qq.com/rain/a/20230417A0982O00。

[2] 闫秀梅、温爽爽：《范绍辉：以石湾酒为媒，让消费者有一个更大的世界》，《华夏酒报》2022年9月6日。

[3] 李幼蒸：《仁学解释学——孔孟伦理学结构分析》，中国人民大学出版社2004年版，第24页。

和风格美的重视，是石湾当下"最传统"也"最现代"的文化与美学实践的一个重要有力诠说。

二、玉冰烧的清雅品质与风格

从19世纪30年代到90年代，经过60年酿酒经验和认识的积淀，陈太吉酒系列推出的"玉冰烧"这一新的品牌，传为陈太吉酒庄第三代庄主陈如岳所创制。陈如岳（1843—1914年）字俊峰，号镇南，系陈屏之孙，陈宽英之子。陈如岳年少时就读著名的礼山草堂，"同治十一年（1872年）考中举人，光绪九年（1883年）荣登二甲，光绪皇帝钦点翰林，赐进士，御赐琼林宴，封任翰林院编修及国史馆协修官。光绪十五年（1889年）钦命为贵州省正主考官"[①]，后辞官归故里，注疏古籍，撰写诗文，兼营酒庄。陈如岳学识渊博，精熟"四书""五经"，有从政经历，可谓是一名地地道道的儒商。儒者重亲亲礼义，体中庸之道，贵雅正奇变之合，在民风乡俗的濡染中，陈如岳细心体味酒的真蕴。在1895年一次敬老乡饮酒礼活动中，注意到老人们特别喜欢吃肥猪肉，于是联想到粤人喜欢用蛇、鸡之类浸酒，乃尝试将肥猪肉浸入陈太吉米酒，经反复试工，拿捏适度，酝浸的肥猪肉在酒中晶莹剔透，犹如白玉，酒体滋味也发生根本变化，不仅清澈浏亮，而且入口甘爽，回味幽香，呈现出米酒独特浓郁的清雅韵味。于是，陈太吉酒实现了酒质韵味的根本提升，因粤语"肉"与"玉"同音，当即取名"玉冰烧"，之后行销岭南、东南亚和世界其他地区，并成为中国"豉香型"白酒标准的唯一代表产品，享有国家优质酒和历史文化名酒的盛誉。

"玉冰烧"之名是晚清名儒所拟，其意蕴藉深厚。"豉香型"是中国评酒会品鉴划定酒味型特色所用的一个概念。严格地说，"豉香"是一个饮食概念，指豆豉之香。中国评酒会1979年确定的四种香型（酱、浓、清、米）加其他香型，到20世纪90年代演化为12种香型，其中豉香型（GB/T 16289—1996）白酒标准的制定，包含了对豉香酒香和"缸埕陈酿、肥肉酝浸"之醇化酒体的概括，即豉香不

[①] 七秋往事：《玉冰烧，一块猪肉成就的岭南名酒》，https://history.sohu.com/a/689415185_121647091。

祖庙乡饮

仅指豆豉给米香带来的独特香感,也包括肥肉酝浸带来的绵柔甘爽的香感。大概当时觉得很难找到合适的词语表达后者,所以就选择用"豉香"一词,表达这种独特的酒香、酒味类型,称之为"豉香型"酒了。

"豉香型"提法来自一种奇妙而偶然的"交遇",其内在意味并非如名称那样直指相符。一是"豉香"把"肥肉酝浸"之意包含在指涉对象范围里,但不显明指示出来。日常体验中,通常对肥肉与酒很难进行一体性关联,北方人饮酒时如果不小心夹菜把肉掉在酒盅里,这酒大半不愿喝了,因为觉得有了哈喇味。但"玉冰烧"酒的肉酝工序,恰恰在于将肥肉和酒二者一体融合。虽然肥肉仅限于肉絮的细软脂肪和油酥,但结合的意图是明确的,并且构成特色。然而,"豉香型"词语的指称,有意无意将这一点从字面上回避了。二是"豉香型"的"豉香"味,由于和豆豉香联系得过于紧密,加上容易联想到饮食烹调以豆豉烹煎所出之香,以偏概全,定位也不是很准确。因此,20世纪以来,陈太吉酒庄在对酒体本质和特征的探索中逐渐明确了方向,认为酒美不在于"香雅",而在于"清雅"。范绍辉庄主作为企业领军人,对此持有异常清醒的认识,在不同的推广论坛和产品发布会上,他以为"陈太吉""玉冰烧"酒"清雅之美"布道为己责,发表了许多独特的见解。这里,我们在逻辑上根据酒体本身的性质,结合陈太吉酒庄探索的实际，糅合范庄主的思考，对"玉冰烧"——陈太吉酒的新品类，从其实践、逻辑结合角度进行讨论和阐述，以纠正已有认知偏差，准确地揭示出玉冰烧作为清雅酒体的美学本质、特征与边界。

（一）独造清雅、尊享清雅、秉持清雅

"玉冰烧"名称由陈如岳进士所取，初心乃在"清雅"。"玉冰烧"名称集虚实、雅俗、意境、乐享多重质韵、韵质于"和合"之美。

其一，"玉"和"冰"是传统美学中体现清雅意蕴使用频次极高的词语。虽然"肉"和"玉"的粤语发音相同，但"肉"转为"玉"，听者便从"玉"上感受和接受。"玉""冰"连用，凸显清雅美韵，同时尤为深切表达了冰玉之"清"的韵旨。在中国文化中，玉是雅物，更是清物。玉所指涉，原本与酒有别，但也不乏将二者关联起来的，这里我们也无须特别就以玉喻酒去搜寻实例，单就玉所表达的审美和美学意识，就可通晓其表达清雅、咀嚼高跋、深昧灵魂的超诣旨趣。而如果进一步考察文化史上对"玉""冰"词语的使用，就更能体悟到以"玉"冠名"玉冰烧"之首，用"玉冰烧"命名酒，绝非率意之举，而是寄托了对清雅美韵很深的意味期待。历史上对"玉"一词的理解，先秦至南北朝间多解为天工造物，稀渺难得，故诗文提到玉，必尊其珍贵质相。战国管仲直接以"金玉财货""珠玉"[①]连称，汉代东方朔视"玉"具有赋美品质，认为"玉"馈予酒以美色、美味。但在他的理解中，"玉"还是秉自天造，其性为石。《神异经》："西北荒中有王馈之酒，酒泉注焉，广一丈，长深三丈，酒美如肉，澄清如镜……与天同休，无乾时，石边有脯焉，味如獐鹿脯，饮此酒，人不生死。"[②]形容玉石如脯，美酒如肉，倒是与"玉冰烧"所喻别有巧合，但当时东方朔对"玉"并无更多的人文遐想，仅仅视玉为石而已。东晋的葛洪崇尚道教，认为"玉"是石的精蕴和灵魂，"石非玉不真"。因而，玉为九丹之一，食之可仙寿升天。这个时

---

① 管仲撰、房玄龄注：《管子注》，《景印文渊阁四库全书》第729册，（台北）台湾商务印书馆股份有限公司1986年版，第22页下。
② 东方朔：《神异经》，《景印文渊阁四库全书》第1042册，（台北）台湾商务印书馆股份有限公司1986年版，第269页上。

期，开始出现对玉的品相、品质进行人文化描写的，譬如，"金声玉振""金相玉质"（刘勰《文心雕龙》）、"璇玑玉衡以齐七政""丹青炫彩，金玉垂辉"（杨衒之《洛阳伽蓝记》）。先前最典型的，战国以来认可的"玉玺"之尊，现在显示为玉独秉珍质之"德""性"。从而，唐以后，对玉的人文韵质、气韵展开描述颇多，频繁出现"白玉凝缜密之姿"①"瑞玉凝素""瑞玉凝姿""玉凝酥"等形容。在唐诗宋词中，对玉的清雅美韵，透过美妙清凉、幽婉溢香的意境给予深彻的表达。常建《古意》："井底玉冰洞地明，辘轳青丝索"，形容清水玉冰，在辘轳转动时闪烁着琥珀之光；杜甫《郑驸马宅宴洞中》："春酒杯浓琥珀薄，冰浆碗碧玛瑙寒。"描写琥珀杯里春酒浓郁，玛瑙碗盛着寒寒的冰浆。李商隐《柳枝五首》之一："嘉瓜引蔓长，碧玉冰寒浆"，是说好瓜伸出的蔓很长，浸在水里像碧玉一样冰凉。朱淑真《忆秦娥》："弯弯曲，新年新月钩寒玉。钩寒玉，凤鞋儿小，翠眉儿蹙。"将玉用来形容清秀之物，说月如玉钩，玉钩如月，似凤纹绣鞋，又如蛾眉微蹙。宋词以冰玉为喻，描状清雅恣韵更十分常见。且摘妙句若干：

> 莫教施粉与施朱，自然冰玉照香酥。（苏轼《浣溪沙》）
>
> 江头苦被梅花恼，一夜霜须老。谁将冰玉比精神，除是凌风却月、见天真。（向子諲《虞美人》〔梅花盛开，走笔戏呈韩叔夏司谏〕）
>
> 花是芙蕖冰玉漱。（史浩《花舞》
>
> 冷艳幽香冰玉姿。（黄公度《一翦梅》）
>
> 冰玉玲珑惊眼眩。（袁去华《减字木兰花·灯下见梅》）
>
> 素节辉冰玉。（姚述尧《念奴娇·梅词厉主簿为梅溪先生寿》
>
> 咳唾琼珠璀，精神冰玉寒。（姚述尧《南歌子·赠赵顺道》）
>
> 清标自是蓬莱客，冰玉精神。（姚述尧《王清叔赠梅花见索》）
>
> 断崖修竹，竹里藏冰玉。（辛弃疾《清平乐·检校山园书所见》）
>
> 风采妙，凝冰玉。（辛弃疾《满江红·游清风峡和赵晋臣敷文韵》）

---

① 宋敏求编：《唐大诏令集》卷50，《景印文渊阁四库全书》第426册，（台北）台湾商务印书馆股份有限公司1986年版，第342页下。

握手论文情极处,冰玉一时清洁。扫断尘劳,招呼萧散,满酌金蕉叶。醉乡深处,不知天地空阔。(辛弃疾《念奴娇·赠夏成玉》)

风骨峭冰玉,谈辩屑琼瑰。(石孝友《水调歌头·上清江李中生辰》)

腊雪映江梅,冰玉更分风月。(韩淲《好事近》)

沈沈冰玉魂,漠漠烟云浦。(高观国《生查子·梅次韵》)

魂是湘云骨是兰。春风冰玉注芳颜。(高观国《浣溪沙》)

冰玉界、琼林阙。(吴潜《霜天晓角·秋凉佳月》)

月边偏爱惜,冰玉肌肤,应对姮娥共搔首。(吴潜《洞仙歌》)

趁冰玉光中,排云万里,秋艇载诗去。(张炎《摸鱼儿·为卞南仲赋月溪》)

素肌莹净,隔鲛绡贴衬,猩红妆束。火伞飞空熔不透,一块玲珑冰玉。破暑当筵,褪衣剥带,微露真珠肉。(郑域《念奴娇》)

世外不须论隐逸,谁似先生冰玉。自骨冷、神清无俗。(林正大《括贺新凉》)

万卷书传,六奇计运,冰玉炯然清润。(哀长吉《齐天乐·贺人入赘》)

冰玉丰姿莹彻,锦绣文章焕烂。(曹宰《喜迁莺》)

四海中间,第一清流,惟有可齐。看平生践履,真如冰玉,雄文光焰,不涴尘埃。(姚勉《沁园春·寿婺州陈可齐九月九日》)

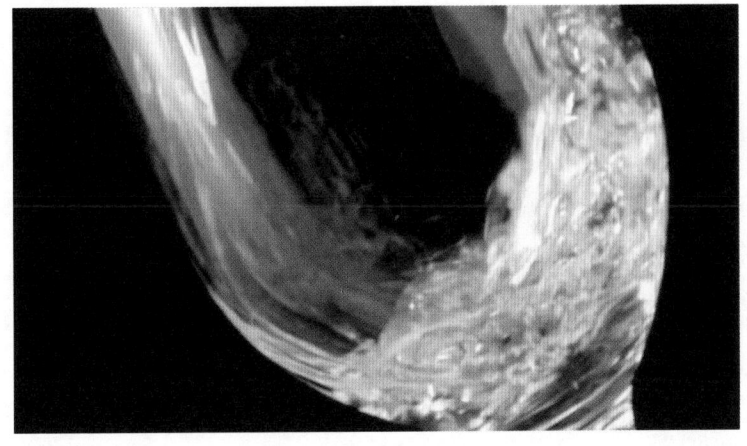

玉冰烧入杯之情状

这些词写及冰玉，都表达了对品格、品质、精神、风骨、气韵、风采、形象的清新自然、清峻挺拔、清润盎然、清澈无滓的极端赞美，故其所赞对象是极其广泛的，可及人及物，然而内涵却是特有的精神韵味。一旦有这种精神气韵，则自然、社会、历史、人文，清净修道和世俗生活，都可以发挥冰玉精神或韵味。如苏轼《次韵沈长官三首》："谁道山中食无肉？玉池清水自生肥。""斓斑碎玉养，一勺清泉满石盂。"（苏轼《过文觉显公房》）玉池清水当作"肉食"养道，玉也可用菖蒲类草本表达，意旨清澈，直贴生活。到明清时期，对玉的灵韵、格调给予格外开掘，或状其清扬恢宏，或写其韵含万象，或以玉感念时势与人性品德之运，并表达怡情养性之德。玉似乎成为无所不可至的美学意象，能表达人生格局中最为珍贵、清雅的精神德性。譬如，"今朝望海海云生，五色云中白玉城。"（李冬阳《帝京篇十首》）、"玉树长含万里风"（李冬阳《董生写四子图》）、"可怜明月河边种，移入东风碧玉栏。"（吴伟业《画兰曲》）……从这些表达可见，古代诗文中"玉"一词的意蕴、韵味，着重在"清"的方面，"雅"是以"清"为正、为贞、为吉、为珍。而"玉"的质性、品格、韵致、趣味，通过历代文学化的书写浸入人心，则主要在于：①玉质坚贞、纯净无瑕；②玉色纯洁，但可焕发斑斓美彩，琥珀、琉璃、玳瑁常被用来形容玉色；③玉的结体缜密，但并不能因此视为金刚，因其为玉，虽结构缜密，却很温软，具有养人养物的能效；④玉体冰凉，令人摸触清凉无比；⑤玉由最珍贵之物凝合形成，故玉虽然通体清爽、坚贞、透明、纯净，却在人的理解中，柔润和雅，通人情感，极具灵性，具有表征人的崇高、纯洁、坚贞、和谐、柔润等精神品质的性格、韵味。所有这一切，都倾向于玉之为物清，人体之亦雅，故玉是古代自然、人文偕和美韵的象征物，是清韵、雅韵的和合体。

其二，"冰"一词，虽然在日常生活中，天寒地冻、水凝成冰属于常见的自然现象，但如同上面所引诗文，古人经常"冰玉""玉冰"连用，是因为冰性清凉，颇有韵味。佛教入华以后，对心性静寂清凉的追求影响了人们的审美认知，使原来对冰的直接触感，逐渐与更高雅的人文性意蕴联结起来。从此，冰玉之凉，也呈现于艺境之冰凉，甚至文房四宝（笔、墨、纸、砚）和印鉴，也追求其品质精美、承载精神的韵味。冰凉融入审美体验，成了衡量清雅品韵的核心特征。譬如，印鉴以田黄石为贵，概因田黄石为泥石，水毓而成，冰凉通透，却色彩绚丽。砚台作为文房四宝之首，也以冰砚为尊。传唐宋之砚，未有如"水岩"之美者：

> 水岩在老坑之内，宋治平中于此采砚，东坡所谓千夫堰水，挽缏汲深，篝火下缒，百夫运斤而得之者。初从头洞至水坑，自高而卑，二里许，鱼贯而入，不得昂首直腰。中有轩有窦，或盘或援乃得至。以猪脂渍布燃照，沿洄曲水而行，行皆向东。初至者为西洞，其石无眼。又入为下岩，宋所开坑，名曰康子岩者也。此岩最寒，能伤人。又入为东洞，康子之前为南洞，多蕉叶白。其后为北洞，石弥纯粹水弥深，近外江水，久必有穿漏之患。昔人取石留数柱，虞其颓圮，今名为东留柱、西留柱，亦取之，以木柱代矣。凡石外皆有粗石，粗石内连膘，剖膘乃得石。火捺者，石之坚处，血之所凝，故其色红紫或黑。蕉叶白者，石之嫩处，膏之所成，故其色白。其一片纯洁无斑颣，真紫碧青，微有青花，如秋云绵密，或如水波微尘，视之不见，浸于水中乃见，必须心如毫发，乃知其妙。此石乃在穷渊，水之所凝，云之所成，玉而非玉，冰而非冰。水为其气，云为其神，其石之质欲化，而冰之体已坚，此真端溪之精英，其价过于瑶琼者也。凡香有结，石亦然，香木之结者为香，端石之结者为砚。其石大至数尺，去其不结者，取其结者，仅得掌许，故砚之大而佳者最难得。通水岩中，石之结者无几，非片片皆精好也。①

对水砚、端砚的叙述，揭示了"冰"韵的极致。"水之所凝，云之所成，玉而非玉，冰而非冰。水为其气，云为其神，其石之质欲化，而冰之体已坚"，这分明不是说石性，而是说玉、冰和合、非玉非冰之清凉幽雅神韵！从古人对玉、冰的文化体验和审美品鉴，可知玉、冰在古代文化传统中的韵味之神及品位之高。而陈太吉酒庄以陈太吉酒具"玉冰"之德，概取其神以喻酒体质韵和韵质之美！其以清韵为基，清韵雅赏，玉冰销魂！呈明了此酒具有极为纯粹、纯净之性，而且自性冰凉，属于"烧酒"的阳性所凝！那么，"冰凉"与"烧酒"，即"玉冰"

---

① 屈大均：《广东新语》，中华书局1985年版，第188—189页。

与"烧"岂非矛盾？是说至阳亦至阴，和合成体，圆成妙致，使玉冰之"烧"显现出"水火对激"愈益品贞品蕴的酒性，还是说以"玉冰"为其"烧"，因"玉冰"而成其"烧"，对此人们饮酒时大概都不会揣测，但未必不产生类似联想，于是由名称"玉冰烧"三字的连用，客观上就引发很多与阐释相关的联想或"尝想"。

其三，陈太吉酒庄独特的酿造流程，体现了清雅韵酒体美学的真蕴，传承了"玉冰烧"特色的传统中国白酒精髓。"玉冰烧"的酿造流程，包括制曲、蒸煮、发酵、蒸馏、洞酝诸环节，每个环节都涵容自然质韵转换为人文化韵质的机制，含纳以智慧化操作将质韵过渡为韵质的提升与强化，进而凸显酒体品质的整体性，充分彰显精神风格与韵味的理蕴。具体环节如下：

1. 制曲

精选纯净优质大米，配适量糯米和黄豆，粉碎后掺入野生菌，搅拌、压制成方形曲饼，送入曲房穿绳吊在木架上糖化、发酵，经7~8天曲成。曲房温度前五日渐升，从20余摄氏度升至42、43摄氏度为限，第六日开始下降，第七、八日降至27摄氏度左右。湿度不定，饼体糖化，先从外围野生菌燃烧开始，由外向内，呈色深黑转白，渐至全白，坚挺如玉。从制曲环节来看，大米为曲料主体，占比最高，淀粉糖分的自然清韵具足。糯米融合，还原水的黏性、柔性，营造活性精蕴从水而生的实体环境。豆类的配给，充实营养成分并生发豉香。野生菌是采集自然草本，人工研发所成，目的是带入丰富的微生物物质，以激活曲饼生命活性的完整爆发与改变，并使曲饼的清雅韵自然原香，巩固形成独特的基质韵味，轨持为恒稳的酒曲物态。

2. 蒸煮

这个环节类似于家庭做饭，但生产流程的蒸煮将大米加入特制的器皿，保持大米自然质韵在水汽合力下熟透。收生变熟，米香释放，因为在封闭的器皿之内，米饭的热能转化和物质构成能保持纯净。在一般情况下，酿酒并不采用将主料煮熟的工艺，因为不同的酒酿原料，如高粱、大麦和花、果之类，煮熟后充分糖化，如发酵则酸腐难以实现酒化，玉冰烧的"熟饭"则发挥了米料香糯缓释的特点，加之密封回冷，就将熟化变成了激发"米香""饭韵"的一个独特路径，使得熟化的"断生"更有效地转化为"人为"性质的生命有机性培养，从而在下一个环节，主料的自然活性不再依自然节奏而激发，而是依照人文化设计，进入后续酝酿进程。熟饭的糖化和对淀粉自然结构的消解，改变了主料的存在性能，使清韵已然向雅韵转化，在濡软柔和中，一方面始终饭与水汽融贯，另一方面饭粒自黏自化，奠定了有机性再生的物质基础。

3. 发酵

发酵是酿造玉冰烧的关键环节。在密闭的分层隔板内，大米热饭冷却后摊匀粉状的曲料，进入曲料与米饭双向互动的深度发酵过程。以七天为一周期，酒原料经过糖化和酒的转化酒精含量达到一定高度，再冷却又进入低温状态重新发酵，如是循环，28天后酒精含量达到60%以上实现转化，即可用于蒸馏取酒。双向对流的微生物发酵，蕴藉着深奥的回归"冰点"，生命活性经锤炼达到柔韧、蓬勃，酒体韵味饱满圆成的美学理蕴。一方面，冷却的米饭，因阻断自然植物性原生生长机制，成为人文化之"空性"存在。此"空性"非无生命根性，而是指消解了自然本蕴，由自然有机性转化为人文化有机性存在，从而它的质韵空前地统一，整体融摄、消化力极强，通过逆向性降次幂的趋向"零度化"的动态方式，让米饭中的酒性微生物菌群得到培育和醒活。冷却过程中，米饭粒收缩，饭粒因为属于黏状物，蛋白酶在茸状的固态饭粒和黏稠液中均有存留，脂类物质受在循环复酿的遇冷凝缩中，阴性得到强化，实际上则酒性渐呈扩散，与此相应饭质也由濡软变得细微硬实，产生了酸甜适度的新微生物菌体，它能在低温环境下存活，甚至在极度低温条件下仍具有生命活性，对此，在逻辑上我们可视之为介于"零度"和"熟化"阈值区间的新微生物菌体。这就是米饭本身的糖化、酒化反应，其酒性起初不浓郁，甚至稀薄，但因植于新的有机质之中，具有很强的向冷热环境突跃的生长性。当"零度化↓"冷却到位，酒曲由上而下发力，细微化茸状固态吸附曲菌，迅速渗透料体，低温曲的活性"冰点"在饭料醪液及饭酶"冰点"上展开反向性、向上的发酵运动。玉冰之烧，于是以半固态——其实双向吸附已然固态化方式爆发，其活性沁散充沛的人文（雅化）清韵。因属酒的有机活性，并非粮食植物性自然活性，从而灵魂跃升，酒分子与有机性生命分子之结合"弥纯粹""弥纯净"，因一再的冷化复炽而至柔至韧，使"纯粹"之韵变得醇厚，韵味百射，野生菌、纯米、豆豉等融合无隙的韵味，充满酒质魅力的无限可能性。因此，不同于黄酒的液态发酵，也不同于茅台、五粮液、汾酒的固态发酵，能够始终在冷热自适、自调的生命律动中，以纯净的闭合系统，实现酒性实体化的完美生长，导致"玉""冰"（阴性）之"燃烧"（阳性），塑造的阳性之"阴"，像固态一样能达到极烈的酒精度数，同时又因酿造方式的反复逆向性"零度化"锤炼，又使得料体即使回归到二十几度的"冰点"，也一样酒性饱满，韵味醇厚，且芳香柔和，具足清韵雅化之美。值此，清雅韵酒韵在料体已然获得定型。

4. 蒸馏

"玉冰烧"遵循白酒蒸馏的通则，也通过发酵体汽化，由气态再转液态摄取纯粹酒水。但与其他白酒蒸馏不同之处在于：首先，"玉冰烧"并不把蒸馏摄取之酒视为基酒，而是作为酒酝酿的必需环节。前期酝酿，以反复归零的玉、冰之烧，冶炼酒性，使清雅韵圆融，独具醇厚、香爽、清新、柔韧的气质，但这个酝酿并没有加持外热的助推。因此，其酝酿过程可谓之人文化之有机活性，依酒体生命展开"二度自然"革命，即其各个程序是自然化的，呈现着酒体自在的生命韵律。而蒸馏则加持了外热的助推，通过持续加热，使酒体依照预设的酒精限度蒸发，让玉冰之烧依照人文化方式进行，实现酒酿美学意义的"萃取""净化""转型"。其次，玉冰烧的蒸馏只取"头道酒"，也与其他白酒蒸馏不同。其他白酒以第一出气化冷却之酒为"酒头""酒梢子"，含有被汽态化的杂质较多，因此不取。又以最后所出之酒为"酒尾"，认为酒浓度不高，已近醪糟，故而也不取。只取中间汽化冷却的酒液，视为最好最纯最具酒美韵味的部分。这对于其他白酒是没有错的，但玉冰烧以熟米饭熟配曲酝酿，全程闭合性进行，既排除了受空气氧化，与自由基电子结合之可能，又高度控制了酒料自身的纯净化，反复归零和发酵上升的起起伏伏，将酒料自身的植物性基因、机能充分湛育、转化为人文化的有机性构成，从而玉冰烧供蒸馏的酒料，已很纯净无杂，若有只是存在形式的尚未转型，所以只需这最后汽化的"绽现"，便拥有华丽的转身，更以新的归零的酒体液态呈现了。

5. 洞酝

这是玉冰烧酿造的最后环节，其他白酒以蒸馏汽化冷却之液态酒水为基酒，具备了酒成品的意义，在基酒基础上进行的品种设计，突出香型主题，具有尾部补足设计的意义，虽然精雕合理，也难免有造作失当的状况出现。而玉冰烧的蒸馏所出酒液，仅标志酒体以新有机活性构成的形式呈现，属于酝酿的中间环节，并不当作完熟的成品。接续蒸馏环节的是洞酝，即将酒体置于恒温无菌之自然生态洞穴中进行时间化醒酝。入洞前将酒体入坛,采用两种"装置"方式,一是酒液入陶坛中,置肥猪肉浸浮于酒液,谓为荤格玉冰烧;二是以蒸馏所出酒液原样态,径直入坛,不入浸肥猪肉,谓为素格玉冰烧。依厂家的设计,"荤格"的肥肉浸润,能使其脂肪缓慢分解,吸附杂质,并将肉香濡渗于酒,使酒味更加香醇适口。从玉冰烧酝酿的流程来看,其实杂质吸附吻合的对象成分很少,因为酒液本身已很纯净,应当是对人文化的有机性的一次强化和提升,肥肉也仅取其轻柔的絮状,本身属于组织格外柔软匀和且丝茸被微细消解的物性。但含有油脂,无色馥香,是植物性、动物性微生物细胞极喜吸收的能量对象,当其放入所有构成均源于自然性质的米、豆、草木等"千酝百酿"的酒液中时,它必然对酒液的自然有机性进行"干预",从而使已经熟化、阻断自然机制的人文化有机性,得到更进一步的人文雅化提升。于是,酒体仿佛素液转荤,豆和草木沁散于酒液中的颜色,被肉絮的乳白色所遮映,酒体在酝酿中渐呈清亮、纯白。我们对荤格玉冰烧的肥肉浸酝,可以作为容器配置的一部分来看,即如同酒装入泥窖池、陶缸、水泥池、木桶里一样,陶坛和肥肉都属于玉冰烧的容器"外壳",容器对酒液必然产生"外摄"的影响,但它是被控制在非常适度和优化的限度内的。严格地说,玉冰烧的"荤格"提法,乃属于从日常饮食习惯性认知出发而做命名,也不可谓不切合,但在美学意义上,肉絮将动物性生命有机性植入了酒液的生命活性中,有利于人享用时人体分泌脂肪酸,激发胆汁分解酒性物质的分子结构,恰恰是绝妙的一个天赐"妙招"!至于素格玉冰烧酒液,乃以酒体常态进入洞酝环节。素之为素,在于自然之美,本蕴之美,质地之美,也在于素之存在,无饰无伪,真洁朴实,鲜活开阔,散发出让人感官和心智本然地接受,而不施以特别的狡慧拆解、应对的温馨优美的韵味。荤格与素格之配,如双龙入洞,潜泳渊默,又如对狮起舞,低吼于深邃时空,在这样的酝酿程序的布局中,酒体品质再度得到宇宙、自然的陶冶,从清雅韵回归于宇宙生态活性的本旨,切近了水火对激、蒸蔚生命云霓的幻化效果。

总之,玉冰烧酝酿过程体现了对清雅韵酒体的戛戛独造,其始于自然有机活性,转换、提升为人文化有机活性的塑成,进而转型为纯净的人文化有机活性形态,百转千折,丝缕体真,且糅入非常手段,增添殊胜因缘,使酒体自具生命美学个性。又在已然圆成的境况下,重归自然家园,让韵质高度柔韧、丰富的人文化生命活性,与宇宙生态进行醒酝复合,达到"天人合一"的最佳效应,切实保证了玉冰烧的酒体品质,跃升到更高的自然——文化深度和合的美学境界。

其四,清雅韵酒体是主体化生命本质力量的对象化呈现,尊飨清雅在独造清雅酒体个体对象的同时,也创造了追求清雅、体验清雅、拓展清雅的美学化主体和审美氛围,保证了清雅主客体美学化对流的社会人文语境,刺激了清雅韵美学

龙舟赛备酒备肉

上灯酒

张力的不断更新、敞开。在陈太吉酒庄发展史上,凝聚了一代代酒体设计师、工匠大师和生产者的美学智慧,也汇聚了岭南(佛山、广州)和东南亚一带懂得清雅美韵、清雅酒趣的人们的热诚拥戴和品鉴反馈。酒体虽然是一种物化的饮品类别,但它也是生命,也有生命的有机性个性,而有生命个性就有自在的内涵摄化,其对于自身既是美学意蕴、韵致的内化,也是外围美学氛围、场域的生命旨趣、意味、韵味的投射和外铄大成。因此,外在的清雅韵美学氛围,生产场域对主体的清雅韵细微渗透,也是玉冰烧酒体风格、韵味之形成不可或缺、持续绵延的驱力性本质构因。

石湾人尊飨清雅,为创造、体验和分享清雅酒体营造了很好的氛围、环境,在日常生活、民俗活动中以频繁密度注入玉冰烧清雅仪式。譬如,自2020年以来,每逢谷雨时节,陈太吉酒庄举行隆重的"开库大典",此乃中国酒业"封藏""开酿""储酒"仪式之外别具风韵的第四种大典形式,届时酿酒师高抬北帝神舆,巡东平河到大雾山"丰太洞",由国家酒业"仪狄奖"获得者第七代庄主范绍辉率四位酒酿大师,致《开库赋》,表达遵循天时、敬畏宇宙的生命意识和酿酒初心,开库取酒,行清雅祭祀大礼,酒醑天地,酒香飘溢,人海鼎沸,在一片欢乐祥和气氛中,瑞狮登场献舞,武术、杂技亮相绝招妙手,然后现场分享洞藏之酒,整个仪式过程色彩绚丽,音乐回荡,人情愉悦,充满天地人怡乐和谐的美感。

开库大典

陈太吉酒庄庄主范绍辉率领一众酿酒大师进行开库大典仪式

佛山龙舟赛

在石湾人的理解中,清雅酒韵是生命智慧历经时间静酝的迸溢绽放,人生优雅情怀和大智妙思的沟通体味,幸福快乐和吉祥瑞意的欢愉共享。因此,体味清雅,触遇感官,拨动心魂,体味愈深,身心通达愈为彻畅,它绝非远离尘烟的清淡玄思,也不是故作扰攘徒生烦恼是非的矫情造作,而是源于自然,源于生活,住于身心的高级智慧、趣味和典范、形式。故而清雅酒韵与生活中一切充满活力之存在，都天然亲和，自如漫溢，它们让玉冰烧出现在几乎所有大型的社会庆典和民众仪式中，与古代岭南热闹的"开酿""煮米""河运""出仓"活动形成遥隔时空的响应，在龙舟竞赛、比武大会、陶艺拼模、纺织换梭、锥铁挥锤、剪纸格图等传统技艺的传承性仪式活动中，都能尝到玉冰烧的美妙滋味，使清雅韵成为佛山一种挥之不去、招之已在的公共性美学情调。

其五，秉持清雅，突破玉冰烧豉香型的认知局限。石湾陈太吉酒庄在创造清雅酒体、提升清雅主体的历史运作过程中，可以确定地说，始终秉持了清醒的清雅酒韵美学意识，从而使酒体的设计、酝造和后续洞酝之酒体活性塑造，都与具体的社会生活情境、氛围和精神追求实现圆式的循环对接，让酒体闭环性清雅韵的生发、氤氲、荡动、抟搏，与主体心性的苏醒、激荡和向外彰显、延拓的力量，在对流中各致其极，呈现极其良好的客体化活性培育生态和主体化生命成长生态，真善美，止于清雅和合至境。之所以这样说，是从1996年、2007年和2018年石湾酒厂两次参与国家关于《豉香型白酒》的标准草拟，对酒有两个核心指标：一是感官要求，GB/T 16289—2018规定"无色或微黄，清亮透明，无悬浮物，无沉淀"（分高、低度酒），此项标准与GB/T 16289—2007（不分高、低度酒）一样，与GB/T 16289—1996（亦不分高、低度酒）"无色，清亮透明，无悬浮物，无沉淀"存略微差别，各版都含肥肉浸酝之所谓"荤格"，自2007年包含素格。荤格酒呈无色，素格呈微黄，体现根据南北方饮酒口味，在尊重岭南（广东）圈传统之外，增强酒体适应性所做的一次结构调整，以酒体品类的细化，贴合饮食美学素荤有别的趣味观念，其实酒体荤、素都属陈太吉酒酿的清雅酒韵审美传统。二是酒精度，GB/T 16289—1996规定为28%～38%vol，GB/T 16289—2007和GB/T 16289—2018调整为18%～40%vol，质量等级去掉1996版的"合格"，保留"优级""一级"。在此之外，GB/T 16289—2018分高度酒（40%～60%vol）、低度酒（18%～40%vol）两种，提出玉冰烧酒新的品类，至此，陈太吉及玉冰烧酒形成完整的科学化标准系列，应该是目前国内白酒界覆盖酒精度含量从低到高幅度最大的酒体。

《豉香型标准》的制定，记录了20世纪80年代迄今对玉冰烧酒的认知，作为标准的起草者之一，石湾酒厂的认知近三十年也有不小的变化，不过这种变化都属于"豉香型"概念之下的理解。如果玉冰烧的概念存在偏差，那么，再怎么调整也无法跳出概念固有的认知局限。那么，是不是存在这种情况呢？依拙见，是存在的。标准的制定，确立了生产的核心指标，这些指标其实是由科学和感官两方面合成的，不管这两方面能否真正概括反映白酒的品质和韵味，一旦它被作为标准就具有权威性，于是科学标准对数据分析的强调，感官品鉴貌似确定实则并不确定的把握，就成了给白酒定品定级的尺子。除此而外，从1952年中国评酒会开始，对酒体品评主要基于白酒师和科学家的结合，在这个过程中，"香型"是绝对的衡量尺度。从白酒归类饮食而进行品判，"香型"确实有其合理性，但并不能真实、全面地反映酒体的品质，更不能概括酒体的风格、韵味。究其原因，一是香型侧重舌蕾对酒滋味的直接把捉与回味，在嗅觉、视觉和听觉方面，标准无法精确确定，受鉴定师个人体验影响比较大，而这与酒体本身是否客观上具有相应属性，和鉴定代表广大饮众的感觉，并不在一个层面，因此，香型并不能立体地反映酒体的感性特征；二是香型仅属于从特定角度对酒体品质的一个扫描，何况主要是当下的感受和理性判断（感官和理化要求），至于酒饮后微醺、酒的降解程度、酒醉后的身体反应，精神上对酒香味、酒滋味，酒的力度、滑爽度等引致的精神感觉、情感反映、理智态度等，就很难从香型标准获得解答了。在20世纪50~80年代，由于计划经济和生活资料的匮乏，评酒重视从"饮食"角度认知，这是没有错的。但到了90年代，人们对酒有了超越饮食的更丰富的价值期待，如果依然用香型标准评价酒的品质、市场甚至全部，就显得认知严重滞后，会常常发生削足适履的情况。

　　石湾酒厂的酒体认知，大体经历了陈太吉（1830年）、玉冰烧（1895年）、豉香型（1996—2018年）三个节点标志的不同阶段。《豉香型标准》在最后阶段，涵盖时间长达三十余年。如果算上酝酿时间，从中国评酒会（1952年）就应该有了对"豉香型"朦胧的认识，但直到20世纪80年代末甚至90年代才找到这个尚觉得表达清晰而富有特色的概念，并且在世人眼中，被推为8大香型或12种香型白酒之一。人类对客观规律的认知，对于酒体如何才能保证更为正确，这是一个很重要的问题。就自然科学、社会科学和人文科学的共同规律而言，必须恪守的基本原则有两点：一是现象学的原则。不管采用什么样的科学路径和方法、手段，都应该遵循主观的感受、体验、想象、判断、认知是由对象所给予的，在对象的存在与呈现中，有关的科学发现与认知才被给予、被呈现，进而才有人类的科学认识结论。否则，没有对象和现象性的呈现，主观的认识与体验都可能是虚玄的，与对象实体和实际状态构不成对应关系，也因此无法揭示对象的存在本质与规律。二是辩证的和历史的"唯物主义"原则。由于形而上学允许主观抽绎和抽象思辨，但这种理性思辨和理论的主观抽绎，不能与人类的历史割裂，也不能是僵硬的主观独断。而辩证的和历史的"唯物主义"原则，则尊重历史与现实的真实，把真理问题给予辩证的、客观的辨析和体认，从而能够正确地对客观对象做出判断，并保证这种判断来自主观辩证、合理的研究分析。具体到陈太吉、玉冰烧与"豉香型"命名的问题，从酒体酿造、酝酿的历史来看，大米为主料，黄豆、野生菌为自发酵辅料，肥猪肉非自发酵原料，仅是调理性质的与酒体容器类同的物质，大米以外的后几种，占比很小，除肥肉以外都有自发酵活性，酿造先行设计于酒曲醅制，因此，其对酒体的影响并不亚于大米主料。那么，陈太吉和玉冰烧到底是一种怎样的酒体品质？从酒体美学"现象学"的、"辩证的和历史的唯物主义"方法论出发，当如何理解其美学品质、韵味和特性呢？

（二）清雅韵味、清雅张力、清雅形式

在第一、第二章，我们对酒审美、酒美学的重要概念进行了界定，就酒美学的本体及其物质意蕴及其呈现（质蕴）、精神特质及其美感效果（韵质）进行了细致的阐述、辨析，指出韵味是揭示酒体内在本质和深层结构的核心概念，既具有学术性，也具有群众性，属于统摄广泛深刻的价值域与现象域的重要理论话语。内在地规定了酒的生命驱力、质韵〔诸如酒味（酒风味、酒香味、酒气味）、酒气（元气、阴阳气息、五行味气、酿制之气）、酒香（物理的或物质之香，如粮香、气香、味香，整体的、精神性的亲和香感与魅力）〕、酒器蕴、酒韵质〔诸如意韵（心韵、力韵、艺韵、境韵）、风韵（品韵、风格、时尚）〕等的存在与呈现的、具有高度概括性的概念。当这样的美学术语用于具体品类美学特质的把握时，我们说韵味即由该种酒体物质性和精神性蕴含所呈现的统一的美学性品质，它是基于物质存在的精神意涵及其显现形式——表征为意象、趣味、意韵或难以用逻辑语言精确描述的"象外之象""味外之旨"的总称。韵味的风格，指其独特的精神个性。酒体风格是酒体美学个性的标识，通过风格辨识一定酒体，

以与其他酒体区别开来,可以更深入地聚焦于对该种酒体韵味的美学把握。

陈太吉、玉冰烧属于清雅韵味,这一点在豉香型白酒国家标准表述的"感官要求"里,已有明确揭示,并且该标准就具体的感性指标,进行了描述性规定。这些描述对于历史地理解"清雅韵"非常有价值,笔者只是不赞同将这些感性描述简单地归附于"豉香型",并不否定及至目前三个版本关于清雅的某些感性描述,下面就品类等级为优者,依次将其"感官要求"列示如下:

"豉香型"三版本国家标准感官要求类比

豉香型		感官要求	制定版本
优级品	色泽	豉香纯正,清雅	GB/T 16289—1996
	口味	醇和甘滑,酒体协调,余味爽净	
	风格	具有本品突出的风格	
	说明	以大米为原料,经蒸煮,用大酒饼做糖化发酵剂,采用边糖化边发酵工艺,釜式蒸馏,陈肉酝浸勾兑而成的,具有豉香特点的蒸馏酒	
优级品	色泽和外观	无色或微黄,清亮透明,无悬浮物,无沉淀	GB/T 16289—2007
	香气	豉香纯正,清雅	
	口味	醇和甘滑,酒体协调,余味爽净	
	风格	具有本品典型的风格	
	说明	以大米为原料,经蒸煮,用大酒饼作为主要糖化发酵剂,采用边糖化边发酵工艺,釜式蒸馏,陈肉酝浸勾兑而成,未添加食用酒精及非白酒发酵产生的呈香呈味物质,具有豉香特点的白酒。	
高度酒	色泽和外观	无色或微黄,清亮透明,无悬浮物,无沉淀	GB/T 16289—2018
	香气	豉香纯正,清雅	
	口味口感	醇和甘滑,酒体丰满、协调,余味爽净	
	风格	具有本品典型的风格	
	说明	以大米或预碎的大米为原料,经蒸煮,用大酒饼作为主要糖化发酵剂,采用边糖化边发酵工艺,釜式蒸馏,陈肉酝浸勾兑而成的,不直接或间接添加食用酒精及非自身发酵产生的呈色呈香呈味物质,具有豉香特点的白酒	

续表

豉香型		感官要求	制定版本
低度酒	色泽和外观	无色或微黄，清亮透明，无悬浮物，无沉淀	GB/T 16289—2018
	香气	豉香纯正，清雅	
	口味口感	醇和甘滑，酒体丰满、协调，余味爽净	
	风格	具有本品典型的风格	
	说明	以大米为原料，经蒸煮，用大酒饼作为主要糖化发酵剂，采用边糖化边发酵工艺，釜式蒸馏，陈肉酝浸勾兑而成，不直接或间接添加食用酒精及非自身发酵产生的呈色呈香呈味物质，具有豉香特点的白酒	

分析"豉香型"白酒的国家标准，可以明确：①"豉香"仅指涉酒体的香气特点，并非整体的感性特质。②"清雅"概念也用到了，但指"香气"特点，其涵义主要指气息纯净不杂（清），纯正爽和（雅），是人们所喜的类型，基本不涉及对酒体精神性韵味的描述。③色泽描述切合玉冰烧的感性外观，2007年描述为"无色"或"微黄"，其实指两种，即猪肉有无浸酝，有为"无色"，没有浸酝的为"微黄"色，清亮透明，无悬浮物，无沉淀，可谓对玉冰烧如玉如冰的感性"规定性"，给予了明确指认。毕竟所观相对于所嗅，色泽相对更为客观准确，"香气"则根据主观经验往生活中体验的某种香气靠拢，并不能准确地描述整体的酒香气味。④"口味口感"三十余年保持了高度的一致，并且含有对酒体整体概括的词语，"醇和甘滑，酒体丰满、协调，余味爽净"，2018年版增加"丰满"二字，这大概是该标准最切合玉冰烧酒体韵味的一个描述，显然这个描述从口味口感出发，介入神经系统的反应、精神上的回味和理性上对该酒饮后美感的直观判断。我们认为，对玉冰烧酒体清雅韵美学特质的把握，应该充分参考各"标准"版本所拟的"口味口感"描述，进而从审美和美学性上给予深入、细微地体认。

1. 玉冰烧的清雅韵本质

酒体韵味是酒的美学本质的感性显现，是酒体感性特质的文化、艺术意涵的阐释与揭示，它具有民族审美选择和文化美学、意义聚焦于实体，获得价值归属之学理概括的总成意义。南北朝之后，酒与其他的艺术创造物"沿着气韵相合的路线展开，或飘举而为'象'外之韵，'味'外之韵，或沉潜而为生命气韵，讲求情感表现的喷射与艺术形式的饱满淋漓，体现了'韵'的审美特质的丰富呈现。"①酒体的清雅韵作为一种审美的和美学的流势，盎然于蓬勃葱茏的酒美感性形式中。而中国酒作为承继传统黄酒成熟的清雅韵的重要载体，在明清之际渐臻至境，尤以发展至清代道光年间之陈太吉（玉冰烧之前身）为其典型的酒体形态。玉冰烧是清雅韵酒体的成熟形态，其清雅韵味的表征为在酒生命活性向宇宙生态活性的回归中，激活民间水火相激、阴柔阳化的至功，实现禅韵和合的境界旨趣。这是其美学韵味的底蕴，也是其独特酒美学个性化的风格，同时还是其人文化酒与自然、酒与人、酒自身生命幻化的至高意境。从美学意蕴的高度理解玉冰烧的清雅韵味，才能对其所统摄的诸感性特质、形式呈现及其饮乐、尊飨的精神能量、效果，给出恰切的阐释。

中国的白酒以清韵、雅韵和清雅韵为三大代表形态。每一种酒韵形态的生成、发展和成熟，都不是偶然的，而是各具美学化总成的意义。因此，在学术系统提摄酒体的美学意蕴、意韵时，"蕴"一词指向了与文化、艺术等价值内涵的关联，"韵"一词指向具有感性呈现的形式、氛围，但很难用理性术语精确指定的，唯有精神和生命感觉能体味和咀嚼的"味道"或特殊"况味"，而后者对酒体而言，即酒韵的美学。从文化传统绵延至今最具代表性的酒体而言，清韵之美以汾酒为代表，雅韵之美以五粮液、茅台为代表②，清雅韵之美以玉冰烧为代表。文化、美学的酒体韵味对酒的历史和现实存在，给予一种矿脉般纵深的探察，从文化、美学根蕴到酒体形式呈现，中间的曲曲折折，体现物质和文明的进路并不像我们直观一种生活现象那么显豁，但实际效应正是如此，酒韵文脉在历

---

① 赵建军：《中国艺术范畴"韵"源考》，《东南大学学报》2007年第4期，第107页。
② 按：酒韵之美的形成是多种因素综合作用的结果，其显性形态涵括今所谓香型，但并非一一对应，就酒韵切近自然原旨而言，汾酒最具代表性，北方酒率多侧重清韵之美者。五粮液以"和美"为旨趣，体现五粮中和之韵、趣，是为中国酒、文化精神之"正雅"之集中体现者；茅台酒亦以社会化、人工酿造之功为胜，然所趣者韵味横生逸出，具超常之品性，固有"雅韵"之潜质与表现。但在商业化潮流中，茅台亦趋变于正雅，五粮液也求诸殊韵之和，反显"雅韵"之风，两相易易，趋同甚多，然终归为两种雅韵型酒的代表。其他酒如泸州老窖、国台、金种子、舍得等，大都具有突出的雅韵风格。

史的进程中逐渐演化形成，犹如根润枝绽，开花结果，里面的道理端的如此，容不得你不信这种至为恢宏、又至为精细的系统规定性。因此，酒道在美学意义上，与商道、政道、生活之道等相比皆非彼类，又密切相关。故今所出酒体，大凡具备独特美学个性者，必显现清韵、雅韵或清雅韵之某一倾向的侧重。基于此，酒体的美学本质、特性及其感性呈现，都得到其合乎文化、美学规律的解释。

玉冰烧清雅韵的酒体美学的本质理蕴，在于"和合"。

首先，生命活性的和合，构成玉冰烧酒体生命的"元生""本生""润生"的生命力之美。"元生"指具考古学意义的野生菌，它不是地理学意义的泥窖、洞穴、野植、古遗址存留的微生物菌体，以"原始基因"的身份介入玉冰烧的酒体发酵，而是现代酒酿科技以自然为对象，采集提摄的野生菌。因此，这种野生菌不具备原始环境的原生性，却具备自然菌自发酵基因的"元生性"，野生菌是玉冰烧酒曲构成的重要物质组成部分。"本生"是大米和豆类的自发酵本韵，以大米为主体，豆类微量掺入。"润生"指肥肉浸润。三种物质，均促生酒韵产生，其中，大米既是酒曲的主料，又是饭酿的主体原料，在两种状态下大米本蕴均向酒生命活性的裂变转化，但在酒曲中大米被大饼周围野生菌的燃烧所包围，淀粉质匀和其他微生物基因，边糖化和边发酵母菌。在蒸煮饭和掺入曲料过程中，米饭的体量保证了米韵的纯净性，也是边糖化边发酵，使大米的本韵占据绝对主导地位。野生菌是人文理解前提下，经过酒酿科学的实验分析，在融合传统食医同源观念基础上，对自然活性菌的"种子"源及其生命质量进行根本提升，最终以"配比"的草本粉碎后，进入酒曲前奏的。野生菌是酒酿美学设计的"画龙点睛"之笔，其构成对于厂家具有私密性，对于酒体设计师、工匠大师而言，寄寓了最前沿的酒酿科学和工程学美学替代，表达了酒酿师和庄主对酒体将传统与现代生活融合的美学理想。因此，其成分既复杂又与大米保持的纯净性协调，是玉冰烧激活酒体活性的重要驱力因子。肥肉本身不具有自发酵功能，在民间饮食传统中将肉条和猪腿放入氧离子充分的树木和植物茂密之地，在自然因缘的统合作用下也会发酵，但那种发酵只改变表层的细胞组织，且并不产生植物淀粉类糖化的香味物质，反而是发酵的表层构成保护层，使肉质在表层有机活性菌向内的渗透中愈发新鲜，肌理和营养能量都达致活力饱满状态。但在植物糖化与发酵完成、又经反复冰化和气态化蒸馏，提摄后冷却为液态酒水的环境中，肥肉不能与氧分子直接结合燃烧，只能被动接受极强的生命活性的酒分子的包抄，导致它自身不得不处于被动分解的状态，肉絮组织和油脂，其清淡如丝如薄云飘游的有机成分，在解体后以其薄膜的包裹和油脂的滑性，改变和促生酒体活性分子独特韵性的生成，故"润生"非发酵生，而是一种酒韵状态与味性的"增上缘"之生。有此三生，玉冰烧圆成其酒体生命活性的"生生之韵"，进而在最后环节以再度恒稳的冰玉之化，实现"三生有幸"地向宇宙生态活性终极地的完美和合。

其次，玉冰烧清雅韵的酒体和合，在逻辑内涵上分三个阶段递进深化，美学韵律跌宕多姿。第一个阶段，制曲阶段的清雅韵和合。酒曲是酒韵的初始模式，是多样自然滋味、韵味多样凝合，以"酒酵母"种子形式在低温下发酵为曲，其特点是将自然清韵潜质培育为可生长活性菌，柔鲜、香郁、味性、气息，齐之以和，自然生韵在人文、科技控御下呈正偏君臣协合雅化之美。第二个阶段，蒸煮饭及蒸馏阶段的清雅和合。此一阶段原料主体与酒曲经复杂细微的工序抱合，活性菌空前释放，在冷却频次与活性菌增长并进的同时，清韵愈发精纯。杂滓以冷却澄出之液和热能飙起之气，在闭合系统内被随时过滤排除，同时大米和曲料在水火相激、冷热交相转攻、性能和机制空前柔韧质化境况下，整体转换为有机化生命活性体，清雅韵趋于有机融合，并再度经蒸馏方式纯净化，酒液呈统一的醇和酒韵品质。第三阶段，洞酝阶段的清雅韵和合。活性转换为液态的酒体，在恒温模式下开始时间性的"玉冰之烧"，清雅韵高度个性化酝化，或以非植物性有机性介入增益酒韵品质，或以液态酒体的原样态精细冶铸清雅韵品质，使两者的酒韵存在方式与宇宙活性的"零度化"存在高度吻合，并与人文化社禅韵呈高度吻合之美。

再者，清雅韵的"和合"，由于系统性地贯通、渗透整个酝酿过程，从而使清雅韵透彻地成为美学化的存在与美韵达到致境的作品。所谓美学化，最重要的是人文、科技融合的深度意蕴、意韵由外而内，再由内而外，自然形成融合的创造过程。从貌似宽泛无际、似乎与酒酿并不搭边的人对世界、自然、文明、文化和生活的韵味理解出发，通过人的智慧和劳动创造，将精神内涵对象化于酒体的原料构成、工艺细节、形式雕镂等，让创造的酒体成为文明之表、文化载体、艺术作品、美学化风格的典型创制，而不是相反的路线，试图让酒原料的精选、工艺的设计、酒体的形式成为出发点，每一步都试图表现出某种价值和意义，那样徒为枉劳，支零破碎，酒体或能与某一匠师的经验、理念吻合，但很难或不能臻人人共美的效果。然而从文化美学意蕴获得的酒体独致韵味实现，乃相当缓慢的历史积淀与智慧久经湛育提升才实现的过程。这个过程便是酒体的"辩证的、历史的唯物主义"，就是酒体美学的本真的精蕴，就是玉冰烧的清雅韵酒体品质、精神、风格。它一旦达到了这样的美学化高度，依然如前所言，就造就了一种内在的品格、机制，这种品质形成之后，它的生命自足自成自生长，在面向社会的生长中，其被接受的广泛度与商道的销量既相关又有别，前者不代表后者，后者也无从否定前者，但只要是具备了这样的品质，就会在美学化的接受语境具备时，赢得愈加普遍、愈加广泛的社会化认可。当然，这种被接受的过程，也依然是清雅韵酒体的绵延性存在方式。

2. 玉冰烧的清雅韵张力

玉冰烧的酒体结构，呈现了清雅韵的超越旨趣。这种超越通过突破自然力的矛盾和纠结，以精神回波的形式绽现。自然力的矛盾、纠结，即"二元对立"（Binary opposition）因素的摩荡、对激，精神回波即酒韵的和谐状态与结果。如冰玉与火的对激促成酒曲糖化韵味的氛围弥漫。发酵时清韵对酒曲多种酒活性物质的同化，逐一地以米成分的酒化活性菌，与其他化合物发生对激、融合反应。

清雅研究院成立揭幕

2007年,"在中国酿酒工业协会白酒技术委员会的支持下,以江南大学为技术依托,与茅台、五粮液、洋河、汾酒、剑南春、郎酒、今世缘、口子窖、古贝春、老白干、牛栏山二锅头、西凤等十二家不同香型骨干企业共同参加开展了'中国白酒169计划研究项目'"[1]对已具特征的风味化合物,全面应用气相色谱-质谱(GC-MS),多维气相色谱-质谱(MDGC-MS)等现代科学仪器进行精确测定和剖析,检测出酱香型代表茅台酒含有300余种风味物质,多粮浓香型五粮液与剑南春白酒含风味化合物132种,鉴定出126种,6种为未知化合物[2]。玉冰烧酒在1982年由酒厂联合多家科研机构发现含152种香气成分,此为网络宣传资料的一般数据,对于杂质有明确的说法是1984年由金佩璋等撰文称"通过毛细管色谱分析,玉冰烧酒及桂林三花酒的高沸点醇酯区分在色谱图上所出现的香气成分峰达150个以上"[3],该文称"可能和豉香有关的三个未知成分""因皂化而在色谱图上消失,证明其为酯",则合起来香气成分达153种,这是科学研究的一个结论。20世纪80年代的结论,到21世纪20年代被科学家归入传统豉香型白酒的构成特征,而把小酒饼为曲,先糖化后发酵、山洞陈藏,色呈微黄清亮透明的玉冰烧作为"清雅型"新品种,其物质成分的测定以11种高级醇类物质,包括仲丁醇、正丙醇、异丁醇、正丁醇等,成为"清雅型"玉冰烧"回味怡畅、香气协调、醇感突出的原因",所涉及的具体含量,以独特的乙酸乳酸比值、乳酸乙酯与乙酸乙酯之比、多元醇含量优于和高于传统的豉香型白酒,被认为是"清雅型白酒更加清爽、淡雅"[4]。科学研究在发扬清雅型白酒物理化学体征方面,在近三十年有了很大的推进。近期,由江南大学徐岩教授、唐柯副教授等组成的攻关团队,对清雅酒体成分及理化要求又进行了深入系统的研究,为明确清雅酒体的科学学科化属性提供了依据。2023年4月20日,石湾酒厂举行"庄潮雅风"峰会,唐柯副

---

[1] 徐岩、范文来、王海燕、吴群:《风味分析定向中国白酒技术研究的进展》,《酿酒科技》2010年第11期,第73—74页。
[2] 徐岩、范文来:《中国白酒风味物质研究的现状与展望》,《酿酒》第34卷第4期(2007年7月),第36页。
[3] 金佩璋、沈怡方、陈炳豪:《玉冰烧酒香气成分特征研究技术总结》,《酿酒》1984年第3期,第31—32页。
[4] 杨帅、黄甫洁、董建辉等:《清雅型"玉冰烧"白酒酒体风格特征研究》,《中国酿造》2020年第4期,第49—52页。

教授代表团队从多样用曲、原料纯净、发酵容器、产品特征几个方面，对清雅型白酒品类的最新研究进展进行了通报，其科学学科化陈述为："共准确定性出435种化合物，其中清雅玉冰烧洞9和洞12中检测出393种化合物，建立了清雅型白酒完整的挥发性化合物谱库。最终锁定259种具有香气特征的香气化合物进行

"庄潮雅风"峰会

"庄潮雅风"论坛

深入分析，其中清雅型占239种。""以经典米香型白酒为对照，清雅玉冰烧白酒香气物质更为复杂，酯类、醇类、醛酮类、萜类、呋喃类具有优良详细特征的种类更为丰富。"[①]江南大学的科研成果发布，以玉冰烧所含香气物质的最新数据的表述，毫无犹疑地证明：玉冰烧酒含有极其丰富的香气化合物成分，这无疑体现了对清雅型白酒科学属性的一种实证。从学科化角度来说，科学主要有两种基本模式，一是对已有存在对象进行精确的定性定量分析，二是对未来的产品对象进行精确的实验建模分析。这两种模式，相对于人文、美学的学科化研究而言，路径不同，认识角度也不同。人文、美学并不否认科学的实验和理论推进，但把它作为人文、美学研究的一个重要参考视角，用以充实、调整人文、美学的整体性观照。以清雅玉冰烧酒体为对象的美学研究，并不把所含香气成分的多少作为根本的支撑，否则说茅台酒含有上千种化合物成分，因此就更好，进而把它归结为地理山水及物质构成复杂，基于此造就了"复杂"的酒，则很难说服人确定：一定就是某地比另一地的酒好。诚然，地水风火这些因素，必以其"香"影响酒品质，但环境若无今天的维护、改造，会随着人类生存之自然生态的整体改变而改变，从而很难直接信托原有的地理基础还能充分被现在的酒体酿造摄入；另一方面，酒体的品质好与坏，香气仅属一个方面，复杂是美、纯净也是美，两者相比很难确定高下。

就酒美之"生"而论，我们确信存在多种生产、开发的可能，包括①原生：即原料、水及其他物质原生性的美韵被还原于酒体；②化生：外力作用下促动动态性化合过程，产生了新的酒体要素、机理、质蕴和韵味；③麴生：即曲生，遵循自然规律以人文、技术模控酒生命"种植"，并令之接续性再生，譬若固态发酵之生；④蘖生：依托植物根须和种实的生命有机性之自然发生；⑤大生（太生）：通过高压带热催生酵母菌之生，属于"阳"性为本源的人文、技艺（技术化）之生；⑥濡生（阴生）：借助"阴"性的积聚转实，由太阴之实化转阳性之生，液态发酵的濡生最为典型，固态发酵也常常借助濡生来淬化大生；⑦浆生

[①] 按：唐柯在2023年4月20日"庄潮雅风——第2届中国白酒酒庄文化峰会暨清雅品类发展论坛"（广东佛山）会议上发表题为《石湾清雅型白酒特征风味表达体系的构建》的课题组研究进展报告，做出此概括。

（熟生）：饭馊而为浆，属于自化之生；⑧和生：协合诸缘催发的酒韵之生，如大数据协合调控，将根本不可能自然联结的因缘联成一体，共同参与酒韵之生；⑨气生：凡所具酒潜质之存在物，皆使其蒸发升腾，氤氲为气态，而后还原为酒水之生；⑩味生：五行各具其味，对物质从味性上切入，而专注于某种味或混合之味之生，香味便属味生特别关注之一种；等等。在微生物原生性发酵之外，如许多种"生"的方式、手段，有的属自然性的，有的属人为性的，有的为机械作业施加的，有的是非人工所能达到还需要借助超级的计算机智能才能实现的，这些都促成了酒体的不同的生，何以独独把"香味"作为人能接受或酒体好坏权衡的绝对尺暑呢？因此，从酒体美学的角度来看，饱含物质成分可充分证明酒体的生命潜质和现实，但更重要的是，这些潜质以何种方式构成，或以怎样的方式形成自身的机制、结构，怎样凝定自身特具的美学韵味、品质。对于玉冰烧酒体来说，其最显明的结构、机制特征，就在于以水火对激的结构张力凸显了清雅韵机制的超越旨趣，主要表现在：

一是清韵经水、冰、玉逐级递升的酝化，意蕴、韵味由自然原味的精纯化，过渡到人文化的有机性韵味，进而再升级为可表征丰富精神内容，由以形成美妙意境、隐喻、象征恣韵的酒体实在。中国人对韵的理解，自汉代即由实体性——从自然实体——体味非实体的意蕴，用艺术化的情感和精神来领悟、咀嚼自然，尊重自然的本韵，视自然为清韵的最高旨趣。这种清韵把自然看作整体的对象。人对自然的印象，注重将其最鲜活的整体性特征用精神感受、感悟和理解确定下来。在西方，也一直存在类似的美学观，比如浪漫主义美学就重视主观情感的抒发，认为情感源自对本真自然的感受和体验。当代德国学者格诺特·波默（Gernot Böhme），对自然美学观进行提升提出"气氛"概念，认为气氛由对象、主体共同营造，是具有"幻象"特征的美学，"气氛表达是某种独特的居间现象，某种介于主、客体之间的东西。"[①]这种主张将存在物与精神、情感进行连接和融合，肯定了存在论意义的"气氛"统一体，格诺特·波德把它也称为"韵"。美学学者王杰教授说：

[①] 格诺特·波默著，贾红雨译：《气氛美学》，中国社会科学出版社2018年版，第91页。

> 韵是古典文化下的一种审美交流机制，这种机制通过"远处"的声音以及全方位的回波来超越一维性的时间，通过声音的缠绕与回旋，把不可表达的历史原极性表征为优美的形式。由此，表现出现实生活关系的文化符号或审美形式，就具有了"韵"的属性和特点。从古典文化进入现代文化中涉及审美关系和审美制度的改变。如果说"韵"是古典文化语境下的交流机制或者媒介，那么"余韵"就是现代文化语境下的一种新的交流机制。古典文化语境下的"韵"是一种优美化的和谐，"余韵"则是一种在破损的形象中通过星座化的机制形成的一种优美化的崇高，这种崇高并非精神与物质现实尖锐对立的崇高，而是审美人类学意义上的审美价值在个体生命体验中的回旋和展开。①

这段话对于阐释玉冰烧的"韵"从内生，从精神生，从水、冰与米与火与精神的连接生，生成一种由古及今的酒品之味、之香、之韵的机理、机制，十分恰切。古典酒韵的优美和谐意境，在明清时期走向崇高的、似乎形象有所破损的优美化的崇高，不正符合玉冰烧"肉浸"的"招数"，不正打破了传统的纯粮为酿格局的写照吗?! 然而，要理解这一点非常不易，因为优美是直接愉悦感的感性形式，崇高用康德的话来说，"崇高的愉快不只是含着积极的快乐，更多地是惊叹或崇敬"②，此崇高促成的精神"回波"，使酒的清韵趋向于人的生活情调、境界更广泛的"星座化"塑造，可说明清韵雅化机制自在呈现的丰富、超跋与柔韧。

二是寓清雅韵于"味"的和合，以醇和爽口融多样味性，颇富味趣张力。中国人饮食重视"味"，香是味感美学化的集中表达，色、形及固液态、气态感烘托味感，促成味之于口舌和感知、想象、心理的共振反应。味触达饮食审美的神经中枢，引致饮者个体因地域、年龄、职业、民族差异而形成偏好，同时也形成相同相近的味感。这些都会反射到产品中，在历史累迭性积淀、筛选中，把极端

---

① 朱玉杰：《气氛美学的理论建构与批评实践——"跨文化视野下的气氛美学"国际会议综述》，《马克思主义美学研究》2025年第2期，第420页。
② 康德著，宗白华译：《判断力批判》，商务印书馆1964年版，第84页。

化的饮食嗜味过滤，凝固为产品稳定的味性风格。酒是特殊的饮品，酒味是酒的基本属性，人们常言"酒道"，其实是将酒的味性，即人们感官敏感触知的酒味，与精神性的情、意、思等联结起来，将味感上升到精神体悟的层面。酒味所出酒韵，是对酒体核心品质的品鉴，超越感官的直接把握而通达精神意境、境界的体现，自然也是酒味秉持的美学化感性特质的体现。因味感而致韵感，酒韵弥漫的气氛，不可言传的撩拨、刺激精神的特质、特性，散发出的精神性味道，可谓之情韵、神韵、灵韵、思韵等，统统属于韵或韵味，均显现酒品与饮者精神性交流的风貌，其客观方面标志对酒体之具体的色、香、味感的物化超越，其主体方面则以精神韵致凝成对象化的、更高的美学化概念、范畴。

玉冰烧与冬酿黄酒的韵味生成，很有维特根斯坦说的"家族相似性"[1]，各种因缘聚合，趋近"零度化"冰点的酝酿环境，形成酒元素的"游戏"家族。米韵在冰阴中酿就，不同的是，黄酒为生料入于冰水，以阴孕阳，自然酿成，玉冰烧则以熟饭的冰阴化自塑，以阳淬阴，以阴塑阳，阴阳相搏冶铸酒活性特殊品质。玉冰烧的韵味就是以这样的方式"炼成"的，在"家族"所出相似的味性中，香味仅属其一，还有其他味韵，如色韵、气韵、液汁之韵、味体（分子）触韵等，

熟饭

---

[1] 按：维特根斯坦说："一个家庭的成员之间的各种各样的相似之处：体形、相貌、眼睛的颜色、步态、性情等等，也以同样方式互相重叠和交叉。"（《哲学研究》，李步楼译，陈维杭校，商务印书馆1996年版，第48页。）

均以仿佛低温下并不激越却超强游荡的活性，给人以精神的激发。在韵味的构成中，诸味俱在，大家均自由游戏，俱不争先，和合醇厚，随饮流溢于唇齿舌尖，香味无以独成，融于味韵自由，游弋美感爆棚。玉冰烧韵味的冰化情境，便如此极显品质张力，如心情浮夸放浪而饮，会顿感味蕾触电般涩感，稍许其感减缓，柔爽如云移喉，腹内静凉之意漫浸，心境转虚转淡，不复热躁；如果心情沉郁而饮，则微感淡淡苦蕴，伴随酒味从心泛起，稍许其苦味匀化转甜，云开雾散般，心情转以平静愉悦；若是心绪暴躁狂驰而饮，则感酒味如小勾刷过，一种微微的烈辣从味后晕闪，唤起暖烘烘的热感，让身心的能量与酒韵共舞释放，顷尔心境变得清爽，立觉所当珍重，不复暴躁不安……冰玉之烧，烧的是酒性、酒味、酒韵，"熟化"的是心绪、心境和精神，酒韵推助人完成一种生命的修炼，让精神的清雅韵随精神志趣趋其所成，让韵味的美学张力发挥到极致。

三是玉冰烧的清雅韵和合，在不断提高纯净化过程中，让酒体的生命驱力、机制和程序也逐步由内转外，从自生、自成转向自生与外铄融合，爆发美学的境界张力。在最初阶段低温造曲，野生菌与大米、豆类以自然糖化、发酵方式，培植纯净的微生物母菌，这种母菌具有自然原生的生命力。曲料充满米、豆的固有香味、香气，并融聚野生菌的多样性味和香、气。到生产酝酿流程，以蒸煮饭掺拌曲料，以冷却和发酵的升温、降温，塑造熟化料体的人文化有机活性，借助滓汁渗漏和热气的管吸，排除杂质，使酒发酵体进一步纯净化，酒体实现清韵雅化且增生熟化后特有的韵质，形成玉冰之烧的酒体特质。在第三阶段，洞酝的恒态低温酝化，让酒体在时间性静酝中，复归生态活性的圆成，气韵饱满、活性洋溢、味性醇和、色泽和样态具有纯净透亮的整一感。在这不同阶段中，先前依靠野生菌、米、豆自然的糖化发酵，逐渐纳入闭环性的、富有韵律的"玉冰之烧"酿制，生成酒体的驱力相当部分取决于装置和工艺的智慧设计，尤其是最后阶段，独特的洞酝条件，让酒体活性菌被置于"零度化"的空净氛围中，自身仿佛在静息自养般接受生态活性菌的环绕、渗化，以至最终与洞穴的玉冰之化若分似合，里外如一，其玉冰之烧也达到了届于最低冰点的醒活，这是玉冰烧酒体酝酿纯净化的胜利，也是自生与外铄融合互成的张力爆显。为此，若对不同阶段的纯净化之韵之鲜明之处予以概括，则是制曲阶段的清韵之美，集合自然之美，使米粮之韵与花果草本之韵和合，具有酒、药天成的初始基韵。事实也如此，在自觉实践的一百多年间，石湾酒厂就一直在做药酒，在开发自然清韵及酒药同源和生命功能内在关联方面，积淀了深厚的传统。而人工化酿造阶段，把自然原态转化为人文化的清雅韵糅合形态，这是中国白酒继黄酒醪糟蒸酝传统所做的一次重大革命。因为玉冰之烧使米酿白酒具有了迥别于寻常追求米香和简单掺以花果之香的酝酿，它使所谓米香、豉香等纳入了酒体清雅韵的律动，因此，人文化的设计和智慧控御的酝酿机制、程序，在这个环节具有了非同寻常的意义。在最后阶段，洞酝不仅仅是"封藏"，而是玉冰之烧依循非自然、非人类中心的合乎"天道"的酝化，洞穴既是自然，也是人文、科技化的装置，是天、地、人俱撤销主动干预，以生态统一性化归酒体旨趣的强大装置。在这个装置中，清雅韵和合具有了空前的超越香、味、气诸性的张力，拥有了融合民间巫性活力，化转道家至虚至柔于禅韵的旨趣、品格，其酒体体性即空涵有，幻化百成，意味悠长，饱含精魂灵韵，是天工造化般的酒液态实体。

清雅技术成果鉴定

3. 玉冰烧的清雅韵形式

国家评酒标准对豉香型的感官要求，侧重于直观形式的描述，兼及主观品鉴后的判断，如"无色或微黄，清亮透明，无悬浮物，无沉淀"指色泽和外观，"豉香纯正，清雅"指香气的直观所感，唯"醇和甘滑，酒体丰满、协调，余味爽净"对酒体对象整体酒味形式进行了主观品鉴、判断。清雅韵形式是酒体美学化韵味的感性显现，它也以酒体具体感性形式为直观依托，但韵并非直由眼耳鼻舌触把捉的感性形式，这就像看美人，可以睹其眉目脸形，观其身姿窈窕，但韵非弯眉杏眼，更非细腰丰胸，韵是由对象所给予的、由主体所得的精神感觉和判断。这种感觉和判断不是是非判断，也非道德伦理性价值判断，更非主观脱离对象的精神想象，因而韵中有象、味、情、魂等内涵在，非一言可以揭示，必咀嚼而知其蕴藉。对"韵"形式之美妙，古代多诸形容，《梦粱录》记以南宋临安食品美名，其奇趣妙韵令人垂涎摄魂，如：

羹：百味羹、百叶韵羹、群鲜羹、五软羹、集脆羹

鸡、羊：五味杏酪鸡、绣吹鹅、鸡夺真、酒蒸羊、千里羊

粉：三色团圆粉、珍珠粉、转官粉、杂合粉

鱼：鲈鱼脍、赤鱼分明、清供沙鱼拂儿、群鲜脍

其他：三色水晶丝、生脍十色事件、润骨头、野味腊、影戏算条、金银水蜜桃、韵果、反旋果、香药、蝴蝶面、乳斋陶、拍花糕[①]

酒：蔷薇露、流香、宜赐碧香、思春堂、凤泉、玉练槌、有美堂、中和堂、雪醅、真珠泉、皇都春、常酒、和酒、皇华堂、琼华露、清若空、第一江山、错认水、胜茶、蓝桥风月、万象皆春、济美堂[②]

……

这些侧重于饮食意韵的拟名，反映了古人的饮食形式观，他们不仅要汤饮、茶、肉和其他食品，都有赏心悦目、香甜适口的直观感性形式。而且要食品具有"味道""韵味"或"滋味"，即在感性形式背后，还有能让精神咀嚼、

[①] 吴自牧著，符均、张社国校注：《梦粱录》，三秦出版社2004年版，第236～244页。
[②] 孟元老等著：《东京梦华录　都城纪胜　西湖老人繁胜录　梦粱录　武林旧事》之《西湖老人繁胜录》，中国商业出版社1982年版，第6页。

领略的超越感官层面的东西,对这种东西,不能用言语所道断,不能用想象所凑泊,必须是唤起心底快适的,且伴随身体(从口舌、味蕾,到肠胃乃至身体的整体感觉,如神经系统、动作、呼吸等)舒爽感的那种"姿韵"。因此,古人所求食韵形式超越饮食直接功能,以酒为饮食中最具美感也最具抽象性的饮品。

酒韵形式超越一般直观显性形式,其所特具的构成与存在方式,主要特点表现在:一是酒韵形式的整体性精神化美感,能够在饮食交流境遇或场域中获得绝佳呈现;二是酒酿原料和方法,接受者的体味凸显出别致韵味,不过,这种别致的韵味不宜从某一属性理解,因为所在场域本身或亦为酿造恣意韵的特殊境遇,因而也具有特殊之呈现;三是酿造者、饮者的精神及感觉、态度,能动反射于酒韵,构成的关联性体验与品味,会促成酒韵形式新的膨胀。简言之,韵是酒审美主客体的统一,酒韵形式是酒美学主客体元素在历史性生产循环机制中的一种被贯彻和注入。主体精神基于酒的客观质蕴、韵质反射于酒韵的交流场景,导致酒审美的韵味把握终究成为酒体对象所给予的、又进一步经主体化精神强化的主客体统一生成体。这个形式化生成的过程是美学化的,它为酒体设计、制作和享用而启动,也为酒体设计者、制作者、享用者而受动,使由外而内浸入的精神元素和总体理解,都成为酒体韵味、风格的活性分子。总之,通过这样一番流动,酒韵不再只是在交流境遇中实现主客体统一,而是主客体统一体已然现实化为有生命的韵味存在。

"美学化"是理解玉冰烧酒韵的一个关键。名家品评玉冰烧酒韵构成有"清是品质,雅是精神"和"清是精神,雅是品质"的表述,其所指为同一对象,实着重点不同而已:前者以质蕴(米、豆、野生菌)的清纯至韵为物质性品质,以此种质蕴的韵质迸射的至雅趣味为精神性的效用、境界,似乎清止于至雅,真偕美善;后者则以质蕴雅化,臻至韵质成为精神性基质,达至纯净至美的清韵饮感为酒体最终品质,发乎雅而止于清,美善归真。玉冰烧清雅韵本就是物质品质与精神姿韵的统一,曲酿偏于质韵之清,酿造偏重于韵质雅化,洞酝返本归朴,清雅和合,无形无痕若空。

酒韵形式的美学化如此,那么,玉冰烧清雅韵形式的美学化当如何理解?要理解这一点,须排除或纠正一般的、背离韵味把握的认知、理解,抓住如下三个主要方面：

一是排除沿袭传统的成见，否定"清雅"即清淡超俗、高雅独赏的错误理解。玉冰烧生成于古典向现代化转进的时代，在那个时候知识士人对清雅的理解已经超越了古代士人的孤高清雅理念，转向了与社会民众喜乐同赏、体悟生命快乐的根本境界。明人袁宏道《送黄竹石还江陵序》一文，曾非常鲜明有力地传达了这种认识，这种认识在玉冰烧酒体清雅韵形式的历史绵延过程中，也得到了鲜明有力的渗透。原文很有趣，颇似一段清议，且录于此：

> 黄竹石从江陵负敝笈访余长安，余方视选曹，曹故树篱插棘地也，不时见，见辄为杯罍所夺，无他语，草草暄寒而已。未几辞余去，乞一言为别。余曰："子亦遍观三衢九陌乎？秽尘张天，腥风逆鼻，行者溺于道，居者粪于市；椎埋屠狗之辈，敝衣百结之子，高鬟衩袴、枣面历齿之妇，肩骈踵接，此亦天下之至恶也。而顾瞻云中，则凤阙铜龙在焉，百官宗庙萃焉。引而之贯城之市，则夏之璜，周之天球，若日之璧，若月之珠，东夷北狄之珍异陈焉，已而入虞韶之院，过鸣珂之里，则南之威、西之施、越之狡童、吴之弄儿，公孙大娘之剑，僚之丸，贺怀智之琵琶，念奴之歌喉，霓裳羽衣之舞，呼卢博簺之戏，种种聚焉云云。今夫山郡水郭，巷陌未始不清楚，衣冠未始不都雅，然一人布茜而过，则已丛观骇指；出汉唐之旧物一二，则张目不能指名。夫然后指京师之大，慎勿以秽尘腥风，遂谓都市之观止此也。"[①]

袁宏道友人黄竹石来访，约好先拜访名士曹，曹住的地方插满篱笆荆棘，见面后只顾饮酒，没有话说，即便说也只几句应酬话。而且不坐一会，就托词离开，要袁宏道说几句分别的话。袁宏道便讲了一番话，表达自己对所谓清雅隐修的态度：在四通八达、车水马龙的都市，会有灰尘满天，腥秽之味，会出现引车卖浆、屠夫乞丐和穿戴暴露、面色如枣、伶牙俐齿的女人，这些景象接踵而至，

---

① 袁宏道著，钱伯城笺校：《袁宏道集笺校》，上海古籍出版社1981年版，第1545～1546页。

似乎印证了天下存有"至恶"一面。但你往里面走，会看到历朝历代东南西北的奇珍异宝，接着会遇到英俊的男子、美丽的女子、顽皮的孩童，在优美音乐的回荡下，会看见闪动着舞剑者的身影，耍绝活儿的玩家，弹琵琶的高手，还看到有人跳异域风情的舞蹈，以及猜赌、游戏等，美艳胜景目不暇接。袁宏道说，对于这样的都市面貌，天下人都知道，没有人觉得他们的穿着行为有什么高雅奇妙之处，但只要有人从面前闪过，就会带来惊奇，不管是人们随便拿出什么用过的物什，即便是汉唐年间的老古董，你看半天也说不出名目。因此，袁宏道说，对于像京师这样的"大世界"，千万不要以为里面充满"秽尘腥风"而远远避开，或者认为都市里面所能有的，仅仅是这些而已。

袁宏道针对隐居自恋之士的"清雅"之修发表此论，在古典观念里，俗世是丑陋不堪的，唯有清静孤寂的自然、朴素淡泊如陶渊明般的田园生活才是清雅至上的。实际上，在对象世界里，原本是清与浊、雅与俗同在的，重要的是让清雅精神从狭隘世界走出来，营造生活之美，在充满惊奇的氛围中，获得精神的清雅至境！

袁宏道重视精神灵韵，认为清雅就从似乎嘈杂喧嚣的"大世界"里产生出来。这种观念反映了近现代中国人对清雅崭新的认识。我们引此例说明，一方面，清雅韵风格的玉冰烧酒出现时，已经开始走出古典认识的语境。当时的人们对清雅已经有了与现实生活相融相合的体悟，因此玉冰烧酒产生时就具有新颖独创的内容。另一方面，玉冰烧的清雅并非古典意义的至虚之清、抱朴守素之雅，而是走进生活里面，从多元存在提摄精纯，以人文、科技的雅化机制，冶化精纯化的酒体。"一"亦为"多"，性相相偕，纯净即和合之在，醇和秀雅，体达至简，若空若无，吻合禅韵。玉冰烧的清雅酒韵，从创生初期展现的现代人自在、开放、多元、鲜活的精神趋向，发展到今天，愈发贴近生活和时代，其现代意味、意韵也更为饱满和浓郁了。

二是酒韵的感性形式并非香、色、形等感性形式。香、色、形等酒体感性形式，是具体的、直观的，其中香的品鉴要复杂一些，不过它也始于感性，终于主观品悟，最终的鉴定也是具体的，归属于感性特质概括。从美学上讲，感性审美直观有其合理性，但直接的、对象性的酒体感性形式，主要是自然形式，它与人天然地有一种透明性。天地草木、酸甜苦辣，都能让人直观地识别并本能地表达，但人与自然在生命、社会实践中发展出更多更复杂的对象，使人与直观对象、形式之间的关系也变得复杂起来，由此导致很多自然性的、对象性的感性形式都具有了陌生性、对立性甚至否定性。这时如果再以纯粹直观的方式来鉴别像酒这样经过几千年积淀的产品、形态，就明显简单化了。比如，一定时期人们喜欢烈酒，追求酒香的辣烈，若不辣反觉得酒不香，不能过瘾。换另一个时期，人们又喜饮中低度酒，要求酒香柔和发甜。可是，对于酒，难道香和辣、甜或其他中和性的"香感"的联系一定是本质性的吗？事实并非如此，评酒会给酒分出了十二种香型品类，而实际上，人们更在意的是酒体的整体质量，如酒精含量、酒水是否醇厚绵软，是否饮中饮后能酒意酣畅，等等，这些并非感官能直接把捉，唯有生命投入其中，精神与酒有一种难得相逢的境遇，才能让人获得，而这与酒是这个香型、那个香型并没有必然的联系！只要是好酒，必定有酒徒狂客。如果酒品质不好，没有精神上超越感性的冲动，纵使酒味调得胜过佳肴，能让味蕾感到非常刺激，终了暴露的酒性，终究不是和种精神之"韵"，而是对物质性的"感觉"而已，如感其甜阴寒，尝其酸生涩，觉其苦焦变，呛其辣怪诞，甚至对其所谓适口中性之调，也不能产生认同感，认为没有酒味特色，喝起来不东不西。总之，如果人的精神拒绝对酒韵的体悟，则酒性的呈现是无生命的、极端化的、个别化的、物质的存在，酒美学和酒审美对纯粹物质的存在，绝不会投注豪饮的情怀，也不会做出审美的判断。因此，清雅酒体的感性形式，超越具体直观，成为上升到精神层面的酒韵形式、对象，就具有了美学化的特出价值和意义。

三是避免将酒韵形式与泛文化阐释混同。近年来，文化很热，于是以酒体的美学、文化韵味加持酒体韵味的传承与生成，运用一些文化概念、历史名人或与酒相关的故事，来营造一种独特氛围，将此认为是酒美学的某种呈现形式。独特的文化氛围具有酒韵味的形式呈现，一定的文化、美学韵味通过文化气韵获得表现，这是无疑的。但考察酒体历史渊源，对酒体特色的审美和美学联想等，并非立足于酒韵本体的文化、美学动作，在这种场景和气氛中，介入的文化、美学元素在场，却并没有立足于酒实体对象的韵味、形式，因此只能属于泛文化的一种表征形式。真正美学化的韵味、形式，须从美学化意味本体来诠释历史性、工艺性、物态性等支撑性存在或形式，韵味的精神性唯有真正体现酒实体的客观性，成为酒体不可分割的美学属性，才真正属于基于美学化的文化、美学意味加持。

为此，我们运用现象学美学"本质直观"方法，结合玉冰烧历史与现实的阐释实际，对清雅酒韵形式做出简明概括，列表以示：

清雅酒韵形式及其风格特点

品类	种别	总体呈现	酒体酿韵	酒体酝韵	风格描述
陈太吉	高度酒	醇和玉润，酒力劲妙	熟化冰酿，寒玉灼烟	坛酝炽酿，酒韫绵长	醇峻齐和，清韵雅香
陈太吉	中度酒	醇韵爽和，酒性澄爽	以曲控酿，穹碧涵煦	坛壳铄香，肉浸酝化	冰玉生姿，婉曲和合
陈太吉	低度酒	醇味淡雅，酒香匀和	食养充腴，轻酌雅弦	冰清玉润，滑爽鲜浆	纯净优美，淡雅袭人
玉冰烧 荤格	高度酒	醇和婉润，酒意醺浓	熟饭酿制，转炉琼丹	肉酝渲化，玉絮酥妆	霜雪围炉，炙热饱满
玉冰烧 荤格	中度酒	醇韵和爽，酒性幽隽	即冰即玉，烧灼寒江	氤氲烟霞，功夫山河	酒清不艳，百味回舌
玉冰烧 荤格	低度酒	酒味微昧，酒香飘逸	滴酒豉炙，酒味清靓	淡韵珠泉，酒味回甘	掬饮如常，适性知味
玉冰烧 素格[①]	高度酒	醇和劲爽，酒体浏亮	生韵淋漓，秀美素雅	真性素朴，意酣情畅	禅韵体空，妙饮仙风
玉冰烧 素格[①]	中度酒	醇韵柔爽，酒性清扬	条分缕析，山野疏风	玉冰之烧，清澈秀逸	旷奇真饮，适口适性
玉冰烧 素格[①]	低度酒	酒味微细，酒香流芳	执子之手，朱紫撷春	淡酝茹食，饮冰化浆	风韵充沛，秀雅余韵

[①] 表中"素格"酒即石湾酒厂最新的"清雅型酒"，其工艺特征之一是无肉酝环节，而本书对清雅酒韵、风格的阐释，在指向陈太吉和玉冰烧时，是把肉酝也包括在内的，相对于科技标准，美学标准似乎宽一些，但并不意味着不认可更为细微的科技区别，因此在本表中依厂家提法，做"荤格""素格"二分。2024年9月30日，中国轻工业联合会组织高校和酒界专家召开"清雅型白酒风味特征及品质表达体系的建立及应用科技成果鉴定会"。鉴定会形成结论意见，认为"清雅型白酒"（素格玉冰烧）"首次构建了清雅型白酒风味物质及感官品质表达体系，项目形成技术推广应用后，独创了米酿白酒独特风味，提升了米酿白酒的产品质量，增强了米酿白酒品质优势，产生了较显著经济和社会效益。项目总体技术达到国际先进水平，同意通过鉴定。"（腾讯新闻：《清雅型白酒通过鉴定》，https://news.qq.com/rain/a/20241005A017M400）

此表对石湾酒厂玉冰烧酒，包括其前身和后为总品名的陈太吉酒之清雅韵，做了简要概括和描述，再略作解释：表中总体呈现既是核心姿韵，亦涵摄其他韵味，如香、色、味、相、态等的呈现。美学化的韵味呈现，是指质韵与韵质的凝合，这种凝合在具体感性形式之上，又与理性分析、概念界定有别，是人的精神以审美的美学化的特殊方式所形成的感觉、体验、认知和判断。因此，韵味可能是极其特殊的个体化的审美体味，只因基于对象而形成，个体的判断就可能是"共同感""共同性"的体验判断。其次，韵味呈现之于主体，也不局限于某一种感觉器官的把握，眼耳鼻舌这些感官在精神指令下，由中枢神经发出对酒体的意向性操作指挥时，才真切体会具体的感性特质的，感觉和感受融化在美学化的体验、感知、判断当中，只不过不将这些具体感性特质孤立标示出来，让它们在精神的"熔炉"里冶铸为"通感"性质的存在，于是更进一步便出现对具体感性特质之上的感受和判断，或涵摄其象，或象外生象，味外生味，或此感彼夺，以主观体验定其一衷等等复杂的情况。这就意味着，对酒韵的把握，一方面是极其个性化的，只有审美感觉和美学化认知到位，才能使这种个性化的酒韵把握与酒体韵味的风格相响应；另一方面，酒韵的个性化把握，并不意味着所有的描述、判断是随意的、任由个体感觉、感受裁定的，而是在主体对酒韵形成感觉、感受、体验、判断时，内在地以美学理性为自省的依据，发掘出酒体对象的酒韵审美、美学原则，进而依此而行，使所有的感知、判断都具有内在的逻辑合理性。酒体的总体呈现如此，具体的酝酿程序、机制和风格特点的揭示，也是如此。

对玉冰烧清雅韵的感知、把握，发掘并遵循的审美、美学原则主要体现为三点：一是中道韵旨。玉冰烧以中道韵旨贯彻诸感性特质的和合。这种中道并非儒家的"允厥执中"，舍两边而取其中，而是更体现禅城佛山的禅韵中道，即不一不内，不执一香一色一味，亦不求索"中心"品质规定，而是酿随其化，酝随其幻，天道自演，清韵雅韵自合其成。二是冰玉酝酿。玉冰烧酒正如其自冠之名，是冰玉酝酿恣韵横生，乃构成清雅韵韵质之美的根本，其奥妙在于向"零度化"冰点酿造与洞酝的律动式贴近。一般情况下，以酒精含量高必出自酒似水更似火的性格，因而热能聚合，活性迸射，成就白酒的威虎威龙，秒杀天下不知味之人。然而，唯独中国酒酿有冰玉出韵的传统，先有黄酒滋味万千，饮之啜之，如茌三冬而身暖心热，其韵味非沉吟思味，不能究其神妙。后有玉冰烧得黄酒冰玉酝酿神韵，但不再取液态发酵，而以半固半液态，且是熟化饭固态发酵形式，让冰玉酝酿获得现代工艺的系统化、装置化提升。这是非常重要的一个方面，感知清雅韵必须对此有深入体味和认识。三是韵味止于秀雅。"秀雅"是一个文化概念，也是典型的艺术、文学和美学概念，指一定对象的感性形式，无论其构成多么复杂，内在冲突何其激烈，但在对象体成为文化的、文学的或艺术、美学的"作品"时，其所有形式都收敛了自己的锋芒，粗糙的边缘被润滑，空疏的缝隙被填充，对立格局和潜能张力也倾向于融合化一，从而整体展现出秀雅柔和的美学韵味。玉冰烧清雅韵便是如此，酝酿使其香味潜蕴，其"荤格"不荤，香感不俗，饮啜如舌蕾触电，端的有刹那若苦若遏的感觉，然顷尔舌面冰云上浮，覆盖若苦果香，唤出清幽百味，至是诸种酒体形式汇聚于清雅韵流，使人顿生此酒"冷若冰玉，熟如醍醐"之叹。而这正是秀雅美韵的极致，它超跋于人间雅化的秀美，以一种止于至善的旷达、挚热的情韵，使饮者身心怡悦地投入新时代生活。

第六章

文化、艺术的清雅逸趣

清雅酒韵具有非常强的酒美学趣味和张力。大雾岗的山洞酒窖，是自然人化的生态活性酒库；陶瓷、佛山功夫、粤曲以及岭南饮食的清雅韵气氛，构成石湾酒体美学清雅韵氤氲、生成的生命源泉。

第六章　文化、艺术的清雅逸趣

上一章对石湾陈太吉酒庄尊飨清雅韵，营造陈太吉、玉冰烧酒品的叙述、分析，着重说明聚焦酒体所凝成的独特的酒庄文化及其品质、风格，可以说是侧重于酒体的美学个性的分析和概括。但这里有一个问题，就是尽管我们对酒体客观性的现象学描述，充分注意到主体、环境和人文化、美学化的影响作用，而这些恰恰是使"清"转化为"雅化的形态"，进而以人文、科技和社会的雅化方式加持其清，而透现出基于清韵的清雅韵和合。然而，毕竟此种对主体、环境及社会的"雅化"因素的关注，是从酒体着眼而论及的，而事实上，石湾酒厂的"清雅韵味""清雅风格"，不独是"至清之雅"，也是"至雅之清"，清雅的融合是独特超群的。从而，若着眼于"雅"的角度来考察，方能更透彻地理解何以玉冰烧酒能体达清雅韵之极致，并从根本上理解，酒体韵味归属于主体化的精神，创造者即拥有这种饱满精神旨趣的人，人与道合、道与酒合、酒与韵合，这是一个流动的循证过程。而"雅化"即流动过程所涉诸方面环节、因素的共触之媒点，由于此媒点所涉之环节、因素特别多，而石湾地处南国，在地理、文化、风俗、生活、语言、物产等方面，与东南、西南及至江南都有很大差异，更与淮河流域之南北、黄河流域之上中下游之省域，以及西北和东北等地区存在很大的不同，这里我们不就此一一进行抉发分析，下面着重围绕影响酒体雅化的自然、社会和文化因素如何聚焦于人的创造性实践，作为清雅韵酒体阐释范例的续篇，给予集中的阐述和论析。

一、大雾岗——生态活性的醒库

大雾岗对玉冰烧酒韵的提升起到关键作用。大雾岗不单是酒品藏洞，如西南喀斯特岩洞、淮河一带的地库、北方的地窖等，也不单是酒体"老熟"程度的见证，最主要的原因是大雾岗被石湾酒厂给予了美学化"装置"的设计处理，从而使其具有了完形酒体清雅韵的独特意义。那么，如何理解"装置"一词，英语写作Devices，在20世纪70年代西方流行装置艺术的实验中，依照主观观念组合材料，完成现场艺术造型。但通观东西方文化，"装置"的思想元素古代有，现当代亦有，并且都很普遍，能较高频度地看到诸如思维装置、机械装置、自动装置、艺术装置、文化装置等词。中国古代的"天人合一""阴阳五行""三才"（天地人）、"六合"（东西南北上下）、"五德"等观念，就具有观念模型的"装置"意味，依循这些观念形成的现实生产、社会外化，相应有很强的组搭若如之意，故古人也常用"装置"一词，或作为名词指物什类装备、设置，或作为动词指对某物的处置、摆放。而我们这里用到此词，是考虑石湾酒厂很早就自觉体现了美学化的装置意识，并且典型地体现在对大雾岗洞穴的处理上，因此将它提炼为酒美学的一个特殊概念，来发掘其塑造清雅韵酒体的独特美学意义。

大雾岗坐落于禅城石湾街道莲峰社区，占地约25.7公顷，山体最高峰海拔约40米，山上的宝峰塔，相连的莲峰书院都是岭南著名的人文景观。依傍大雾岗的自然条件，石湾酒厂将之前的洞穴进行改造。据说，这些洞穴在抗日战争时期就已经开凿，20世纪70年代修造防空工程将分开的洞连通，结构也复杂化，90年代还于民用，石湾酒厂按照主通道和各支穴道编号，配置恒温控设备，用于贮酒。

2022年9月和2023年3月，笔者两次进入大雾岗考察，庄主范绍辉先生从丰太洞引领往里走，洞口初觉敞亮，逐渐隧道般幽深，脚下踩着的水发出吧嗒声，空气中弥漫着一种似淡又浓的气息。它是酒酯的气味，又是洞体特别处不具的气味，说它浓，没有酒水倒出时的那种浓烈刺激感，也没有湖池藻类的鲜湿感，然而，它的确是很浓郁地存在着的，融合了水、土、石、草木、花果、粮食，还有肉絮在洞穴特异环境里产生酒化深酯的特有气味，因此，你能感受到米粮之味、肉食之香，然而这些感觉又似不在，因为没有粮食仓储的水分、淀粉搅在一起的腥湿之味，它是那么均匀地弥漫于洞体中，绵柔如云，包围着你导致感觉几乎失灵，而不会去想到有这样一些元素的分子活跃在流动的气味里，可是分明你的精神在这里不是干燥的，不像进入久空的楼屋受到壁垩的味逼，而是人的精神在这种氛围里是湿润的、鲜活的，因此，能真切地感触到那种清雅之韵的诱惑，仿佛让自己整个人也随着洞里漫溢的酒韵味道，听从自己的内心走向曼妙多姿的意境……就在这里，笔者对酒韵的神奇产生一种新的体味，如果说，所有的物质存在都是能够被感官直接感知的——排除极巨极微的逻辑假定，那么，酒体的存在肯定是人的感官能直接、真切感知的，这就是酒的美感的来源！然而，这并非全部，酒韵，即体现于酒的物质性韵味和体现于酒的精神性韵味——此种既是酒物质性存在的生命升华，又是酒与人互依互存而生成的客观质韵，却并非感官能够直接感知的，更多时候它直接与人的精神、灵魂发生交遇和对话。因此，酒的物质性，也体现

第六章　文化、艺术的清雅逸趣

藏酒山洞内的活态酒菌

为生命活性绵延的精神韵味，它超越物质的直接性，昭显、召唤着能与它形成生命对话的物质感性与精神感性力量，这便是酒韵最大的魅力所在。而现在，当我们站在洞穴主道和副道交叉口的空旷地，凝神谛听，起初空空虚濛，渐渐若有窸窣嗡嗡声，攘攘上下左右。再见洞壁上的菌体胶植，已然不似洞口处黑白相间，而是纯净如玉、如乳，如芙蓉、兰花之色，洁白无瑕，以朵块大小不一，散覆于洞壁之上，以手抚摸，柔软凹窝，以指拨弄，则微微扑棱，似太岁一般。庄主范说，洞愈往深，这种纯玉般的胶质状菌体愈为多见，有大者能形成若干平方米，它们是洞体特殊生态的产物，他指了指洞壁上面恍然若现的褐色纹理说：这些是山上树的根须，它们是洞体的呼吸系统，也是神经系统，将洞里洞外两个世界的物质能量，用极其细微的分子传输方式，源源不绝进行着传递转换。为了打造洞穴特有的这种系统生态功能，酒庄对洞体的空间和设施都进行了认真的设计，然后经过几十年酒体轮动的入酝，现在每二十年酒体酝熟即出洞一批，轮番出进，分不同品种列不同洞穴，可以说，这个洞穴已经成为酒庄酝化高质量酒品的一个最佳装置，它的酝化效果和我们的自然天道及尊飨北帝的观念，达到了高度的吻合。

庄主范对岭南地理、文化所给予酒的禀赋、气质，怀着无限的感恩之情，他用了很个性化的语言来形容对"天道"——自然规律的敬畏。从大雾岗的藏酒洞穴走出，我们顺着山势看到葱葱郁郁的森林，在蜿蜒的山背上铺开，联想到洞壁上的根须，感到这一切都十分神奇！

大雾岗洞穴是酒体酝化装置的杰作。从自然条件、玉冰烧酒酿制、酝化的过程、机制而言，所谓清雅韵生成的奥秘，与每一重大的环节都关联密切，如曲料的选择、米饭的蒸煮、"零度化"的冷却和糖化、发酵到位的及时蒸馏等，然而具体到每一环节所起的功能作用，则不是彼此可以替代，甚至增一分减一分能够奏效的，譬如大雾岗的洞穴就是酝化不可或缺的，对玉冰烧酒尤其如此。那么，如何理解洞穴酝化的功能和美学化作用呢？

（一）美学化的酒酝装置

大雾岗洞穴作为贮酒、酝酒的人化装置，既有得天独厚的自然优势，又因人的顺势而为而充分发挥出人文化、美学化的设计力量，使其蕴含了充分的人文雅化意蕴、韵意，为其他酒所很难仿效设置。大雾岗距海不远，地处大湾区城市圈内。大雾岗山上森林覆盖，凸显出濒海山地尽享海洋水资源的优势。但因隔洋尚有一段距离，不存在被海水侵蚀之苦，却得被水护佑岸基和湿润山壳之益，山体土质丰腴而湿润，因位于南国，有绿植水荫厚围，从无干热枯瘦之虞。大雾岗森林公园的最高峰仅40米，约小高层楼体那般，大部分山体在二十余米，山势略陡，但宽阔百里，开凿的洞穴作为酝化酒的醒库，可谓再好不过。由于前期工程已经形成主副通道相通格局，并且在不同方向有空间较宽敞的洞穴，对分品种酝酒提供了极好的方便。因此，当20世纪90年代末，大雾岗被作为酒酝的重要库区，与石湾东平河及朱紫街主生产区、三水酒曲生产区等形成各自独立的生产基地群时，便意味着石湾酒厂对陈太吉、玉冰烧酒体美学的认识，跨入了一种更高的平台。因为酒酝意识的强化，与酒酿意识显明地区隔，对于以大米为主酿原料的酒体来说，尤其重要。其他酒体，非米酿的，甚至也包括米为原料酿的，基本把液态和固态发酵过程的糖化与酒化时间过程，视为酝酿合一的完整流程。其实糖化和发酵，不管是液态或固态，或者半固态半液态，终究是以酿造为主，酝化为辅的，就是说酒性、酒力以及酒物质质韵和酒精神性韵质，主要来自对原料潜能的发掘，人力和机械化的，乃至自动化的、计算机程式的监控，属于侧重对酒体固有清韵释放的干预手段。只有达到一定阶段，才在某些酒体酿造中，将外力作用以愈为细化的作业方式充分分解时间，仿佛造成酝化与外力干预同时并进的假象，其实是由酒料原性的发掘转向了人工化强力干预的对酒性、酒韵的更新塑造，而这属于酿造过程侧重雅韵对象化实现的创造手段。因此，在其他的酒体酝酿中，都存在相对地对酝化环节的处理缺少与酿造分立、独立化的不足。石湾酒厂的洞穴酝化则集中力量解决了这个问题，他们让大雾岗从自然性的存在变为人文性的社会化的存在，又在对洞穴的人文化设计和施工中，遵循天道自然规律，让其成为人化的"第二种自然"，有效克服了其他洞穴或地窖以"藏"为"消化"的酝化理解，使洞穴环境形成自身不可复制的特点，既封闭又开放，既冰玉态恒温，又酝化性聚能燃烧，既强化生命美学个性，又回归宇宙生态活性本根。因此，大雾岗洞穴的酝化酒体，是让酒体生命力回归自然——自由本质的体现，大雾岗是玉冰烧酒醒化的宝库。在完美塑造酒体清雅韵和合及品质提升的意义上，大雾岗洞穴成为酒体酝酿最佳的美学化、艺术化装置。

（二）酝化对酒体能量的增持

玉冰烧酒的酝酿过程，蒸馏后的液态清韵达到某种极致。酒的体性、韵味在这时具备基本性格，但尚未达到透彻饱满的呈示，所以还需要一个深度酝化的环节。一般酒在蒸馏后就是成品基酒了，把基酒入库或用于勾调，属于酒品种的进一步设计，与酒体的体性、韵味并不构成本质联系。因此一般酒洞藏或窖藏10年、20年或30年及以上，能使酒香气味柔绵可口，几乎没有基酒辛辣之味，只是说该酒体基本保持了其总体能量，但内部结构更加匀和，局部不协和的气味形式与其他形式中和一体，故而醇和爽口很多。但同时也说明，洞藏、窖藏使酒体能量有一定程度的消耗。消耗是在酒密封于容器后发生的，在密封性强的瓷瓶，包括玻璃瓶、不锈钢罐里，酒活性分子依然在运动，与一切可能与之结合的分子物质结合，这个结合的过程就是酒生命的存在方式。它是消耗能量的，当该结合的对象结合以后，它还要继续保持运动，但支撑的营养能量在减弱，能够结合的对象变稀缺，于是内部环境开始变得紊乱无序起来，从而对酒体能量的消耗更大。这样在理论上，在这种环境下所谓酒放得越久越纯越好是不成立的，因为在自我能量耗散趋向终结这一根本原理下，没有所谓永恒不弱不变的物质，但在一定期限内，如十年、二十年或再长一点时间，酒体由原内部组成形式尚不充分协调，转变为协调，酒好喝了，但若酒品质不好，不到十年或许就自我耗尽能量了。有的基酒装入陶坛储存，陶的结构纹理比瓷相对疏松，能与外部环境形成交流，将一定能量输入。在醋、酱油房里,陶瓮、陶罐的酱油、醋味十分浓郁,都与很多陶瓮、罐的挥发有关,久积形成特殊的环境韵味,直接刺激物品的"运动神经",并在成品入库后借此保持品质的持续稳定。酒的情况类似,但酒体分子更为活跃,因此,陶坛装置除非环境特别好,否则酒体从陶容器物质缝隙吸入的能量未必是最适宜于酒性优化的。所以,大多数情况下,现代酒仍然用琉璃瓶或瓷瓶,具备很好收藏条件的人,买陶坛装也并不少见。通过这个例子,我们就能明白玉冰烧用陶坛装酒,并转入洞酝的玄机:一者前期水火相激、从冰玉"零度"到发酵高点的反复锤炼,已使酒体体性纯净而柔韧,富有多种内在可能特性,即寓丰富于单纯之谓,但纯净的韧性及其丰富的物质侧面,还需要彼此更细腻地糅合起来,陶坛装酒酝化可解决酝酿机制的优化、完善问题。二者关于杂质的清除,玉冰烧用大米为原粮,大米酿酒传统取液态发酵,其渣滓主要通过浮液排入流槽解决,但玉冰烧是将米蒸煮为饭,再拌曲料,其酿制过程是闭环的,没有外部的能量因素可进入,也基本保证酒体的能量不向密封系统外面挥发(在极高和零度冰点时,料体形成的杂质晶体和液态水汽之类,用特殊方式吸除),这样就需要在酝化时强化杂质净滤的环节。虽然在理论上,到这个阶段玉冰烧的自然质韵通过蒸煮及糖化、发酵的反复至冰点再回温的过程,杂质已基本清除,熟化的料体再经过蒸馏的提炼,使酒体品质的安全性得到充分保证,但杂质不单单指对人体会不会造成损害,还指对感官和神经感觉,包括精神接受会不会造成不适感,而在这方面尤须加强酝化,所以玉冰烧采用了猪肉浸酝和酒体液态原样入酝的方式来完善这个环节。因为是熟饭酿制的酒,猪肉浸酝不会产生违和感,反而能吸附残余的杂质,并对酒体韵味产生优化特效,至于液态化的酒体原样入酝,更是直接进入了细致酝化过程。三者玉冰烧用陶坛酝化,正是要充分利用大雾岗洞穴的美学化设置,让酒体各种因缘协调实现酝化的最佳效果。在此情形下,洞穴酝化有效实现酒体杂质的清除,并借此杂质清除与外部世界交换对流信息,持续获得酒体优化所需的生命能量,让酒体清韵的酝化转入雅韵氛围、系统的调控,而雅韵的酒体化实现也超越前期侧重酒曲与酒酿的人工化加工,提升到物理、化学化加工与社会化人文、美学设计的打通层面。清韵、雅韵在大雾岗的洞酝系统实现更深入的连接,酒体获得更充沛的承载精神性信息的能量补充,将这一切及时转换为酒体酝化的品质新境界。由植物根茎、树木根须和土质等传输的能量，使洞穴内陶坛的酒体始终获得清新而又鲜活的能量支撑，它自身的生命活性运动便始终保持一种有序的运动韵律，愈益丰富和完善了酒体的生命体性。玉冰烧在冰寒低温环境中仍然能够释放弥足酒力，是其独具的酒体生命美学品质，在世界白酒中，包括中国白酒的各品类中，这种品质是罕见、可贵的。

（三）生态醒酝的系统循证

玉冰烧酒的洞穴酝化，以清雅韵美学化和合，实现了生态醒酝的系统循证。生态醒酝，指恒温态环境的酝化带给酒体活性自醒的效果，它是清雅韵的集合，也是清雅韵各种力量元素的和合，还是清雅韵不断循环往复，达到酒体与自然、社会、文化等共同纳入一种酒性生命生成系统的循环体证。因此，在洞穴酝化阶段，玉冰烧酒体的美学韵味在原有侧重于清韵而及于工艺、科技和人文化设计之雅韵的对象化实现之基础上，又有很大的拓展和加持，主要表现为醒韵、禅韵、美韵的显著化和显性化。

醒韵即灵慧之韵。《说文解字》："醒，醉解也。从酉，星声。按：'醒'字注云：'一曰：醉而觉也。'"[1] 明人王逵《蠡海集》曰："盖酒因米曲相反而成。稻花昼开，麦花夜开，子午相反之义，故酒能醉人。"[2] "酒味辛甘，酝酿米麦之精华而成之者也，至精纯阳，故能走经络而入腠理，酒饮入口，未尝停胃，遍循百脉，是以醉后气息必粗，瘢痕必赤，能饮者多至斗石而不辞，使若停留胃中，胃之量岂能容受如许哉！醋不能醉人，因其味酸属阴性，收敛止蓄，不惟不能醉人，亦不能多饮。其他诸物之酒，皆不由米麦，然悉系至精纯阳之性，不离乎辛甘之味，故可使人醉也。"[3] 王逵认为酒属阳性，米、麦为原料都能酿酒，成就至精纯阳之性，但同是阳性，其生长方式不同，稻白天开花，麦半夜开花，一者取光暖之合，一者取阴润之生，表明酒之阳性并非直简纯刚的存在和生长方式，而

---

[1] 许慎著，班吉庆、王剑、王华宝校点：《说文解字校订本》，凤凰出版社2004年版，第439页。
[2] 王逵：《蠡海集·事务类》，《景印文渊阁四库全书》第866册，（台北）台湾商务印书馆股份有限公司1986年版，第731页下。
[3] 王逵：《蠡海集·事务类》，《景印文渊阁四库全书》第866册，（台北）台湾商务印书馆股份有限公司1986年版，第731下~732页上。

是和所有生命一样也是以阴抱阳的相反相成之产物。物质存在的灵韵，或也可以称为物的精神性，就在于能够凭借物的本性趋生趋合，故水流下、火就燥、木向光、土趋润、金赴坚，各汲取对立元素塑造自己，塑造时与对立因素协和为一，成就新的生命体性，就成为完善自身的必要过程。为此，咸、酸、苦、辛、甘五味，黑、青、白、赤、黄五色，都具物趋生之性，因所在位置、运动形式和自身构成向某一方面的倚重，而形成偏重某种性向的阴或阳的体性。当物再进入新轮次的生长，又开始新的趋生趋合的运动，这就是呈螺旋式向上的生命美学的循环自证。具体到玉冰烧酒的循证，在制曲和酿造阶段，酒的灵韵在自然原旨向人文化转化中，成就为独特的酒性，其性因酿造的低温曲和糖化、发酵的"冰点"复沓的独特韵律，而具有质韵纯净而韵质多样化的特点。洞酝阶段玉冰烧的酒性有机性充分、韧性饱满地吸收新的生命元素生长，从而酒的阳性能够释放前期"冰点"铄化的体性，在恒态低温环境中一方面继续完成浸酝祛滓的工作，另一方面也让酒的阳性以新的方式趋生趋合，消化酿造阶段闭环式环境内生命力量"爆发性"转化带来的"瘢痕"。因此，酒性在恒温态中自如趋向平缓的以阳就阴，以阴养阳，以柔化刚，以"绕指柔"转塑"金刚指"，就成为洞酝阶段玉冰烧酒韵的灵慧循证。此循证表明，洞酝超越制曲和酿制，又开始新一轮酒体生命创造生

醒韵的生态活性气氛

成过程。如果说，制曲是"种子"生命的培育，酿制是生命"躯体"的长成，那么，洞酝就进入了酒体生命"灵魂"的塑酝，即玉冰烧新一轮清雅韵和合过程。

禅韵即归于生态活性的静净趣韵。玉冰烧新一轮清雅韵和合，是生态活性的慧韵，即以禅韵为其核心的旨趣。之前是阴阳五行和合的趋生之灵慧之韵。生韵与禅韵的根本区别在于生韵是动态的，以盎然生趣为主旨的，禅韵是相对静态的，以静寂自然为趣味的。前者以精神力的进射为主，以阴阳和合，至阴转阳的生命律动为存在个性，后者以精神智慧摒除杂滓、自在自止，阴阳和合归于圆融万象之至妙韵味。因此，酒美生韵，由弱转强，玉冰烧"零度"冰点到酒力饱满、酒性弥强，元阳、少阳、阳明、大阳，一一循证而成，至新阶段又生新的元阳；酒美学的禅韵，亦由元阳，至少阳、阳明、大阳而止，但其循证则非直线性由弱而强，而是减少自耗、完善机制，充实有机活性，让酒之阳性与宇宙生力冥合。故其轨迹具有以内对外的消解性，与生韵的主要加持自身有所区别。

王逵讲生韵，以万物和阴阳五行和合，标明阳性生长的趋势："十二支子为一阳，北方至阴，一阳至萌生气之端，故子者，孳也，以含孳育之义。丑者，纽也。微阳虽生而体尚弱，未免艰涩，故纽结而未能舒也。寅居东北，阴阳之交，离阴而诣阳，敷布而条畅。寅者，演也。万物至此而广演矣。卯位正东，日出之所，融和之方，物至此而咸得茂盛。卯者，茂也。辰者，震也。阳气至此已盛，阳主动，动则变化生焉，物皆得遂其所也。巳为纯阳，居于生长之方，万物盛起，气浮于表，故曰：巳者，起也。午者，阳已极而阴初萌，阳出于上，阴潜于下，有相忤之意。又曰：午者，大也，物至此而无不大也。未，阳已过盛而阴渐临，阴阳交际，已成实也。物既实则有味存焉。未者，味也。申，气历南维而阳极，至西南而阴始回，阴阳既调，物情得伸，故申者，伸也。酉者，酋也。阴之首，是以夷狄之帅为酋长，阴气收敛，万物犹绪也。戌者，灭也。阳气至此而将灭，九月霜陨木衰，水泉即涸也。亥，纯阴既极，物无终尽，荄核独存。荄，根也。核，种也。茎叶虽败，根种自存，生生之义也。"① 禅韵融合了儒道和阴阳

---

① 王逵：《蠡海集》，《景印文渊阁四库全书》第866册，（台北）台湾商务印书馆股份有限公司1986年版，第719页上一下。

五行之说，体现唐宋以来更高的美学智慧，其体现于明清时期的酒体酝酿，则以静酝呈现别致的以"空性""不生之生"为生的美学旨趣，具体到玉冰烧即"玉冰之烧"的静净之酝的禅趣。"玉冰"是空、净、冷、定、不生，"烧"是非生非不生之生、非无非原有之自然有，故其生不器，不受制于酒曲配比、酿造模式、蒸馏萃取等外在力模式化干预，而是自由无碍、自性自主、自觉自醒，以能从容汲摄一切因缘、元素，使自身圆满具足，至柔韧亦至阳刚，以极低比率酒精饱和度呈现酒性极强之迸射的趣味魅力。之所以如此，就是因为禅韵的精神性回归到了生态活性，让酒体生命升越到宇宙生态活性境界，溢射出圆融饱满、自由无拘的生命活力。

美韵是酒体风格美的姿韵体现。风格是酒体内涵品质与感性形式统一、区别于他种酒体的独特性标志。风格美韵的形成，并非一蹴而就，在最初的酝酿环节就已经具备，在不同的酒体风格之雏形形成的节点不同，对一般白酒而言，基酒基本确定了风格美的存在形式，当然这是就历史积淀深厚、具备成熟的酒体品种而言的。玉冰烧的酒体风格在完成蒸馏环节，就已具备了风格美韵的雏形。在第五章第二节论及玉冰烧的清雅韵味、结构张力和形式时，已就酒体对象之现象学美学呈现做了概括描述，美韵在酒体个性化风格成熟意义上，其实就是这些韵味、结构和形式的极致表达。但在美学肌理上，美韵的美格化循证，要通过系列性产品、多轮次的生产，让美韵构成一种历史化的叠合，才能越做越好。单轮次的酒体生产，则突出体现于洞酝环节，得以在风格雏形基础上聚拢品质各要素，以只属于自身的美学化运作机制让酒体韵味、风格美轮美奂，卓然超群。

为了更深入地理解酒体风格的美学化完形意义，这里我们对洞酝环节的美韵循证做一具体阐释。仍然依照传统的陈太吉（包含玉冰烧、总指石湾酒韵清雅风格系列产品）和玉冰烧（特指对清雅韵分荦素风格细化并在细节上精雕细琢之产品）品种分法，对前所作风格概括进行具体分析、说明：

陈太吉酒的美韵循证：洞酝前液态酒体是熟饭酿制，历经"冰点"起酿的糖化、酒化轮作，由寒灼热，阳性饱满，进入洞酝环节后坛酝炽浆，酒蕴趋和绵长，其风格表现达到醇厚丰润、酒力劲足的质感，并以此醇厚伟达、齐和匀致的清韵雅香之风格，与其他擅长某种香型或韵味的酒体形成区别。高度酒是如此显象，中、低度酒显象略有差异，但都经历酝化的反复消化，达到各具美韵之至。

其中，中度酒，即33%~42%vol的酒，酒劲稍缓，不以酒烈取胜，更以醇韵的婉曲多姿，犹如澄碧无云之穹天，爽净无比，淡然的"底韵"酌之品之，能够体味到香、色、味等皆幻化生彩，直叩心神，此其美韵以优美中道为至上微妙所在。再及低度酒，即18%~32%vol之酒，其风格之胜，虽酒性不烈，亦不具中度绵柔婉曲，但以直接明快的冰清玉润、滑爽鲜浆，唤起人的轻酌欲望，配以美食，体味淡雅袭人的纯净优美的直觉所得，乃人生一大快事也。

玉冰烧酒的美韵循证：洞酝前为统一的熟饭所酿液态酒体，但入洞分肥肉浸与不浸两种装坛，依此所分荤格、素格两种的酝化循证特点为：其一，荤格肉絮洇化熟酿之酒，在恒低温洞体环境下产生细腻转化，犹如玉絮被琼浆酥化，形成既酒性饱满、酒意醺浓的炙酒烈性效果，又生成醇和婉润，滋味横溢的冰玉含火之韵，从而其色冰清无痕，透明无色，饮之微灼，感无定味，非苦非咸非酸，而又融摄诸感向回甘滑动，然此感亦随兴致，并不属口腔舌头所能定夺，颇如霜雪天围炉饮酒，但觉气息弥漫周身，四围辽阔空旷，心里无滞无碍，而不觉所饮滋味为何也！其荤格中度酒，冰玉与酒体活性之融合及此种融合与生态活性之交遇，是产生时间性能量对流、代谢、补充的异常缓慢的微调过程，从而酒性总体呈醇韵和爽、幽隽秀雅，在氤氲烟霞的氛围中，酒力依然奔突，颇具功夫山河的风范，但毕竟是肉浸以滋以鲜，得清韵雅化，令百味归于适口，弘擅世俗饮乐所择，即为美韵之至。其低度酒，味性婉曲、炙热不及高度酒，濡化绵厚、诸味归于适口，不及中度贴切，但自具飘逸酒香，酒味也淡而不浅，有耐人寻味处，饮者可趁其淡韵清雅，如掬甘泉，得适性知味之乐。其二，素格无肥肉浸酝环节，以自然原质的品相、制曲和酿制所取得的质韵、韵质效果，入陶坛洞酝，感召生态活性，发散淋漓劲爽的酒力，因酒为熟酿，米香葱郁，豆豉和野生菌（草木花果）诸香、味已融合为酒之香味，故虽然自然质旨的生命有机性不及纯粹液态、固态酿法浓烈，亦醇和有度，肌理偕畅，条分缕析，仍具自然清新活泼的风韵，如山野疏风，留有可充分优化的空间。洞酝在此基础上"精雕细琢"，酒体素朴之性进一步雅化，其高度酒生命能量与生态活性菌攘攘相拥，恒态低温的酝化环境，让它们从容对流，汲摄对方的气息，高大上与优美雅和合成韵，酒生命精神及于至阴而蓄化纯阳，且如此聚能可顿然爆发，譬之如龙，九五返之于水，潜龙勿用，冰玉之激，水火之性相冶相铸，北帝冥合禅性，真性纯阳炼就至真功夫，体空游仙，酒体清爽浏亮，显和合自然五彩，琥珀色熠熠生辉，澄澈映射冰玉寒光，其实已为至阳之阴，待情酣意畅可旷然炙烈，清雅于圆融乐享也。其中度酒醇绵秀爽，体性清扬，玉冰烧风格最为显著，因其既柔润绵长，又酒味香爽，人饮之十分适口，怡情悦性，堪称旷奇珍饮。其低度酒以酒味微细、酒香泼溢，而呈秀雅余韵，适于茹食，如饮冰酿炽浆，别具充沛风韵。

总之，上所述清雅韵酒的洞酝循证，是在恒态低温状态下酒体与宇宙生命活性的对流、交融，尽管宇宙生态活性的培育是在人为美学化设计下，以时间装置化的积淀积蕴而成的，但它与外部自然世界和人生存的空间却是相通的，即它只是在自身酝化的界限内似乎隔离超绝，但我们可以理解为这恰恰是宇宙给予某些特定物存在合理性的特殊权力。而一旦它养性功成，出库开坛，则迎接它的就是欢乐和笑声，这也是人类给予好的酒品"千酝百酿"、历经百般化功而终致至境的最大肯定。

二、佛山的清雅语境

玉冰烧酒体依照美的"合规律性与合目的性"创造产品，凝聚科学、工程、历史、人文的价值，丰富了人们的物质生活和精神生活，推动了人类文明发展水准和生命质量的发展。

白酒风格类型作为自然、历史和文化的结晶，在独特的自然条件、历史境遇和文化语境中孕育形成。相比于物质自然的本性，科技和文化、人文美学的对象化属于"雅化"范畴，文化、人文的崇高、滑稽内容，以或对立或峻跋或怪诞或丑与引发笑的效果而与优美形成鲜明差异，但从美学风格的整体逻辑而言，仍然属于优美的"雅化"，这是古典美学风格美的基本结构，适用于中西大部分情况的美学阐释，甚至也适用于近现代大部分状况的美学阐释。至于个别显著迥异的，如臭豆腐，闻着"臭"吃着香；鱼腥草，腥味浓烈很难入口，但人们把它作为常用的佐料，还有的人非常喜欢吃它。这种例外放入整个的美学体系，依然归属于优美范畴。因为最终的效果是愉悦的美感，即康德所说的，崇高的痛楚与阻遏，终将归于理性协合的愉悦，其最纯净的美感体验是对纯粹形式的观照，让审美和美学的趣味、境界达到高度的统一、平静与和谐。

玉冰烧作为清雅韵酒体的典型范例，在阐明"雅化"驯化意义上依然具有典型性。因为雅化必然经过人、符号体系、观念设计和意图明确的操作，把某种精神性的东西加固、渗化、投射到物上，并且往往不是一次性完成，要多频次地，甚至累迭为历史性的操作规律地完成，从而对于被"化"的对象而言，它是被"塑"成的，甚至因其有生命活性属于被"驯化"成的。

玉冰烧"雅化"深得佛山清雅孕毓，佛山清雅语境塑造了酒体的清雅品质和精神。自古以来，佛山一直具有独特的文化，对中华文明作出了重要贡献。从远古至六朝来说，因五岭阻隔，佛山所处岭南地带被称为南越、南粤或番禺，甚少受儒家思想辖制，民风活泼，心理清奇。唐宋以来，虽北方文化浸种渐深，但仍以佛教和宋代文明的濡染较大，基本没有受怨刺以情止乎以礼的变雅文化的影响，加之宋代以后经济实业的发展，接受海上贸易的便利，使得佛山百姓非常务实，极富审美智慧，细腻、大胆，敢于闯海，遂到明清时期发展为中国的特大型城市，在陶瓷、刺绣、金银器、玉器、剪纸、酿造、饮食等行业，都领先于全国或具有举足轻重的地位。佛山的这些行业的美学风格，都表现出地方性，显示出对中国文化与美学的传承和发展，其中较为鲜明的一个特色，即属于佛山地域性的，但却是对于当地的审美和文化创造起着重要影响的特色，就是清与雅的特殊结合方式及其碾压其他同类行业、产品的清雅风格表现特征，这些都是滋润佛山石湾人的美学化语境因素。佛山石湾酿酒人置身其中，强烈感受这种美学化语境的化育，并把它们及时内化为心识智慧和操作技艺，促动"主体潜能的对象化实践"和产品风格的"个性化与公共化"，在清雅旨趣、风格上趋于一致。

对于佛山清与雅的结合，及其在多样化美学风格、趣味中呈现出的清雅特征，我们着重其与玉冰烧酒关联密切的行业或类别，概略予以阐说。

（一）陶瓷的清雅韵

佛山的陶瓷在中国享有盛誉，尤其石湾陶瓷更是佛山陶瓷的灵魂。石湾窑陶艺始于唐代，宋代受钧窑窑变釉技术影响，发展出石湾窑的窑变釉，其风格是以青为素，变釉绚采，尤以钧蓝釉、钧红釉、翠毛釉等深受民众喜爱。瓷业受陶业影响，也形成相应风格，但瓷业在明清时期发展更为发达，石湾制瓷业与广东枫溪、离陂、大埔等地的制瓷业相互借鉴，各自发挥自己的地方特色[①]，在传承陶艺积淀的"以素出绚"底蕴基础上，形成"石湾公仔""石湾山公"等美学韵致饱满的上乘陶瓷作品，在中国陶瓷艺术居一流水平。石湾陶瓷对玉冰烧酒的影响，表现在清韵作为底色，一者可以是原色素底，一者可以使浑底变色，但最后呈象要鲜艳夺目，产生审美的惊奇感。钧瓷的青色为底釉，其窑变色可以呈红、蓝、黄、白等纯色调，或将诸色融为彩绘之立体色，绚烂惊艳，技艺奇绝。石湾玉冰烧在运作方式上，也是以"素"为底，清韵成为一种贯穿性的基调。对这种底韵，处理时也采取了重比的米香味韵，调以野生菌等作为浑然整一的活性基调，然后在酿制和洞酝时，进一步采取强化清韵，使之往人文雅化韵味方向转化，发乎清，止于雅，清韵纯一，纯之愈纯，净之愈净，纯一之清韵化柔化韧化香化绵化，一清馥雅，体乎人文大道，是为玉冰烧与陶瓷素而为绚、素而为雅妙合佳境、同归一趣的美学反映。另外，超越"素以为绚""由素而绚"结构方式的另一美学特色是，陶瓷艺术的精致结构和金碧辉煌、绚丽多彩的装饰、表现效果，对于玉冰烧酒韵达到清质玉色、雅怀冰香，灼之烧之，清雅纯净、澄爽瑰丽，起到了很好的美学化暗示、支撑作用。

（二）佛山功夫的清雅韵

佛山有"功夫之城"的美誉。佛山功夫有南拳、蔡李佛拳、洪拳、咏春拳等多种流派，都有悠久的历史，近现代以黄飞鸿为代表的南拳和叶问、李小龙发扬的咏春拳影响最大。"近水楼台先得月"，功夫语境对石湾玉冰烧酒酿既是潜在的，也是有意识的，2022年9月石湾酒厂推出"功夫酒"设计，酒庄范绍辉荣任佛山武术协会名誉会长一职，在一定程度上反映了石湾酒与武术的内在联系，但这种联系不可当影视剧中"醉拳"的表演设计来理解，似乎在于饮酒如武松般醉意醺醺，能使功夫达到造化神奇的境界。其实和酒、陶瓷的清雅韵互相影响一样，酒与武术的清雅韵也神交意合，其中单就武术对酒韵影响一面来说，南拳中

[①]《中国现代美术全集》陶瓷（一）陶器，中国现代美术全集编辑委员会、江西美术出版社联合授权（台北）锦年国际有限公司1998年版，第15页。

结合北脚套路和无影脚扎牢底盘,以实战效果为目的,声东击西的融主动进攻与积极防御于一体的战术,对酒酿技术融合米、豆、花、果诸香,构成名为米香,实则蕴有多香基因的"机关"设计有合辙之效,而其无影脚大有万变不离其宗、攻防皆重的总体考量,当它们转化为身体的自动化反应后,自然功夫非常了不得。还有,叶问弘扬的又被李小龙在中国香港和美国等打出"中国功夫"名气的"咏春拳",与佛山玉冰烧酒的清雅韵蕴高度一致。咏春拳专注于实战时破解对手招数、直接制服对方,其"中线理论"讲究思维与手、肘、脚等肢体出击的统一,以最短距离、最大力量地精准袭击目标为目的,不考虑外在的形式,也没有定式套路,任心而运,心、眼、身法、手法、脚法等无不落到实处,显示了中国传统文化身、心如一、道体合一、法术无数、气与力俱至火候的理念。这种理念实际是重质重韵,将质韵结合,并且尤其重视精神意志和武术道体的境界、韵味观念,其与玉冰烧的酿制风格也十分类似,后者在中道意识支配下注重自身资源、能量的结构比配,然后将程序简化到极致,大概是中国白酒酿造程序最简化的一种白酒了,又在洞酝环节将禅韵巧妙予以体现,既不把封藏神秘化,也不忽略貌似"封藏",实则蕴藏着重酝机会的玄机,让酒体进入升华的静醒以体道的环节,从而使玉冰烧也具备了功夫清雅韵一样的品质清纯如一,但潜能秉赋却是随所在之语境而变化,而自摄自化,渐臻雅化之极致,使清雅韵和合不仅作为酒品的理想境界获得体现,而且也作为社会文化和文明交流的一种媒介、符号表达,作为一种思想和价值承载物得以发挥其不可替代的作用。

(三)粤曲的清雅韵

佛山的粤曲也非常有影响力,是广东音乐的代表形态,它从粤剧脱胎而来,唱广东粤语(方言),旋律吸收明清戏曲和江南小调,糅合广东民间音乐和港台时尚音乐,形成适应于不同接受群体的,表现或通俗明快或活泼欢愉的风格,其清雅意味主要体现在质朴的情感,清新明达的音色,通过或丰富饱满或悠扬婉转的旋律烘托,极富精神感染力。与陶韵、功夫韵等相类,佛山粤曲的清雅韵也在立足于地方特色的同时,显示出北方的某种旷放、博大、富丽和俊气,大概因滋润于岭南转恢宏为秀美,从而其清雅在质朴、明快、净爽中别透一种朗朗生气,动感十足,充满自信和心理能量的爆发力。佛山石湾玉冰烧与粤曲的结缘,可谓无处不在，在酒厂举办和赞助的各类与民俗有关的活动中，粤曲是重要的表现内容，譬如朱紫街的开库庆典，演唱粤剧桥段和《佛山赞》《八角紫金盆》《玉冰烧》等粤曲节目，有力地烘托了积极、乐观、爽朗、细致、温婉的情感和心理，提高了创业人的思想认知和凝聚力，这是石湾酒厂用来提升主体文化境界修养的重要手段和方式。这当中，粤曲对雅与俗皆能流畅表达，其表演根据接受对象自成特点，能面向不同对象让表演保持情真曲美、清扬犹如天籁，这些特点对玉冰烧多予启发。多年来，因粤语在北方传播不广，导致粤曲传播范围也很受限，使本来达到中国古典和现代音乐一流水平的粤曲主要在五岭以内地区传播，而在中国北方地区传播不广，尽管如此，人们依然对港台某些用粤语唱的流行歌曲如《沧海一声笑》、电视剧《霍元甲》主题歌等特别喜欢，表明粤曲的间接影响还是不小的。粤曲的魅力，恰恰在于地方性、民族性为其核心元素，当人们对岭南文化缺少了解时，它似乎成为一种影响传播的障碍，但随着人们对岭南文化了解的深入，这就逐渐不成为问题了。玉冰烧酒也如此，过去在中国中部、北部地区的影响力不是很大，颇类似于粤曲的传播，不过，饮食毕竟不同于曲乐，通过酒饮享受的清雅韵目前已经成为中国白酒的一股清流，如今玉冰烧已经在两湖、四川和江南等地进入，标明清雅韵酒体品质蕴藏可开掘的丰富潜能，可以让更多地区的人们领略其美味美韵，体验和享受它的美。

上述佛山清雅韵语境与玉冰烧的美学关联，仅属主要的几个方面，事实上类似这种联系十分广泛，因为酒的制造包含了文化与美学的预设以及与这种预设相关的科学的、工艺的开发，每一种开发的背后都要有新的观念和经验跟上，因此所涉及的范围是广泛的。从酒瓶的造型、质地的选择、传统的与现代的酿造方式的衔接与分离的技术处理、酒品质的清雅和合态的平衡感与比例感的酝酿控制与调度、豆豉香与肥肉浸酝的特殊风味纳入酒饮的新体验、清雅韵作为酒体风格统摄各种美学要素的品类细化与美感覆盖等，这些都是酒酿过程要遇到的问题，也是遇到这些问题时必然要触及很多领域，进而集中为酒酿本身凸显的酒体美学个性问题。为此，清雅酒体美学如果跳出单纯酒体的视野，放到制造与产出、销售与接受、传承与创新角度来认识，它要面对的其实是整体清雅语境的创新问题，通过一种长期的努力，最终达到一种统协的效应。这样，清雅酒美学之于陈太吉、玉冰烧，就从内外、历史与传统、技术与文化等都具足了酒体必要的驱动力因素和存在要素，包括：本体——由酒体对象的生命活性所规定的，韵体——由对象物质特性到精神特性的凝成和延伸，逐渐拓展为社会化精神场域性存在，话语体——清雅韵所指涉的感性特质，诸如玉冰之烧，琥珀、白玉之色，秀雅劲爽之韵等，可用语言和艺术化的符号加以形容……"媒介对知觉的这种参与以一种在确定对象世界中绝无可能的方式促成了在场感受。"[1]凡此种种，标明清雅美学的本体，作为驱动酒体生命的动能，当它将自身推动到人文雅化的深广场域，则清雅已作为精神性构体，对人类的文明生活将产生重要的功能作用和影响。

基于对清雅语境和精神的培养建设的重视，石湾酒厂与江南大学共建"清雅型酒文化研究院"，对清雅型酒体集中力量展开科技攻关。科学技术的创新与酒体的清雅语境聚焦于酒体对象形成契合，科研促进了清雅语境的现代更新。与此同时，对清雅酒美学的研究，也由江南大学和石湾酒厂携手推动，展开深入研究，本成果即在这种大力推助下，由本人承担，在克服酒美学理论资源和资料匮乏和跨学科阐释难度种种困难情况下，努力探索，开垦荒地完成的一个成果。在研究展开的同时，石湾酒厂自身对清雅语境载体和活动的布局也在加速，将原已建成的规模很大、结构能满足多种类型活动的"新石湾艺术馆"，充分用于收藏陶瓷、绘画艺术精品和音乐演奏会、粤剧、粤曲展演等展览，并创立"酒文化博物馆"，优化《品酌时光》杂志，使清雅韵的"雅化"运作，呈现出立体化趋势，不仅在当地和岭南产生广泛影响，也在全国逐渐亮相和产生轰动，对酒界更是产生了非常大的影响效果。

三、岭南酒食良缘

酒体作为"物品""商品"或"作品"的价值是不同的，越是脱离开实用功能满足了人的精神期待与愉悦，就越是具有了超实体的、超功利的价值。从人对价值的衡量尺度来说，满足精神需要的物品，要高于单纯满足物质功利需求的物品价值，因此，人类注重文化遗产和艺术品的存在价值，强调他们的不可复制

---

[1] 格诺特·波默著，贾红雨译：《气氛美学》，中国社会科学出版社2018年版，第287页。

性、不可重复性的，对稀缺珍贵的文化艺术产品赋予价值连城的评定，就与这些产品承载了文化艺术价值的深刻内涵直接相关。具体到酒这样的物质形态、生活产品来说，其价值显然不能直接以文化的和艺术的尺度来进行衡量。然而，在日常生活中，人们又的的确确把酒抬高到高于一般存在物、高于所属饮食类的地位，寄寓了丰富的审美期待和价值理想，从而对酒的价值评估，就无法依照一般的物的尺度衡量，也无法纯然依照对古董文物、艺术品的尺度进行品鉴。但如何在日常的、流动态中肯定其超跋性的文化、艺术内涵，发掘其丰富而深刻的美学意蕴，则是对酒这一特殊对象要着眼处理好的重要价值评估内容。

玉冰烧酒与饮食的协和，显示了酒美学的内在张力。概括言之，酒在现实的生活"场"中，以其蕴集时间、贮藏时间的酝酿处理方式，搜集了空间的物质能量，进而用自身的已经现实化的酝酿创造方式，将可以触动人生命感觉、精神意识、存在力度等最敏感的物质——精神信息，以酒体最直接的感性呈现方式，呈现于人的感觉和精神的体味、调节与调度，从而不显痕迹地实现其超越物态性一般饮食而有更高的美学价值实现。玉冰烧清雅韵的审美和美学价值，在日常饮食的"场"中，以其清而不淡、纯而不简；雅而和合，和合则可高雅、秀雅、柔雅、淡雅兼具的平实而卓美的风格，畅润岭南，在南国颇得风骚绝韵。虽然在语境和饮食融合上，尚须向更广大地区推进，但目前已经开辟湖南清雅酒生产基地，表达了"下江南"的意识，可期在未来，能够面向更广地区，让玉冰烧绰约江南、醉倒北方，以面向世界的姿态，让风格平实的玉冰烧酒走向更多的老百姓家庭，让更多的人领略玉冰烧与美食搭配的香美。

（一）酒与饮食的协同律动

佛山在广东中部偏北岭南核心地带，顺德素有"食都"美名。谈起广东的饮食，佛山很有代表性，然而焦点不在于广东人会吃，顺德美食花样之多，而在于佛山、顺德汇聚了广东各地的资源、人才和思想，使该地区的美食也兼融了粤西、潮汕等地的风尚，具有南国饮食文化的典型风貌和特点；其次是客家人在现代已经属于一个"新移民"概念，以致梅州、河源、韶关和清远等传统客家地区，到如今也和广东其他地区一样，在中国大湾区各城以及台湾等，都成为客家人的集中地，佛山自然表现得十分显著，这意味着跨地域性质的中华民族饮食谱

第六章　文化、艺术的清雅逸趣

陈太吉酒与万福盆菜的饮食搭配

系，在佛山一带有最早的建立和形式，它体现了一种国际性的文化与性格，是十分开放的，能够生动细致地把饮食、酒和人们的精神生活、物质生活联系起来；再就是，在这个特殊的地区，对饮食和酒的理解，虽然从地理方位上来讲与北方隔得很远，不属中心位置，但它是经济和文化的前沿，因而能够以一种很具个性、超越传统与当下认知的眼光来理解与饮食和酒有关的社会生活和文化生活，从而将饮食与酒的文化、美学问题，纳入时代文化的范畴，对饮食和酒的价值意义给出一种新颖而能够让人理解并接受的解释。

中国饮食审美文化的历史十分悠久，其中白酒的生产、享用和消费，占据重要位置。一方面，饮食的富足、怡乐和享受，家庭、家族的和谐与人们的身心健康，国家、社会的繁荣，都离不开酒，酒是饮食生活和文化仪式的有机组成部分。另一方面，白酒从饮食中能够独立出来，用其特殊的知识概念和功能刺激人们的身心。这样酒与饮食的关系，很现实的方面包括两层，一是提供并激发生命所需能量，二是护养心理精神。这是饮食的基本功能，也是白酒的基本功能。但因为酒可以在激发精神能量，满足精神需要方面发挥出与一般食物、饮品迥然不同的特效，从而酒与主食、菜品的结合，就成为饮食要处理的特殊内容。一般情况下，饮食环境和心理影响酒与菜品功能的发挥，但仍然以饮食本身提供的营养、滋味为基

247

桃花源图（明·仇英绘，美国波士顿美术馆藏）

本功能，它们与其他因素结合起来，像小山一样隆起，愈向上愈凸显精神方面的功能需求。相对而言，白酒居于饮食功能的顶部，主要功能体现在激发生命的情感欲望，满足精神的渴求和冲动，从而，白酒比一般饮食更具有生命感受的强刺激性，张力感因之也更强。白酒在传统饮食生活中，是能够聚焦生活经验、信息，促进人与人生命情感的沟通、交流，进而经常将单调乏味的生活引入到激情荡漾状态，古代人追求美酒佳肴，其中但凡设筵席，必以奢华、富足为所羡，只要物质条件允许，就不太计较成本，尽己所能让美酒配上丰盛无比的菜肴，主食反倒并不怎么讲究。因为"下酒菜"从来指的就是菜，而不是米、面等主食，而菜自然突出出来其风格的千差万别，人们行至任一地，酒品各异，菜品也因地制宜，各成绝配，俱以繁富、丰盛、香艳为美，追求味美丰盛的饮食是中国人饮食生活的一个重要观念。当这种观念由古至今延续下来，就对古今的饮食生活方式都产生很大影响，求奢靡、富足，以肥肉厚酒为快，成为积久难改的一种文化习惯和趋势。

21世纪以来，尤其近十年来的饮食生活方式，受饮食现代化和商业化、市场化的影响，在酒产量暴增情况下，各种花样翻新式的饮食烹饪处理也推出名目繁多的所谓美食，令酒与食的结合有了更充裕的可能。虽然，现代美学也倡导极简观念，对健康、高雅、朴素的生活方式也多有强调，但最终落实于市场上、商店里和公众筵席上的酒与菜品，不论南北，总体还是偏食荤菜系的，素食不配酒似

第六章 文化、艺术的清雅逸趣

尊飨宴席

乎是一种公认的常识。因此，饮白酒之时，往往也是丰馔尽呈之时，有些倡导纯素的食馆，如佛、道素食馆，酒不配予，却用豆腐、植物油和其他植物食材做成"荤食"的样状和拟荤口味，骨子里还是向大众偏重认荤的趋向靠拢。因此，我们毋庸讳言，尽管人们并不否认素食有很多益处，但在饮食生活方式上还是一直以重荤重香浓口味为所求，即使在注重食物原本之味的江浙一带，一旦真正地待客，还是要把又香又浓的酒席摆出来的。

　　传统对饮食生活方式的追求，倾向于质料、风味上的肥美奢华、浓郁炙热，清淡优雅的饮食风尚在士人饮食旨趣虽然时而显示超诣高跋的导向，但对大众——无论是对食物匮乏、酒饮不足的低层百姓，还是仓廪充实、酒欲放纵的富豪人家而言，都不能占据主流，从而中国白酒酒体也推波助澜地，以自身特殊的品质要求，既助益进食，又超然于"为食所食"，而以饮食的精神审美愉悦和美学领悟为人生更饱满的自由目标，诉诸酒香浓烈与丰美肴馔的相搭。这从古延续下来的审美习尚，是真实的饮食社会学情状，也是饮食人类学的历史主脉，更是饮食艺术学的主导旋律，自然也是酒审美与酒美学内在依循的客观法度和饮食心理规律。它不会因某种倡导朴素饮食的主张何其明快何其合理而改变世俗风貌，也不会因灾荒、战争、病疫的自然与社会的偶然变故而扭转人们内心对丰美食味酒韵的强烈渴求！因此，从20世纪90年代中国白酒狂飙重炽以来，表面上随着酒

尊飨家宴酒品和菜单

厂的增多，酒品质量的竞争趋于白热化，促成饮酒之风，也由高度酒向中低度酒呈抛物线状起伏游走，造成一种假象，似乎人们对酒的炽烈寄托在高度酒的畅饮上，低度酒则体现对淡雅、清柔饮食旨趣与酒品香味、风味的追求。其实不然，而今从南到北，由20世纪划出的多种酒香类型，主要由清香、浓香和酱香三种引领风骚，其余香型也并不缺少市场的华丽亮相，不过其所谓香型名目无法与清香、浓香和酱香三种香型相比，表明由三种主导香型代表的饮酒趣尚，也内在地决定着其他香型的市场选择。那么，这三种是否显示了多元化的，包含浓郁炙热与朴素清雅两种主导倾向，造成对中国白酒市场绝对的审美化和美学化控御呢？我们的回答是否定的。因为清香追求的是酒体品质的自然原香，依目前北方流行的以汾酒为代表的各种清香酒体来看，即使是酒味、酒气显现得清爽香甜、柔和可口的，也无法褪尽自然本有的"生猛"底蕴，而酒体的"清香"特质倾向于高粱、大豆等原料的质蕴，本质上倾向于酒劲的内涵饱满，这与北方肥醲油腻的菜品口味、风尚是相搭的，其饮食和合之妙，依然体现在香腴和丰饶，而非清瘦和薄淡。浓香型白酒与菜食风味的搭配，缘于中国中部和四川盆地之平原、平原和山地结合部的温和气候带，雨量充沛，粮食品种多，猪、牛、羊、驴、鸡、鸭等肉食动物的蓄养条件好，从而饮食上讲究色香味俱全，追求浓香艳美，酒体因之普遍崇尚浓香，以工艺复杂而与菜品烹饪的考究形成呼应。四川宜宾和安徽淮水流域一带属浓香饮食风韵覆盖的区域，其精神旨趣已然超越物质原料本味层面，上升到将质料风味、香味和享用的精神品味糅合一体的境界，只是"环境决定口味""物质决定精神"这个基本的主题，体现在酒体基本品质上，还是倾向于让菜品与酒品显性特质的把握，就是说，即便精神上趣味要求很高，但落实到饮食享受趣味上，并不能独立出来，当然也未能成为主导旨趣。由西南向东多属山地、丘陵地区，贵、湘、鄂等地的食材相对于中部气候温和带，畜类种类见少，人所食以鸡、猪为多，受自然、气候和种植条件所限，这些地区的素食食料采掘反而便宜，对草本药性认知颇深，故而对刺激性大、其他地区不能接受的食味，往往也能欣然接受，且受益其药理功用，如鱼腥草、辣椒等。因此，在总体菜食配给和食味追求上，虽一样喜欢食肉，因得之不易，相对不及中原和四川一带奢求肥沃，因而虽然也以浓香且颇具刺激性的酒品拟配辣、咸之肉食，并辅以丰富的素食形成佳配，产生自含丰富质韵的酱香酒品类，用以激发人的情怀和精神，不料想这样一来反而在白酒与菜品风味、口味的搭配上，在气质、性格上更贴近了一步。只是这种贴近在本质上与浓香型的旨趣还是一致的，即它属于一种注重发挥人的工艺性、感受性的匹配。如果说，五粮液、口子窖等与香美佳肴的搭配，极尽中华饮食审美、饮食美学"五味调和"的精髓，那么，以茅台酒为代表的酱香型白酒，则体现了中正风范的"浓香"风味旨趣，它是"中正"饮食趣尚的一种变奏，其理似变而根系于浓香，故能以其独特品质赢得不凡赞誉。上述三种类型[1] ［清香、浓香（五味调和、中和、正雅）、浓香（中正、变雅）］是中国历史上，尤其是20世纪以来最普遍的菜品与白酒搭配的风味、旨趣类型。

广东石湾酒厂于2018年提升工艺并生产清雅型酒体，打出"清雅"酒体的名号，冠于玉冰烧品牌，首次标举酒体"风格"，以清雅风格为石湾陈太吉及玉冰烧酒系列的独特酒体品质和美学韵旨，显示了十足的文化自信和开新白酒美学韵味新趋势的创造精神！

清雅型酒体的设计，是对浓郁趣尚饮食生活方式的一种纠偏。它主张：白酒与菜品的偕和搭配，在追求浓郁香美的同时，还可以选择清雅纯净，后者不单纯

---

[1] 此指酒与菜品搭配类型，非指酒美学风格类型。

注重白酒与菜品的材料质性，并且也不限于色、香、味的主观感受和体验，而是更注重上升到一种对对象整体品质的韵味把握，并且把这种把握与精神上的美学化领悟有机融合起来，从而实现一种具有现代美学化"意境"之美的饮食生活旨趣。那何为达到"意境"之美，简言之，即以精神为最高的尺度，统御诸感性特质，在一种美学化的"场""氛围""境界"中体味酒促发人精神自由的旨趣和韵味。美学家叶朗先生对"意境"有个很好的解释，认为"意境"并非"意"与"境"的相加，也不是对似乎朦胧、玄妙的"意象"的体味、琢磨，而是指精神凭临一种超诣、愉悦、自由的"境界"。"意境说是中国古典美学中的一个重要的理论。它反映了中国古典美学家、艺术家的独特的审美观。意境说的精髓，如果要用一句话来概括，那就是'境生于象外'。艺术家的审美对象不是'象'，而是'境'。'境'是'虚'与'实'的统一。"①这是说"意境"是一种很高的，每每为艺术家追求的美学境界，而对于白酒美学来说，它发展到现今阶段的美学高度，即将艺术化、美学化的"意境"之美，具化于白酒的品质与精神韵味的偕和旨趣之中，它也是"虚"与"实"的统一，"抽象"与"具体"的统一，"现实"与"理想"的统一，"自由"与"愉悦"的统一，"价值"与"实体"的统一。

（二）粤菜与清雅型酒的搭配

石湾玉冰烧酒有一百多年的酿造史，清雅型酒体的设计提升传统玉冰烧酒的曲醅制作、米饭发酵与蒸馏、洞酝的"清雅"品质，采用小曲饼低温速制，曲原料和野生菌的糖化和发酵同步对流；大米的蒸煮以饭香通透筑基，不再局限于南方范围优质稻米的遴选，将北方优质五常大米也作为种子原料，优化蒸煮环节后精心排布曲料与冷饭的结构层，保证在米饭与曲料糅合后，发酵与糖化亦能同步对流，循环冰火，促成整体酒性的至寒至热的消涨张力，在每个结构层均产生优美律动；蒸馏所出之酒将未浸泡肥猪肉者，小坛依制洞酝，特称之为清雅型酒，而肥肉浸酝之酒，依荤格精心酿制，出53%vol烈酒，将未经肥肉浸酝者亦出素格烈酒，形成高度绝对，并荤素皆出42%vol，且以发酵蒸

---

① 叶朗：《中国美学史大纲》，上海人民出版社1986年版，第621页。

馏环节的设定，增益该种酒品的整体味感、香感，作为玉冰烧清雅型酒的标准品型。

笔者认为，猪肉浸酝并非判别清雅酒体的核心指标。因此，无论是否浸酝肉絮都不会对酒的基本成分和韵味特色产生根本影响，即玉冰烧的前期酿造史，本来就合乎清雅酒体的美学生成逻辑。同时，作为现实中享誉南国和东南亚、南亚的名酒，以及国家评酒会议定的豉香型白酒的代表，其自身的物理品质、酿造机理、韵味风格，具有可充分证明自身存在的合理性，阐明自身所有因缘、要素、配方、手段、鉴定等组合为"完美的统一体"的系统性、统一性。因而，清雅韵味、风格之于陈太吉和玉冰烧，乃是其酒体的文化标记、美学风格的鲜明标识、审美感受和价值认知的独特视角，不管有没有肥肉浸酝"这一妙手"，凡经过曲醅制作、大米蒸煮、发酵，以及蒸馏和洞酝环节的出品，都具有清雅韵的酒美特质和风格面貌。至于近年来对42%vol玉冰烧，明确标识为清雅型酒，又将53%vol分荤素两格以红色老谱商标贴附于光瓶，其缘由有三：其一为消除将"清雅型"与"豉香型"简单对号，采取了这样的权宜识别策略。"豉香型"抽取"豉香"风味（即豆豉及烹饪拌炒豆豉之味联想）和"肉酝"手段，用"豉香型"名称与其他香型相区别，其实"豉香"仅涉及玉冰烧的或一种滋味，并不能涵盖玉冰烧酒的整体韵味或味道（含香味、口味等），但简单贴上这一"标签"，就造成相当程度上对玉冰烧酒为"豆豉"小众香型的理解，这是一种典型的酒体认知"短路"情形。为此，石湾酒厂特别把不肉酝的酒冠以清雅标识，突出其本来蕴有的酒体韵味，可谓颇具用心之举。其二为抵冲对玉冰烧仅占低度酒优势而不属烈酒的错误认知，采取典型化"烈酒"品种示样法，出荤、素烈酒，既与凸显清雅风格形成响应，又将米酿酒亦可出烈酒，并足以与伏特加、白兰地、威士忌、金酒、朗姆酒、龙舌兰酒等相媲美，一方面证明玉冰烧是典型的、高品质的中国烈性白酒，另一方面，也对以往侧重宣传玉冰烧中低度酒酒体特质，而忽略了亦可出优质高度烈酒，来还原玉冰烧的整体面貌。这一点确实也很重要，按照常规理解，玉冰烧的优势的确在中低度酒上面，缘由是酒体原料和酿造工艺的独特，使得熟饭冷却后再经发酵、洞酝的酒，其酒的"燃点"很低，可以在很低的酒精含量度就达到较明显乃至浓郁的酒味，这是中国其他白酒做不到的，所以最初玉冰烧制定的国家标准，低度酒的下限在18%vol，这个度数可以说很低了，而玉冰烧酒能以如此低的度数做到不仅可饮,而且能饮出相对而言显现出酒韵的口感效果,对白酒这个品类来说,可以说是非常不容易的。自然,53%vol的荤素烈酒真正是不凡之作,其酷烈程度可想而知。那么,把53%vol视为玉冰烧的高度酒,是否意味着42%vol酒就依然纳入以往的中低度酒范围,不再显得那般烧灼酷烈呢?其实,这个在别的酒也许没有这方面的问题,但对玉冰烧确实成为一个相对的、不确定的问题,因为42%vol是酒体酒精含量实测的结果,但饮后的感受,对于不同对象却不同,倘若是善饮的酒鬼、酒客,将之视为中度酒也很自然,但并非所有能饮、善饮的人都会这样认为,因为42%vol酒同样产生很浓的酒性、酒味,可谓"烈"的韵味并不弱。笔者曾将此酒带到北方,请常饮烈酒的人品尝,结果大家品尝后异口同声道:"真粮食酒!"随后便道:"这酒酒劲真大!"笔者本人能理解所说的"酒劲",并非"酒力",而是酒的那种特殊"韵味",即清雅具足的韵味产生了强烈的冲击,让它们把这种韵味感当作酒力理解了,但转过来从另一个角度来说,韵味足不也正是酒性足的表现吗?所谓烈酒之烈,并非酒精之烈,而应当是酒味之烈、酒韵之烈,玉冰烧的内在品质恰恰吻合了这一点。其三是为提升玉冰烧与粤菜绝妙搭配的审美效果。中国饮食的酒与食(主食和菜,主要是菜)的搭配体现了美学的构成要素和组合观念,岭南一带,尤其是佛山所辖禅城区、顺德区的饮食在中国饮食美学中具有突出的特色和地位。当玉冰烧与岭南地区的饭菜搭配时,就意味着不仅是酒微生物活性菌与碳水化合物及其他有机物的组合,而且是粤菜独特美学生产方式——属区域化的和典型的中国饮食制作方式,即将"饭配以不同的荤素菜,用切、剁、绞的刀法,再加上煮、炖、蒸、炒、煎等烹饪手法(有时一道菜肴中会包含多种手法),所创菜式变化无穷。由此,饭菜原则的广泛应用进入了标准化的美学生产领域"[①]的产物,在当地与最好品质的酒发生美学化组合的体现。笔者在并不深入了解粤菜风格的情况下,就感受到了粤菜的某些区别于其他菜系的美学特点,其食材的广泛性、精致性;烹饪手法的多样性、南北融合性;其菜品色香味美偕和一致的地缘风味与美学味道等,都使佛山饮食(以顺德和佛山"岭南天地"为代表)在中国饮食美

---

① 保罗·弗里德曼主编,董舒琪译《食物:味道的历史》,浙江大学出版社2015年版,第73页。

学中堪称绝美佳肴，韵味别致隽永，令人观之食欲勃然、品之味蕾萌动、尝之舌尖如箭矢猛触玉雪、咀嚼之则百味若化，神韵随感而游，自在自由，唯口腹之所享而体当下人生之芬芳也！粤菜的这种美学韵味在笔者与陈太吉酒庄庄主范绍辉、副总经理蔡壮筠的对酌交谈中有进一步的体会，他们讲起粤菜之美不仅眉飞色舞，而且眼神顿时烁然明亮，经他们的介绍，笔者感觉粤菜的美不单清雅优美，也奔放酷炫，不单平实可口，也时尚风流，它仿佛是一种多音部的饮食旋律的合奏，稳定而清晰地透现自身的诗意之美和饮食风韵。融合所闻所感，玉冰烧清雅韵与粤菜（饭）美学化搭配表现在以下几个方面。

1. 炫搭（感性形式的清雅搭配）

未肉酝的清雅型与粤菜的红烧、卤制肉菜，烹煎的鱼虾等菜品搭配，形成美感形式的酷炫相映的效果。玉冰烧未经肉酝之酒，色彩炫然，其酒分子中曲饼掺拌的豆料底黄，与其他微量植物色及熟饭发酵沉齐的缇红绽匀，焕出酷炫又不失柔和的琥珀色，古人云："琉璃钟，琥珀浓，小槽酒滴真珠红。"（李贺《将进酒》）、"兰陵美酒郁金香，玉碗盛来琥珀光。"（李白《客中行》）、"酒兴浓于琥珀浓"（元好问《鹧鸪天》），酒之琥珀色与菜品鲜艳的酱红色汇合，会令人不禁艳羡称奇，此其酷炫之一。粤菜具有糅合江淮、湘鄂及北方菜口味的特点，故其不论汤食何其清淡，论及主菜制作，一样讲究香类爽劲，此与香港、台湾地区饮食有一种内在的一致，即呈菜的品相、外观当可辨可认，和而不杂，精纯美相，入口之味定要有一种感觉上品的享受感。这种对香美浓烈的食味追求，即便在大众系主菜品中也一样具备，如"嗜嗜"地烹饪肉、菜和水产品，那种运动中火烧入侵的鲜艳色泽与"滋滋"升腾的香味、声音，都在最终的菜品样观上留下浓艳的美感，而这时搭以清雅玉冰烧，简直是酷炫绝配！由于清雅玉冰烧用料以大米掺以野生草本，与米、豆为曲的曲饼和合，其纯净的大米作为主体，单纯至极，加上蒸煮发酵、洞酝深化，可谓清之至清，如此纯净的主料，因独特的酝酿形式而具有"一而多"的美形式姿韵。因而清雅玉冰烧的酒韵形式，本就是鲜美绚丽，香艳卓绝的，很自然地，它能与粤菜主系形成感性形式的美炫妙搭，可谓双璧耦合，联韵绝美，蔚然饮食美学的一种奇观。

2. 禅搭（韵味品致的清雅偕和）

肥肉浸酝的玉冰烧酒，虽不冠清雅标注，但肉絮薄如云羽的分子囊衣，会随油润的黏性将酒体的有色微粒无痕包裹，动物有机性自身并不发酵，然因囊衣很薄，近似透明，故所包有色粒子若出若在，唯其色被囊衣已收，酒性则若含若放，故其质韵保留纯粹原子微粒的味性，或有淡淡的苦，或有淡淡的甜，还有淡淡的酸，以及若淡而受冰酝内收的火性……这一切都融合在无色透明的酒液中，将之与清雅琥珀色相比，若白虚空，饮之百味集蕴，有如人生，但纯净激荡，不滞枯寂，可谓生生之韵，俱演化于未肉酝的荤格〔清雅（肉絮之质，与坛同体，若器皿起外铄酒体作用，但器皿形之于外包，肉絮形之于分子囊的内里游荡，见酒则抱，亲密无间，可视为外铄之性内铄之体也）〕玉冰烧酒中，此种酒具禅韵静寂意，但已中国化，且富有南国诗化意象，融合了岭南民俗的蓬勃活力，聚合了佛山人的生命意趣，得以将饱满的生生之韵，在极为简化、洗练的理性操控与形式提炼中，铸合为一种现代禅韵饱满具足之静寂，因其质与素酒之形式的浓郁雅化不同，是外素内雅，即百味集蕴，饮之先若苦若甘，且有味蕾难以细微辨察的其他滋味，融合成一种特殊的，必须静饮方感其百成的味境。故其"内形式"雅美绚然，绝非只嗜纯甜纯酸纯辣之人所能喜，若很有人生经验的人品哑之，则能尽体其妙，且愈品愈觉甘怡，以此酒与粤菜之鱼皮、奶皮，及其他色淡类、若泥类、清凉类之菜品搭配，可从若淡至浓而得精神的静寂高雅，亦为玉冰烧与粤菜的一种绝配形式。当然，若以肉酝之酒与荤菜搭配，未尝不是素与荤合，"素以为绚兮"，因素而起生韵，美目流盼，优美情境，尽因静姝情致而粲然生辉，亦得人生情意自由之极致。

3. 间搭（别致风格的清雅体味）

酒菜搭配，主要在激发人的兴致，然兴致之起，可以有饮酒人情、思、意和饮酒情境、氛围的热烈、静谧等多种情况。就玉冰烧而言，主要通过酒菜的搭配，促成精神境界的清雅偕和。除上述情形外，还可以采取"间开式"搭配，即将酒韵通过添入某种饮料，来使酒的原有性味与菜、食的结合，不那么直接，在回旋中让酒韵和菜味的融合缓慢释放。其情状主要有两种，一是在酒与茶之间"间"以冰块，热酒冰饮，如调制鸡尾酒般与菜食搭配。玉冰烧本属低温曲和冷饭发酵的酒，加上洞酝的低温恒定酝化，可以在极低温度下挥发出酒性酒味，加冰块后适宜于饮食兴致倾向于体味思韵的场合，如某种雅致的主宾晤面；陶醉于浪漫未来中的情侣主餐对酌；酷热盛夏年轻人的野餐等，都有让人清凉甘怡的悦神之效。二是在酒与菜之间"间"以咖啡,同理,此"间"也是一种融合,但确实能使酒食不那么直接"相撞"了。加咖啡饮,陡然添发热能,此可以为情韵的助饮,在冬日季节,或在想饮咖啡释放情怀之时,以玉冰烧与咖啡再加粤菜组合,可以让饮食之美促发精神情致淋漓尽致的释放。这两种情况,可以说既让人体会到某种精神境界的转换与提升,又体味到酒体与饮食别致风格的助养。在现代时尚生活里,中国的白酒中固然其他的名酒也可用冰饮和咖啡饮形式,但由于玉冰烧原本为熟饭发酵酝化所成,又是低温曲化,酒体与冰、咖啡能够"熟调",因此就比其他白酒更适合"间饮",可以实现冰饮不舍火炽,咖啡饮亦内含清凉的诗韵效果。

第七章

清雅酒体的未来

清雅酒韵是中国白酒酒体的代表类型之一，其与清韵、雅韵酒体构成最基本的酒韵形态和风格形态。在当下和未来，酒体美学重视对文人化与民间酒酿传统的传承，重视精纯清韵与醇香雅韵的互补创构，重视文化韵致和生活韵味的有机凝合，由以融入世界饮河，展现清雅酒韵的中国风，有可能成为一种饮众主动选择的发展趋势。

对石湾清雅酒体美学韵味的讨论，具有重要的古代酒体典型案例和美学文本意义。至少就目前考察所及，尚无有如石湾玉冰烧这样具备较全面的清雅美学要素，而且正在推向现代化未来及世界更广的空间。这里，我们需要回到关于酒美学、清雅酒体美学的思路，着重就其未来可能及其自身的美学潜能与张力，做进一步的理论思考，以期对清雅酒体美学形成一个完整的理论归结。

一、清雅酒体的现实优势及趋势

清雅酒体是一种美学化的概念，它标示出某种风格、韵味、意境和精神的价值趋向、张力等，却并不专以擅扬某一种物理属性、特质或主观化的感受、价值评价为内蕴。因此，清雅指向了仿佛肉体感官能够敏感捕捉的那些特点、属性，而让精神也具有了对氛围、意象、意境、场、韵、韵味的敏感把握力。由于清雅在精神把握的对象韵味、风格中，又属于特别切合人内心期冀并居高俯瞰的，从而只要是有高的精神境界追求，并由此限定了酒体也具有高的品格、韵味的，就都"分有"清雅的美学韵味。也就是说，逻辑本体意义上的清雅酒体，乃一种通体性质的酒体存在，即在任何各个酒体、酒品类及其品种中，都"分享""沾溉"了清雅的酒韵品质。因为这个"核"，人类才识别、倾心并陶醉于酒。就像所有的星星，恒星、行星，不论直接发光或折射，都要"聚光"并形成光的发射与倾泻。酒亦如此，正是酒能对人的身心产生一种改变、提升整体生命状态的质韵、韵质，从而它才不是简单的"食物"和"物"，更像一种精神化的存在，与生命需求息息相关的存在。然而，仅仅是通体，它的面目是模糊而不确定的，它还是一种特体，即指拥有自身的特质、品性而与其他酒体实在相区别。特体以是否具典型性衡量其清雅韵品质和水准。有的酒体实际已是品牌，并且清雅特质也很显著，但不充分，不够典型，并且不属于白酒品类，如浙江绍兴的黄酒，以冬酿的黄酒酒体最为清雅，其色黄中泛缇红，饮之清凉，饮后由清润、凉爽转湿润，煦而不热，血脉因之舒张，精神因之清扬幽婉，神智格外清醒，可谓清雅韵妙合无垠，但其烈性不足，韵味形式的表现有局限，不具有白酒充分而现代的清雅韵质；有的酒且清且浊，有的雅而不清，俱不能入清雅之列，故能入清雅典型性之列的酒，可谓十分稀有，能成为并可自诩为清雅型白酒的，更是屈指可数，石湾玉冰烧可谓无愧此称呼。除了前面我们论述、分析的诸方面特质、品质、风格、韵味外，还有一点是，石湾玉冰烧酒作为典型鲜明的"特体"，它并不是一种偶然的"特例"，而恰恰是沿承了中国清雅酒体传统，并由液态转向半固态，由生米酿转向熟饭酿，由自然酝化转向蒸馏摄取和洞酝深化的一种稀有的中国白酒品种。因此，视玉冰烧为最典型的清雅酒体，是充分显示了清雅酒体"特质、特性"的特体，可以使清雅酒体的美学化对象获得一种明确而切中的定位，十分有益于围绕这种"特体"对象，对清雅酒体美学的韵味、风格进行全面深入的研究。

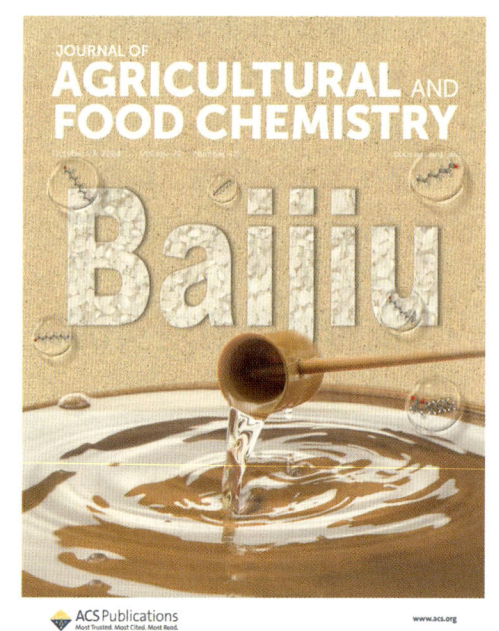

美国杂志封面

在"特体"之外，清雅酒体美学还强调它应是一种"别体"。《老子想尔注》称"生，道之别体也"，"别"，即个别性、差异性，指不从所有存在"品类、品种"抽取共同的品质（乃通体存在之依据），而从独立存在之彼此相异视其与"通体"是否相合，若不合则为"别体"。因此，"别体"往往意味着与已有"公共性""通性""普遍性"存在偏离甚至悖离、反叛的特性，在衡量精神性、文化性的韵味、风格时，别体也是一个重要的考察角度。某种事物，若"通"而不"透"，则缺乏个性化审美感性，形不成个性化的风格体系、系列和机制。若"特"而不"通"，则偏至、怪谬致情思狭隘化，孤芳自赏。而这两种情况均与"别"有关，若"通"而不"别"，如人始终板着面孔，矜持严肃，无鲜活生气，"别"是一种"异己性""他性"，"别"因与自性相异而生，故相对于"自体"属"别体"。"别体"虽与"自体"相异，却由"自体"衍出，走出"通"的限制，成为与既往之"特体"迥异的"别体"，则由正转奇，韵味至佳可风骚兼备。总体上，"特体"属成熟化的存在体性，是个别化的，因为"特体"的典型化、成熟化，使通体的精神韵致有了深度，但任何事物熟则俗，通则浅，因此用发展的观点来看，即使是"特体"，久之则走向"俗浅"，需要不断变革图新，故须向"别体"创新转化，由"别"返"正"，即"奇正之合"，深邃的精神探索凝合于历史的韵味积淀，酒体内蕴获得逻辑发展的自在推进。清雅酒体作为"别体"，便相对于其既往的体性而言，在"清韵"酒体的系列、规制内创造出新的别致之清韵酒体，或清韵雅化的酒体，使其具有清雅韵味，即成为由清韵而出的清雅别体。如陕西"西凤"酒沁着一种散淡又浓郁的馨香，就具有深度雅化的特点，这种浓郁香感使之与汾酒不同，成为清香为底蕴，兼具雅韵的清韵酒体的"别体"之由奇返正，故亦为清韵雅化的"特体"，苏轼谓西凤酒为"冷翠微"，正是这种感觉。再如浓香型，以工艺的繁复、精湛而导致酒体馨香馥郁之特点，然而近年来，五粮液、国窖、金种子等皆致力于"绵柔""柔和"型酒品类的开发研究，推出相关酒品种，具有雅韵借重清韵的趋向，亦属于"雅韵"的"别体"。这些具体的"别体"式的品种，如果不能成为独立的、成熟的品牌，它们就不能成为典型化的"特体"，但其作为"别体"的创新意义是存在的，并且存在不断成熟、变为"特体"由奇返正巩固自身风格韵味的充分可能。

酒体体性的差异，反映酒体风韵、风格的美学化、艺术化程度。相对而言，风格是指酒体具有稳定而独特的美学韵味，风韵是强调地缘公共性的韵味，韵致是强调韵味的特出方式，韵味具有通解意味，凡个性化的酒韵均可称具有酒韵，但未必成熟化为风格。

达到风格成熟的酒体，不仅在曲醅的制作、酒料的发酵、酒的蒸馏等生产环节方面，都有自己独出机杼的"奥妙"，而且其酒体所属之品类、品种，都具有自身酒韵的统一性。不止如此，凡风格鲜明之酒体，其酒体品质也必然是鲜明的，故人们把风格作为酒体辨识的标志。现如今，酒业生产在商场化浪潮中以注册商标标志产品的个性化存在和生产标识，这种产业化路径遵循的是科学化指标、体系，它与强调酒韵味、风格的美学化尺度是不同的，后者是一种文化尺度、精神尺度。从而，有的产品即使拥有商标标识，甚至市场销量不俗，也未必是具有独特美学酒韵、风格的产品，而有些酒体，虽然未必流通于市场，但经久畅饮于乡间，形成了稳定、独特的韵味、旨趣，也具有其不可替代的风格。由此缘故，我们要重视发掘那些体现民族文化传统深蕴、具有鲜明酒韵风格，但是长期被低估的酒品，要让这些酒品的美更深刻地被人们所关注和认识，让这些酒体作为符合我们内心期待的酒体，不断推动酒体美韵流动化新。清雅酒体在传统倚重自然原旨，及倚重社会化、人工化改造自然旨韵基础上，在清韵、雅韵酒体之外开辟、发展了清雅韵酒体，展现了崭新的酒体美学魅力和潜能。

二、幽醇流韵沁四方

清雅酒韵是中国白酒酒体的代表类型之一，其与清韵、雅韵酒体构成最基本的酒韵形态和风格形态。以韵味、风格为标志，衡量测度酒体是否达到三种酒韵的标高，乃酒体美学独特的价值尺度和期待视野。

注重酒性物质潜能的发掘，是测度酒体酒韵、风格的基本内容，也是价值评估的特殊路径和手段。任何酒都是物质的，酒性的物质潜能如何发掘为独特韵味的酒，在不同的酒体类型及某一酒体类型内之不同品类、品种，所采取的路径、手段、方式存在着不同，这种不同有的属于"暗门绝技"，有的是公开的山门"入口"之不同。从大的方面说，清韵的"入口"是注重韵味的原旨，用通俗语言讲叫做"原汁原味"，即用什么粮食酿造就要尝出该种粮食之香，当然转化为酒的香与粮食的原香肯定形式大不一样，但舌尖上的美学总能刁钻地发现粮食固有的香韵。小麦、高粱、大米所酿蒸馏白酒，和各种花、果及蜂蜜所酿之非蒸馏酒，都会在酒韵中沁出酒原料的特殊香韵，因其转化后显现的韵味形式清淡可辨，因而谓之为注重自然原旨的路径、手段。雅韵酒体的"入口"，注重发酵、酿制对酒性、韵味的主观化改造，虽然品其酒，性味和姿韵也因自粮食，但酒的滋味、韵味要表达人的审美意图，体现出某种主体"模式化"的趣味类型，如酒性之柔和、酷烈，讲求适宜于人的口感接受感受，并且在滋味、口感方面，能够体现人文、社会化的某种文化范式，如同烹饪的"调以滑甘"，酒酿同样是酒的调制过程或手段。由于注重酒体的饮感效果，雅韵酒依生产者主体文化核心价值而形成两种大的类别，其一为"正雅"酒体，持道恪守中正，以五粮"中和"为文化综合的至境，在南北方主张多种粮食混合配酿的，多符合这种路线，其中五粮液为典型的正雅酒体；其二为"变雅"，中国是注重审美文化的国家，最早成熟的审美形式是诗歌。诗歌的典型风格为风雅颂。"风"指民歌，由老百姓创作，具有活泼生动的内容和形式，朴实健康，偶尔对社会的不平进行嘲讽和批判；"雅"分"大雅"和"小雅"，"大雅"的诗歌颂祖先和贵族，"小雅"的诗写了小吏、从军将士内心的感情，大、小二雅之所以"雅"，在于表达情感"乐而不淫，哀而不伤"，守持了"中和"的美学观念。还有"颂"，是歌颂祖先和贵族的诗。诗的风格类型与酒体自然不能简单类比，但基本的文化走向后来是一致的，因为"颂体"是"马屁诗"，没有价值；"风"语言朴实，诗味清新，与清韵酒自然旨趣一致；但大雅、小雅诗作战国时期实际合为"骚体"，屈原《离骚》即其代表作，其表现风格注重表达忧思愁绪，也对民间诗歌进行"再度"创作，想象丰富，语词绮丽，形成与国风颇为不同的风格，后人称"风""骚"为中国诗歌的两种主要风格类型，即缘于此。综合起来看，"颂"可排除，大雅、小雅和骚体基本属"文人"创作，"国风"属民间创作。如果视大雅和小雅的"怨而不诽，哀而不伤"为"正雅"之作，即汉人《诗大序》所说"发乎情，止乎礼义"，那么，《离骚》及屈原汲取民歌元素创作的《九章》《九歌》等，应属于逾越了寻常礼制，表达情感近乎磅礴恣肆的程度，但其核心思想又是雅的，是倡导"尧舜"之旨，忠君爱国的，因而可视为是"变雅"之体。在以后中国文学史上，正雅、变雅不仅成为文学的主要风格类型，而且承载中国人的深度人文情感与思想，代表着中国文学发展的主脉。文学与酒存在于不同的领域，文学是精神性的、符号性的、情感性的，酒是物质性的、实存性的、身体感觉性的，但后者在拥有物质实存性的同时，也是精神性的、情感性的、符号性的，它通过饮酒入口，刺激味蕾进而传导于中枢神经这种方式，让人的思想、情感、语言等都能与酒置于同一种氛围或境遇，也就是说，酒的兼具物质性与精神性的同时，也使自身具备了充分的审美性和美学性。因此，酒亦分正雅、变雅的体类，至于民间的酒酿，因其朴野难甄其质，况且在后期酒酿的发展中已经汇入各种酒体品类，因此我们予以忽略不论。就酒体的正雅、变雅而论，古代已先启其风，唐宋的酒已经充溢酒肆、野庐，酒体在探索异常滋味、韵味中不断拓开酒审美的天地，并从清酒、事酒、玄酒的功用分类，渐渐转向以醴酒为常饮酒体的状况，到晚唐时，醴酒与非粮食酒酿都很流行，并且各种花、果酒酿和药酒也在积极探索开发中，使酒的风格、韵味在统一的唱诵歌舞氛围中，别具融溶的气质，因而似乎并无特别的个性化风格像诗那样彰显出来，但到宋代就不同了，酒在南北方，在富豪和百姓家，在文人大夫和武人将军那里，都展现出不同的风范，因此，像词为诗余，具有婉约、豪放的气质、风格类型，酒也具有浓烈、甜柔的不同分别，热酒、冷酒、羊羔肉酒、纯粹米酿酒、五粮中和酒、花果饮酿等，不一而足。宋代的酒酿呈现出酒的滋味、气质、韵味的多样性，但因为酿者对此并没有自觉的意识，因此从没有人就哪一种类型的酒给予符合市民化浪潮的推广，反而是因袭酒庄的制作传统，直到明清时期才有各所分化的清醒。

酒的历史证明酒的文化价值，主要决定于对精神产生的审美的、美学功能价值。精神性本质是酒体的内在本质。如果酒体深藏酒巷，无人欣赏，则始终处于"民间粗酿"档次。粗酿未必不好喝，或凝聚千百年的经验已经味道精美，能令人醉，然而在现代社会酒体不是自产自娱的劳作果实概念，而是服务于社会交际、人际沟通、精神交流与共鸣的一种产品概念，它所承载的精神信息、能量越大，其价值越高，在社会流通的环节愈多，被人品尝、体验后交互倾诉感受的机会愈多，其对人发挥的精神功能就愈强。因而，酒韵之是否成为社会性的、精神性的、文化性的、符号性的，就成为当今酒与传统酒在物质性上置于何种位置和系统的一个分界，只有以其物质性呈显了充分的文化蕴含，将物质性表征为审美和美学化的酒体韵味与风格，才能满足人们无限的精神期待，并因此而产生远出人意料的价值效益。

清雅韵酒体在近现代以玉冰烧在东南亚地区的流行，表明了酒体韵味的"混合性"，在某种程度上与国际性（Internationalism）、现代性（Modernity）的"杂搭性"（Heterogeneous）存在文化语境的本质相通，即在生产、生活、文化流通的时代，精神不再是单一的，而是也在流动中，并且有着复杂的渴求、冲动的。在这种情况下，执着于酒体所自之自然物料的原有性味，而努力探寻酒香清韵的极限，或执着于对酒体的社会化、人文化惯性理解，用生硬、过度的技术实现酒韵模式想象的对象化，往往会事与愿违，从而使雅韵不得不在高、中、低和酒香味的浓、淡、甜柔与是否烈辣上回旋焦灼，显示出一定的主观困顿和拓展局限。一旦酒体自身的物质结构和精神风格与时代语境抵牾，便求诸"他者"，市场策划、广告营销和文化营造纷纷成为业态主攻，反于酒体创新有所怠惰，故酒业界正雅、变雅角色常相置换，雅韵酒体一波一波逐番竞热，反不及清韵酒体的有限性满足更能提供稳定和清新感。在这种情势下，清雅韵酒体的出现和趋热成为必然。清雅韵酒体标志了酒美学话语融合的趋势，也体现了酒体物质性功能在历史惯性似乎饱和的状态下，转向精神性功能的掘进和酒体个性化风格的打造，从而使酒美学在酒文化的"混沌"氛围中日益显示其非同凡响的魅力，它不仅征服饮食的口舌欲望，而且深挖传统，让集体无意识在现代民族的生命成长日志中凸显文化的崭新选择，以自身的独特韵味和风格，试图征服当下及未来生命可能遇到的困顿、倦怠和能量调节问题。

清雅韵酒体的时代意义，通过石湾玉冰烧得到典型化体现。作为理论上对玉冰烧酒体的考察，我们并不在意其现有的"名气""影响力"有多大，而在意这种酒体能否既体现当下酒饮趣味的时代趋向，又能体现历史文化的大潮。对前一个问题，前面已经讨论过，对后一个问题也曾有较充分探讨，这里再补充一下：

第一，对文人化与民间酒酿传统的传承。黄酒在宋代就趋向清雅韵融合，明代的审美、文化语境特别适合这种气质、韵味的弘扬，以至清代沿承酒酿积淀，创立了像陈太吉、玉冰烧这样的清雅韵酒体品牌。由于酒韵不像物理化学成分可以精准测定，它如同盐溶于水而消融于历史文化传统中，只能在近现代通过明确的话语表达，回溯既往的酒酿传统。因此，在清雅韵没有成为一种公共性酒美学话语之前，这种清雅韵酒酿传统，主要通过我们的文化感觉和推断，以及借助当今酒体业态，来形成一种不无主观倾向性的表达。尽管存在这种风险，这种表达却是无须含糊的，因为浙江的黄酒历史悠久，其液态发酵所成之酒体具有鲜明的清雅韵特征，还有长江流域至苏锡常一带至今仍酿造白酒，而且偏重绵柔清雅的韵味感，这种清雅的酿造方式，或从香型评酒标准看，大体归于浓香型范畴，但像洋河酒蓝色系列和国缘酒，其实是以绵柔风格为特色的，其底蕴是偏向于清雅和合的。广东石湾的玉冰烧酒韵，严格地说，应是对古代江浙地区文人化清雅美学韵味、趣致传统的一种延承，它通过石湾第三代庄主陈如岳进士的强化，更深入地与岭南地区的民间酿造传统结合了起来。因此，尽管江苏洋河酒系列并非大米原料，但酒韵的美学旨趣与清雅韵是一致的，石湾清雅酒韵的美学之根、文化之根在江苏和浙江的酒酿传统里。至于民间酝酿的传统，因采用的是米酿，原本顺承了黄酒的液态发酵方式，但所采用的熟化、冷酿、蒸馏、洞酝方式推进发展了传统，使中国古代就呈现了民间与文人化结合的酒酿传统，也获得了现代化生产的规模与标准，以及更符合当代人期待的酒韵气场与审美张力。

第二，精纯清韵与醇香雅韵的互补创构。石湾清雅韵是人文性的美学创构，这种创构的内容与形式组合，与其他酒体一般情况下不会形成重合。或有人从陈太吉用大米酿造而将此种酒体视为米香型的代表，而将野生菌和肥肉浸酝视为类似浓香型勾调一样的操作手法，其实，首先，陈太吉或玉冰烧并非以米香制胜的，因为大米为主料是被熟化，并经过反反复复的冷却后重新发酵，属于人文化改变了原始米香风味的一种创造，当然这种改变不可能与米香彻底割断，而是将熟饭之香、味在转化后的酒液中很好持存下来；其次，野生菌入曲在最初环节，体现酒体设计的主观创意，它与一般蒸馏后形成基酒进行进一步的勾调完全是两种技术路线，初始创意更完整表达了酒体设计师对酒体的审美和美学期待，将之落实为可实操的模式或方案，而勾调是利用已经形成稳定品质的基酒，再根据主体对基酒可能向哪一种酒品、酒体的香、味形式靠拢，而增减某种味性，属于较充分表达主观意图的局部性改造，两者存在本质的区别。因此，石湾清雅型酒具有与其他酒体某些方面相通，但组织结构系统和创造方式存在根本区别，从而促成其精纯清韵与醇香雅韵融合的互补性创构模式，其风格表现为酒体质韵的精纯、纯净，经累次工序纯之愈纯，其酒体韵质表现为形式化的由色泽、香味、风味和能量的释放，召唤人的精神感觉和思想，饮酒促成的氛围则是醇厚浓郁的，香美绮丽的，清纯的质感和馥郁的形式感有机融合，互补性地铸成玉冰烧酒体的清雅韵和合美感魅力。

第三，禅韵体验和俗韵仪式的有机凝合。在酝酿与尊飨乐饮之间，一般酒体似乎不存在韵味、风格方面的相关性。譬如清韵，酒体的质韵是独立的，这种清韵更强调与人的气质的天然联系，从而享用清韵酒体的社会仪式，并不能对酒体的韵味图式形成映射。雅韵的韵味、风格受社会、文化影响的因素较多，因为改造了原有的质韵，从而韵味、风格主要由社会文化、技术场景及相关话语所决定，而清雅韵不同，它在制曲、发酵酿制和洞酝阶段，都注入了较绵密的禅韵成分。禅韵主静，以对冷寂的体验为饮者精神的特殊体证。这种特殊的意韵、韵味，能促人遐思、冥想，促人精神超跋现实，升华至自由愉悦境界，然而，玉冰烧之饮并非以个体独酌为乐，而是以众飨为欢，与民俗同体物候、时序，从而民俗仪式的繁华绚丽无不对饮酒者形成熏染，又反转过来加速了酒体酿制的冰火对

品饮玉冰烧

激,两者的有机统一,有力促成了玉冰烧酒体美学韵味、风格的内在张力和感染力。

总之,基于此,清雅酒体可以在中国东西南北中各个方向,以一种新的酒美学趋势,促成新的潮流。作为清雅韵酒体的代表,陈太吉和玉冰烧以清雅为尊享,折桂而向四方,也定会赢得各方热烈的响应,并且也定能在世界上丰获接受者,以这种代表中国传统韵味,又体现当代精神价值旨趣的酒体,来与西方酒体的味、风格,形成一种交流、比照,乃至对攻,考察、体验玉冰烧的冰火对激又和合匀整的风格,对于单性的、强或弱刺激的西方酒体具有怎样的优势,对于中国酒融入世界饮河,展现清雅酒韵中国风,无疑是清越而令人振奋的音讯。

主要参考文献

《增订广舆记》卷一九,蔡九霞汇编,康熙丙寅吴郡宝翰楼新镌本。

《海国图志》,魏源撰,光绪元年平庆泾固道署重刻本。

《胡祭酒集》,胡俨撰,《北京图书馆古籍珍本丛刊》,书目文献出版社印制。

冯时化. 酒史 [M] // 王灼. 糖霜谱. 上海:商务印书馆,1936.

司马迁. 史记 [M]. 北京:中华书局,1959.

黑格尔. 法哲学原理 [M]. 张企泰,译,北京:商务印书馆,1961.

李昉. 太平广记 [M]. 北京:中华书局,1961.

许慎. 说文解字 [M]. 北京:中华书局,1963.

康德. 判断力批判 [M]. 宗白华,译,北京:商务印书馆,1964.

班固. 汉书 [M]. 颜师古,注,北京:中华书局,1964.

永瑢. 四库全书总目 [M]. 北京:中华书局,1965.

莱昂·罗斑. 希腊思想和科学精神的起源 [M]. 陈修斋,译. 北京:商务印书馆,1965.

周之贞. 顺德县志 [M]. 中国台北:成文出版社有限公司,1966.

朱廷模. 三水县志 [M]. 孙星衍,纂. 中国台北:成文出版社有限公司,1970.

邹兆麟. 顺德县志 [M]. 蔡逢恩,纂. 中国台北:成文出版社有限公司,1974.

黑格尔. 精神现象学 [M]. 贺麟,王玖兴,译. 北京:商务印书馆,1979.

黑格尔. 美学 [M]. 朱光潜,译. 北京:商务印书馆,1979.

彭定求. 全唐诗 [M]. 北京:中华书局,1980.

袁珂. 山海经校注 [M]. 上海:上海古籍出版社,1980.

袁宏道. 袁宏道集笺校 [M]. 钱伯城,笺校. 上海:上海古籍出版社,1981.

许慎．说文解字注［M］．段玉裁，注．上海：上海古籍出版社，1981．

孟元老．东京梦华录 都城纪胜 西湖老人繁胜录 梦粱录 武林旧事［M］．北京：中国商业出版社，1982．

洪兴祖．楚辞补注［M］．白化文，许德楠，点校．北京：中华书局，1983．

金佩璋，沈怡方，陈炳豪．玉冰烧酒香气成分特征研究技术总结［J］．酿酒，1984（3）．

徐珂．清稗类钞［M］．北京：中华书局，1984．

林洪．山家清供［M］．中华书局影印本．北京：中华书局，1985．

屈大均．广东新语［M］．北京：中华书局，1985．

叶朗．中国美学史大纲［M］．上海：上海人民出版社，1986．

孙诒让．周礼正义［M］．王文锦，陈玉霞，点校．北京：中华书局，1987．

高棅．唐诗品汇［M］．上海：上海古籍出版社，1988．

忽思慧．饮膳正要［M］．李春芳，译注．北京：中国商业出版社，1988．

俞绍初．建安七子集［M］．北京：中华书局，1989．

慧皎．高僧传［M］．汤用彤，校注．汤一玄，整理．北京：中华书局，1992．

亚里士多德．亚里士多德全集［M］．苗力田，译．北京：中国人民大学出版社，1993．

李道平．周易集解纂疏［M］．北京：中华书局，1994．

王岳川．尼采文集·查拉斯图拉卷［M］．周国平，译．西宁：青海人民出版社，1995．

哲学研究［M］．李步楼，译．陈维杭，校．北京：商务印书馆，1996．

纪昀，陆锡熊，孙士毅，等．钦定四库全书总目［M］．北京：中华书局，1997．

W.C 丹皮尔．科学史及其哲学和宗教的关系［M］．李珩，译．张今，校．北京：商务印书馆，1997．

中国现代美术全集编辑委员会．中国现代美术全集［M］．南昌：江西美术出版社，1998．

朱肱．北山酒经［M］．北京：中国戏剧出版社，1999．

许地山．道教史［M］．上海：上海古籍出版社，1999．

于省吾．甲骨文字诂林［M］．北京：中华书局，1999．

齐奥尔特·西美尔．时尚的哲学［M］．费勇，吴鲁，译．北京：文化艺术出版社，2001．

马克思，恩格斯．马克思恩格斯全集［M］．2版．中共中央马克思恩格斯列宁斯大林著作编译局，编译．北京：人民出版社，2002．

李调元．南越笔记［M］．文陵书社，2003年．

格奥尔格·西美尔．生命直观：先验论四章［M］．刁承俊，译．北京：三联书店，2003．

许慎．说文解字校订本［M］．班吉庆，王剑，王华宝，点校．南京：凤凰出版社，2004．

查尔斯·辛格，E.J.霍姆亚德，A.R.霍尔．技术史［M］．王前，孙希忠，主译．上海：上海科技教育出版社，2004．

吴自牧．梦粱录［M］．符均，张社国，校注．西安：三秦出版社，2004．

高亨．周易大传今注［M］．北京：清华大学出版社，2004．

李幼蒸．仁学解释学——孔孟伦理学结构分析［M］．北京：中国人民大学出版社，2004．

柏拉图．蒂迈欧篇［M］．谢文郁，译．上海：上海人民出版社，2005．

A．J．格雷马斯．论意义［M］．吴泓渺，冯学俊，译．天津：百花文艺出版社，2005．

唐君毅．人生三书［M］．北京：中国社会科学出版社，2005．

白化文，张智．中国佛寺志丛刊［M］．扬州：广陵书社，2006．

王守国，卫绍生．酒文化与艺术精神［M］．郑州：河南大学出版社，2006．

赵建军．中国艺术范畴"韵"源考［J］．东南大学学报，2007（4）．

约翰·赫伊津哈．中世纪的秋天　14世纪和15世纪法国与荷兰的生活、思想与艺术［M］．何道宽，译．南宁：广西师范大学出版社，2008．

约翰·马仁邦．中世纪哲学［M］．孙毅，查常平，译．北京：中国人民大学出版社，2009．

大卫·休谟．人性论［M］．贾广来，译．西安：陕西师范大学出版社，2009．

郑玄，贾公彦．周礼注疏［M］．上海：上海古籍出版社，2010．

徐岩，范文来，王海燕，等．风味分析定向中国白酒技术研究的进展［J］．酿酒科技，2010（11）．

王振复．周知万物的智慧：周易文化百问［M］．上海：复旦大学出版社，2011．

郭孝藩．庄子集释［M］．王孝鱼，点校．北京：中华书局，2013．

保罗·弗里德曼．食物：味道的历史［M］．董舒琪，译．杭州：浙江大学出版社，2015．

莎拉·贝克韦尔．存在主义咖啡馆：自由、存在和杏子鸡尾酒［M］．沈敏一，译．北京：北京联合出版社，2017．

格诺特·波默．气氛美学［M］．贾红雨，译．北京：中国社会科学出版社，2018．

胡洪琼．汉字中的酒具［M］．北京：人民出版社，2018．

徐新建．醉与醒——中国酒文化研究［M］．西安：陕西师范大学出版社，2019．

彭兆荣．文学与仪式：酒神及其祭祀仪式的发生学原理［M］．西安：陕西师范大学出版社，2019．

雷克斯·巴特勒．导读德勒兹与加塔利〈什么是哲学?〉［M］．郑旭东，译．重庆：重庆大学出版社，2019．

海德格尔．海德格尔选集［M］．孙周兴，译．北京：三联书店，1987．

张金修．酒体设计实战技术精华［M］．北京：化学工业出版社，2020．

杨帅，黄甫洁，董建辉．清雅型"玉冰烧"白酒酒体风格特征研究［J］．中国酿造，2020（4）．

赵建军．论酒价值产生方式及其实现［J］．阜阳师范大学学报，2021（4）．

赵建军．生命活性：中国酒文化的逻辑本质［J］．青岛大学学报·社会科学版，2021（4）．

徐岩，范文来．中国白酒风味物质研究的现状与展望［J］．酿酒，34（4）．

朱良志．中国艺术中非时间的"古雅"观［J］．北京大学学报·哲学社会科学版，2023（1）．

赵建军. 中古般若与美学历程[M]. 北京：中华书局，2023.

赵建军. 论禅学的中国智慧[J]. 中国政法大学学报，2023（1）.

Tannahill R. Food in history[M]. New York:Three Rivers press, 1988.

Burnham D, Skilleås O M. The aesthetics of wine[M]. New York: John Wiley & Sons, Inc., 2012.

Hado P. Philosophy as a way of life: spiritual exercises from Socrates to Foucault[M]. edited by Arnold Davidson; translated by Michael Chase. Oxford: Blackwell Publishers Ltd, 1995.

James I P. The invention of Dionysus: an essay on the birth of tragedy.[M]. Stanford: Stanford University Press, 2000.

Ogden D. Magic, witchcraft, and ghosts in the Greek and Roman worlds: sourcebook[M]. Oxford: Oxford University Press, 2002.

Coff C. The Taste for Ethics: An Ethic of Food Consumption[M]. Berlin: Springer, 2006.

Fossier R. The axe and the oath: ordinary life in the Middle Ages[M]. Princeton: Princeton University Press, 2010.

Pliny. The Natural History of Pliny[M]. VOL.Ⅱ. Memphis: General Books LLC, 2010.

Timothy G R, Roufs K S. Sweet Treats around the World: An Encyclopedia of Food and Culture[M]. Santa Barbara: ABC-CLIO LLC, 2014.

Andrade T. The Last Embassy: The Dutch Mission of 1795 and The Forgotten History of Western Encounters with China[M]. Princeton: Princeton University Press, 2021.

Doroszewski F, Karlowicz D. Dionysus and Politics: Constructing Authority in the Graeco-Roman World[M]. London: Routledge, 2021.

后 记

《清雅酒体美学》即将出版，需要写个后记，本来这方面已经怠惰，不想写了，但拿起笔来，心中满是感慨与欣慰。回顾两年多的研究过程，甘苦参半，毕竟书稿凝聚了自己的心血。

我本人主攻美学，主要研究方向是中国美学史、中国饮食美学史和中西文化与美学研究。美学于我而言，仿佛一场斗猎，如同站在类似古罗马斗牛场的中心，不断面对扑来的逻辑、概念、历史、文化、文献、传闻、词语、话语等，在与它们"搏斗"时，经常受到撞碰，但最终一一拼了下来。现在回顾起来，我的跨学科课题一般还真的跨度比较大，涉及哲学、佛学、艺术学、文学等学科，学科跨度大好处是聚焦美学可以发掘出研究对象的不同侧面，让学理逻辑更深入和全面一些。不好是无论资料耙梳，还是省思逻辑、筛选话语都带来很多困扰，而研究时绕不开这些，因为它们本来就是综合的，不用跨学科的方法，根本无法解决问题。譬如这本《清雅酒体美学》，普遍问题和特殊问题都要解决，而像酒体美学这样的对象，以及陈太吉和玉冰烧酒这样的特例，涉及学科范围几乎与传统文化的方方面面都相关，包括巫文化、儒道释、酒酿科学、武术、禅学、民俗和陶瓷等。通过研究，我觉得中国酒美学真可谓博大精深，每一种传统酒，本身都是一本大书。此前，中国酒美学、酒体美学的系统成果阙如，本人有幸开垦了这一领地，想到这一点，心里还是感到自豪、欣慰的。

本书缘由说来甚巧，2022年"江南大学石湾清雅型酒研究院"在广东佛山石湾揭牌，时值我正在做五粮液文化研究院的全国招标项目："新时代酒文化的哲学基础"，石湾清雅型酒的倡导，在全国酒文化界产生热烈反响，也引起了我的关注。是年八月，我收到"江南大学石湾清雅型酒研究院"的邀请函，邀我到石湾调研，看看可否做这方面的研究。这时五粮液的项目基本完成，我欣然接受了邀请。到广东石湾酒厂集团后，结识了陈太吉酒庄第七代庄主范绍辉先生，他气场很大,非常健谈,既有情怀,也有思想,他毫无保留地向我分享了他的酒文化理念,以及关于传统酒酿工艺革新的经验和理解等,这使我产生了浓厚的兴趣。于是,基于文化理念和审美趣味的一致,商定由我来写这本酒体美学著作。

实际研究过程,得到了石湾酒厂的积极支持和帮助。石湾酒厂的蔡壮筠副总经理精心安排调研时间,选在了他们最重视的新年度大雾岗酒洞开库时节。时值春月,朱紫街游客云集,祖庙祭典北帝和陈太吉迎请北帝同节奏进行,伴随佛山武术无影脚和咏春拳、粤剧和西方古典音乐钢琴演奏等的演出,气氛空前热烈。同一时间,石湾酒厂主办了"庄潮雅风"论坛,来自广东和全国的酒界名家、学者一起畅怀论道,晚间参加了岭南民俗味甚浓的百家宴活动。在参加活动的前后,我到处走访调研,采访了石湾主厂区和三水分厂的技术人员,多次与范绍辉先生进行深入交谈,他对酒品质的极致追求和倡导清雅酒风格的执着,给我很大的启发。作为"清雅文化"的布道者,酒体"清雅风格"倡导者,酒界、媒体对他赞誉有加。

研究进行中,江南大学清雅型酒科学研究团队也给予我宝贵的支持,他们关于清雅型酒的最新论文成果给我不少启迪。

在此,我谨向广东石湾酒厂集团和范绍辉先生致谢,感谢他们给予的全方位支持。追求美好生活是所有人的期待,我们身处江南和岭南,相隔较远,但能够共同致力于白酒美学奥秘的探索,对彼此都是满满有情的回味!也向江南大学徐岩教授和清雅型酒科学研究团队致谢!

最后,我略说几句感言,写这本书的初衷,是为了探寻、梳理清雅酒美学的理论和文脉,以提升对酒价值的认识,促动饮酒的激情、美感提升到更高的境界。这个初衷我觉得达到了预期。不过,对饮酒还是要说几句题外话,就在我写后记下楼时,遇到两位朋友聊起来,说到酒,其中一位感慨而发说:酒,着眼常识的利害考虑,似乎"有百害无一利",但酒带给人快乐,快乐是买不来的。是不是这样?饮一杯,心情立刻舒畅,饮两杯,人都要起飞了!有很多东西不能用利害来判断,要辩证地看。朋友讲的话我虽然不尽赞同,但他讲出了朴素的道理,那就是物质的效益和价值,与精神的价值和愉悦不能画等号,对文化和精神我们需要从促动精神愉悦、灵魂升华的高度来认识,而这个则属于美学的范畴。现在,对于白酒美学的奥秘,科学和文化都重视起来,人们希望通过对白酒美学的了解，更好地理解、体验酒的美韵，更快乐地生活。但饮酒时我们还是要经常想到孔老夫子的话："唯酒无量，不及乱"，努力做到适量饮酒，饮而有节，饮而知味，饮而快乐。而多饮清雅风格的美酒，多品酌清雅美酒的韵味，无疑对深入体悟酒文化的深厚底蕴，对深入认识酒体的美学价值，促使我们更好地体验人生和生活，会产生意想不到的助益！

是为记。

赵建军

2024年7月2日

于无锡市蠡湖畔般若斋